L'ORIENTATION
DE LA SCIENCE CARTÉSIENNE

BIBLIOTHÈQUE D'HISTOIRE DE LA PHILOSOPHIE

L'ORIENTATION
DE LA
SCIENCE CARTÉSIENNE

PAR

Géraud TOURNADRE

Professeur au Lycée de Toul

PARIS
LIBRAIRIE PHILOSOPHIQUE J. VRIN
6, Place de la Sorbonne, V^e
—
1982

La loi du 11 mars 1957 n'autorisant, aux termes des alinéas 2 et 3 de l'article 41, d'une part, que les « copies ou reproductions strictement réservées à l'usage privé du copiste et non destinées à une utilisation collective » et, d'autre part, que les analyses et les courtes citations dans un but d'exemple et d'illustration, « toute représentation ou reproduction intégrale, ou partielle, faite sans le consentement de l'auteur ou de ses ayants droit ou ayants cause, est illicite » (alinéa 1er de l'Article 40).

Cette représentation ou reproduction, par quelque procédé que ce soit, constituerait donc une contrefaçon sanctionnée par les Articles 425 et suivants du Code Pénal.

© *Librairie Philosophique J. Vrin*, 1982
Printed in France

ISBN 2-7116-2054-9

PRÉFACE

La doctrine involutionniste repose sur l'observation et sur l'histoire. Elle est établie, pour la première fois, par André Lalande dans ses publications et dans son enseignement ; étayée par les travaux d'Émile Meyerson.

Pour éprouver ses thèses, André Lalande me proposa, pour le mémoire de Diplôme, un sujet d'histoire des sciences : « L'expérience et l'expérimentation chez Descartes et chez les cartésiens ». Sujet retenu, parmi d'autres, pour une raison d'opportunité : il était « plus central pour la préparation à l'Agrégation ». Par la suite, cette préoccupation fut écartée.

Dans ce contexte prit naissance un projet de Thèse, qui donna lieu à la présentation d'un programme dont on fixa le sens, le plan et les limites. Le sujet changeait de nature. Il s'agissait d'examiner la question : quels sont les rôles respectifs de l'expérience et de la déduction dans la formation des sciences ? Problème de méthode : entre l'histoire des sciences et la philosophie des sciences il fallait choisir. — De plus, on élargit le champ d'étude : d'abord circonscrit à Descartes, et aux cartésiens pour lesquels la question se pose, il fut étendu à la mécanique classique et aux mécaniques modernes.

Après quelques années, devant l'ampleur et les difficultés de l'entreprise, je m'enquis de sa réalisation. André Lalande m'engagea à continuer « malgré les controverses entre physiciens, qui, parfois, ne s'accordent pas sur ce qu'il faut voir dans une expérience ». Lui-même se chargea d'orienter la recherche. Concours qui dura douze ans. Le Professeur E. Weislinger, de son côté, a permis, par ses avis, d'améliorer la section sur la science moderne.

Quand fut présentée cette Thèse, la recherche avait pris fin depuis plusieurs années. La Physique avait avancé. Mais il n'était plus temps d'en tenir compte : d'où l'absence, dans la bibliographie, des ouvrages les plus récents.

PREMIÈRE SECTION

L'EXPÉRIENCE ET L'EXPÉRIMENTATION CHEZ DESCARTES

Nous avons le sentiment, au terme de la lecture des œuvres complètes, que Descartes a voulu, en livrant une philosophie nouvelle, ériger un monument éternel, défiant toutes les atteintes, qui révèle la vérité dans son intégrité et sa totalité.

La seule voie qui conduise à cette fin est la méthode des Mathématiques, dont les raisonnements, se poursuivant avec une rigueur inflexible, nous permettent, d'inférences en inférences, de saisir les vérités les plus éloignées avec une nécessité aussi rigoureuse que celle des engrenages d'un mécanisme. — Cette méthode est universellement valable. Elle est applicable à toutes les sciences. De la connaissance de Dieu on déduit les lois du mouvement ; et de ses perfections infinies, les lois de la nature, qui ne sauraient manquer d'être observées dans des mondes différents du nôtre. Les quatre livres des Principes de 1644 sont peut être l'entreprise la plus vaste qui ait jamais été tentée pour raisonner entièrement *a priori* en physique. — En opposition avec ce programme, nous rencontrons de multiples appels à l'expérience, que Descartes a pratiquée et recommandée.

Nous sommes en présence de deux méthodes qui semblent s'exclure : la méthode mathématique et la méthode expérimentale. Ces deux procédures sont-elles compatibles ? Les raisons invoquées par Descartes, pour en expliquer la dualité, sont-elles adéquates à l'usage qu'il a fait et qu'il comptait faire de l'expérience ? Pour répondre, il convient d'examiner d'abord sa théorie de la déduction, ensuite sa doctrine et sa pratique de l'expérience.

CHAPITRE PREMIER

LA MÉTHODE
DE DÉDUCTION UNIVERSELLE

I. — Doctrine théorique

1. Principaux passages où elle est énoncée.

Descartes a posé en principe que la méthode de toutes les sciences doit être *a priori* et déductive. Tel est l'enseignement du troisième précepte du *Discours* : « Conduire par ordre mes pensées, en commençant par les objets les plus simples et les plus aisés à connaître, pour monter peu à peu comme par degrés jusques à la connaissance des plus composés ; et supposant même de l'ordre entre ceux qui ne se précèdent point naturellement les uns les autres »[1]. Ce précepte est développé dans le commentaire consécutif à son énoncé : « Ces longues chaînes de raisons toutes simples et faciles, dont les géomètres ont coutume de se servir pour parvenir à leurs plus difficiles démonstrations, m'avaient donné occasion de m'imaginer que toutes les choses qui peuvent tomber sous la connaissance des hommes s'entresuivent en même façon, et que, pourvu seulement qu'on s'abstienne d'en recevoir aucune pour vraie qui ne le soit, et qu'on garde toujours l'ordre requis pour les déduire les unes des autres, il n'y en peut avoir de si éloignées auxquelles enfin on ne parvienne ni de si cachées qu'on ne découvre. Et je ne fus pas beaucoup en peine de chercher par lesquelles il était besoin de commencer. Car je savais déjà que c'était par les plus simples et les plus aisées à connaître »[2]. La fin de ce commentaire fait

1. *Discours*, II, paragr. 9.
2. *Ibid.*, II, 11.

écho au début du précepte. Une illustration nous en est donnée par cette ouverture : « L'ordre que j'ai suivi a été tel : premièrement j'ai tâché de trouver en général les principes ou premières causes de tout ce qui est ou peut être dans le monde, sans rien considérer pour cet effet que Dieu seul qui l'a créé, ni les tirer d'ailleurs que de certaines semences de vérités qui sont naturellement en nos âmes. Ensuite j'ai examiné quels étaient les premiers et les plus ordinaires effets qu'on pouvait déduire de ces causes... »[3]. Voici une application plus précise à la physique : « De plus, je fis voir quelles étaient les lois de la nature ; et, sans appuyer mes raisons sur aucun autre principe que sur les perfections infinies de Dieu, je tâchai à démontrer toutes celles dont on eût pu avoir quelque doute... »[4].

A ces textes caractéristiques de la doctrine il convient d'ajouter la Préface des *Principes* qui les confirme.

Leur signification est facile à saisir. La connaissance se construit par un progrès continu du simple au complexe, c'est-à-dire dans l'ordre de dépendance logique, dont la règle VI des *Regulae* fournit des exemples ; et dont la règle IV affirme l'observance personnelle : « quant à moi, conscient de ma faiblesse, j'ai décidé d'observer un tel ordre dans les connaissances que, débutant toujours par les objets les plus simples et les plus faciles, je ne passe jamais à d'autres sans que les premiers ne me laissent plus rien à désirer ».

La systématisation logique de la science, sous forme de synthèse progressive, sera reprise dans le domaine de l'explication, par le constructivisme moderne, qui constitue l'un des courants de l'épistémologie.

2. Origine.

Cette doctrine procède de la déduction constructive des Mathématiques. Jetant par-dessus bord toutes les sciences pour leur incertitude, Descarte excepte les Mathématiques de cette proscription générale. Il signale, dans la règle II des *REGULAE*, que, parmi les sciences déjà connues, seules l'Arithmétique et la Géométrie sont exemptes de fausseté et d'incertitude ». Aussi est-ce à l'Analyse des géomètres, à l'Algèbre et à la Logique qu'il demandera « une méthode qui, comprenant leurs avantages, sera exempte de leurs défauts. Car, parmi tous ceux qui ont recherché la vérité dans les sciences, les seuls mathématiciens ont pu trou-

3. *Ibid.*, VI, 3.
4. *Ibid.*, V, 2.

ver quelques démonstrations, c'est-à-dire des raisons certaines et évidentes »⁵. On peut donc présumer qu'en adoptant la même procédure on obtiendra le même résultat.

3. Raisons.

Arrêtons-nous sur la certitude et sur l'évidence des Mathématiques.

L'évidence dont il s'agit ici est celle de l'intuition rationnelle. L'intuition est le seul acte de l'entendement « par lequel nous pouvons parvenir à la connaissance des choses sans aucune crainte d'erreur »⁶. Cet acte est défini « la conception d'un esprit pur et attentif qui naît de la seule lumière de la raison... Ainsi, chacun peut voir par intuition qu'il existe, qu'il pense, que le triangle est défini par trois lignes seulement, la sphère par une seule surface »⁷. Une telle intuition, qui entraîne l'évidence, est celle des Mathématiques dans la simplicité de leur objet : « elles sont les plus faciles et les plus claires de toutes ; et leur objet est tel que nous le désirons, puisqu'il semble impossible à l'homme d'y commettre des erreurs »⁸. La fin de la règle II des *Regulae* renchérit par application à l'expérience : « L'Arithmétique et la Géométrie traitent d'un objet assez pur et assez simple pour n'admettre absolument rien que l'expérience rende incertain ». Or, leur objet : les natures simples, constituent la matière des raisonnements.

Les Mathématiques consistent aussi « en une suite de conséquences déduites par raisonnement ». Or à la déduction mathématique s'attache la certitude, dont la règle II des *Regulae* signale le caractère distinctif : « des deux chemins qui existent pour parvenir à la connaissance des choses, l'expérience et la déduction, seule cette dernière est sûre. Les expériences sont souvent trompeuses ; mais la déduction, ou la simple inférence d'une chose à partir d'une autre, peut sans doute être omise si on ne l'aperçoit pas, mais ne saurait être mal faite par l'entendement le moins capable de raisonner. Toutes les erreurs où peuvent tomber les hommes ne proviennent jamais d'une mauvaise inférence, mais seulement de ce qu'on admet certaines expériences peu comprises et qu'on porte des jugements à la légère et sans fondements ».

---

5. *Ibid.*, II, 6.
6. *Regulae ad directionem ingenii*, Reg. III, 4.
7. *Ibid.*, Reg. III, 5.
8. *Ibid.*, Reg. IV, *ad. finem*.

Cependant le raisonnement déductif, qui donne la certitude, n'est pas supérieur à l'intuition, qui donne l'évidence. La déduction n'est, en effet, qu'une suite d'intuitions successives, reliées par leur dépendance, comme l'indique la règle VI des *Regulae*, énonçant que les choses peuvent se classer en séries et que de la connaissance des unes dépend la connaissance des autres. L'intérêt de la déduction réside précisément dans cette dépendance, que relève le texte suivant : « les connaissances qui ne dépassent point la portée de l'esprit humain sont toutes enchaînées avec une liaison si merveilleuse, et se peuvent tirer les unes des autres par des conséquences si nécessaires qu'il ne faut point beaucoup d'adresse et de dextérité pour les trouver, pourvu qu'ayant commencé par les plus simples on sache se conduire de degré en degré jusqu'aux plus relevées »[9]. Il reste que des deux procédés généraux, l'un présente la pensée directement, l'autre indirectement à la conscience. De plus l'intuition possède sur le raisonnement non seulement une antériorité logique mais une sorte de précellence. Tout raisonnement présuppose l'intuition. En effet sans l'intuition le raisonnement ne servirait à rien. Car il peut seulement servir à montrer que si telles propositions sont admises telles autres en résultent. Le raisonnement ne se suffit donc pas à lui-même. L'édifice discursif repose sur des fondements intuitifs.

Bref, comme l'observe la règle III des *Regulae*, il n'existe que deux voies d'accès à la connaissance : l'intuition évidente et la déduction nécessaire. Et c'est dans les Mathématiques qu'elles apparaissent en pleine lumière et dans toute leur force. Telles sont les raisons dont excipe Descartes en faveur des Mathématiques. Celles-ci, telles qu'elles existent à son époque, avec leurs définitions, leurs axiomes évidents et leurs démonstrations, lui paraissent le type même sur lequel doivent être construites toutes les sciences.

4. Portée : application à toutes les sciences.

Quelle est la portée de la méthode mathématique ? Sur ce point la règle IV des *Regulae* nous renseigne ainsi : « Il existe une science générale qui explique tout ce qu'on peut chercher sur l'ordre et la mesure, sans les appliquer à une matière déterminée. Cette science est la mathématique universelle... » Descartes a dégagé de la procédure mathématique les éléments rationnels permettant son application à toutes les matières. « Ce qui me

---

9. *Recherche de la vérité par la lumière naturel*, Adam et Tannery,

contentait le plus en cette méthode, écrit-il, était que, par elle, j'étais assuré d'user en tout de ma raison, sinon parfaitement, au moins le mieux qui fut en mon pouvoir ; outre que, je sentais, en la pratiquant, que mon esprit s'accoutumait peu à peu à concevoir plus nettement et plus distinctement ses objets, et que, ne l'ayant point assujétie à aucune matière particulière, je me promettais de l'appliquer aussi utilement aux difficultés des autres sciences que j'avais fait à celles de l'Algèbre » [10]. A cette déclaration théorique répond une preuve de fait. Pour montrer l'extension illimitée des applications de sa méthode, Descartes a « inséré brièvement quelque chose de Métaphysique, de Physique et de Médecine dans le premier Discours » [11]. De plus, la publication du *Discours* était suivie de deux chapitres de Physique : la Dioptrique et les Météores ; et de trois livres de Géométrie, présentés comme « des essais de cette méthode ». Une telle variété d'applications n'atteste pas seulement la fécondité de leurs principes ; elle est encore, au jugement de Descartes, un critère de leur valeur. On trouve l'expression de ce sentiment dans une lettre écrite à Mersenne à la fin de décembre 1637 : « J'ai seulement taché par la Dioptrique et par les Météores de persuader que ma méthode est meilleure que l'ordinaire, mais je prétends l'avoir démontré par ma Géométrie » [12].

Dans l'intention de Descartes, la méthode mathématique, par sa rationalité, a une portée universelle. Et la pratique des Mathématiques fournit à l'esprit, par les démonstrations, une rigueur qui l'accoutume « à se repaître de vérités et ne se contenter point de fausses raisons » [13].

II. — Principes de la déduction

1. Leur nécessité.

Le fonctionnement d'un système déductif implique l'existence de principes. Aussi l'application de la Méthode a-t-elle pour conséquence immédiate la position de principes ou fondements, termes employés indifféremment l'un pour l'autre dans la langue cartésienne.

---

t. X, pp. 496-497. Désormais la référence à cette édition sera désignée par les lettres A. et T.
10. *Discours*, II, *ad finem*.
11. A. et T., t. I, p. 1, p. 270.
12. *Ibid.*, t. I, p. 478.
13. *Discours*, II, 11.

La première difficulté que soulève la Méthode, lorsqu'on sort des généralités doctrinales pour passer aux applications, est le problème des principes, premier aspect du problème de la Méthode. Descartes n'aborde jamais l'étude d'une question sans se demander d'abord comment se particularise la méthode générale dans son application à telle matière déterminée ; sans examiner ce que suppose la question à son point de départ, comme ensemble de vérités sous-entendues, comme univers du discours, ni quelle confiance on peut avoir sur le terrain en question, dans telle ou telle manière de raisonner. Toute matière impliquant des présuppositions, c'est par celles-ci qu'il convient de commencer, avant d'attaquer la matière elle-même. Ainsi s'explique la question des fondements.

La nécessité des fondements résulte de la procédure logique des systèmes déductifs. Il est nécessaire de connaître d'abord les causes pour pouvoir en déduire les effets, en vertu du principe, selon lequel il existe au moins autant de réalité dans la cause que dans l'effet [14]. Dans un sens voisin, Descartes écrit dans la règle VI des *Regulae* : « lorsque nous considérons les séries des choses à connaître et non la nature de chacune d'elles, la cause et l'effet étant des choses corrélatives, si nous cherchons quel est l'effet il faut d'abord connaître la cause et non pas l'inverse. » Par *chose* il faut donc entendre ici la connaissance hiérarchique des effets par les causes. Dans la procédure déductive la connaissance des choses en elles-mêmes s'efface devant celle de leurs relations. Car, pour autant qu'il n'est question que de méthode, c'est l'ordre des choses bien plus que leur nature qu'il nous importe de saisir. Tel est le sens de la règle X des *Regulae*. Or, selon l'ordre, les principes ont leur place à la source du raisonnement. Car c'est là qu'ils prennent leur valeur unificatrice, à laquelle on les reconnaît. Descartes ne l'ignore pas : on peut le constater par ce passage d'une lettre à un correspondant inconnu : « Je vous remercie des qualités que vous avez tirées d'Aristote ; j'en avais déjà fait une autre plus grande liste... et c'est une des choses que je tâcherai d'expliquer, et cela ne sera pas si difficile qu'on pourrait croire ; car les fondements étant posés, elles suivent d'elles-mêmes. » [15]

2. Leur origine.

Où prendron-nous ces fondements ? Selon Descartes, c'est

---

14. Cf. *Méditation*.
15. A. et T., t. I, p. 109.

à la philosophie qu'il faut demander les principes scientifiques. Dans la *Préface des Principes*, le système complet des sciences est symbolisé par un arbre dont les racines sont la Métaphysique et le tronc la Physique. En même temps nous sommes informés que la Philosophie a pour objet une parfaite connaissance de toutes les choses que l'homme peut savoir. « Afin que cette connaissance soit telle, il est nécessaire qu'elle soit déduite des premières causes, c'est-à-dire des Principes... Toute la Physique doit être appuyée sur quelques vérités de métaphysique. »

Mais l'application de l'esprit à la Métaphysique exige une condition : l'exercice et la pratique des règles de la Dialectique « touchant des questions faciles et simples, comme le sont celles des Mathématiques ». Lorsqu'on a acquis l'aptitude à « trouver la vérité en ces questions, on doit commencer à s'appliquer à la vraie philosophie, dont la première partie est la métaphysique, qui contient les principes de la connaissance, parmi lesquels est l'explication des principaux attributs de Dieu, de l'immatérialité de nos âmes et de toutes les notions claires et simples qui sont en nous »[16].

3. Leur établissement.

Cette condition étant remplie, on peut songer à poser les fondements. Sur l'importance et la difficulté de l'entreprise, Descartes, parlant des sciences, écrit : « ayant pris garde que leurs principes devaient tous être empruntés de la philosophie, en laquelle je n'en trouvais point encore de certains, je pensais qu'il fallait, avant tout, que je tâchasse d'y en établir ; et que, cela étant la chose du monde la plus importante, et où la précipitation et la prévention étaient le plus à craindre, je ne devais point entreprendre d'en venir à bout, que je n'eusse atteint un âge bien plus mûr que celui de vingt-trois ans que j'avais alors ; et que je n'eusse auparavant employé beaucoup de temps à m'y préparer, tant en déracinant de mon esprit toutes les mauvaises opinions que j'y avais reçues avant ce temps-là, qu'en faisant amas de plusieurs expériences, pour être après la matière de mes raisonnements. »[17] La solidité d'un édifice dépend de la solidité des fondements. Il faut donc, en tout premier lieu, éviter de se méprendre : or, dans la philosophie qu'on lui a apprise, Descartes n'a trouvé aucun principe certain. Cette philosophie, qui se pratique dans les Écoles, « donne moyen de parler vraisemblable-

---

16. *Principes de la philosophie*, préface.
17. *Méthode*, II, *ad finem*.

ment de toutes choses et de se faire admirer des moins savants ». Voici, sous le couvert de la prétérition, une condamnation plus précise : « je ne dirai rien de la philosophie sinon que, voyant qu'elle a été cultivée par les plus excellents esprits qui aient vécu depuis plusieurs siècles, et que néanmoins il ne s'y trouve encore aucune chose dont on ne dispute, et par conséquent qui ne soit douteuse, je n'avais point assez de présomption pour espérer d'y rencontrer mieux que les autres ; et que, considérant combien il peut y avoir de diverses opinions, touchant une même matière qui soient soutenues par des gens doctes, sans qu'il y en puisse avoir jamais plus d'une seule qui soit vraie, je réputais presque pour faux tout ce qui n'était que vraisemblable »[18]. Après cette diatribe vient la conclusion : « pour les autres sciences, d'autant qu'elles empruntent leurs principes de la philosophie, je jugeais qu'on ne pouvait avoir rien bâti qui fût solide sur des fondements si peu fermes».

4. Leur énoncé.

Telles sont les difficultés que soulève Descartes au seuil des sciences. Il les résout, à son jugement, en livrant, dans les *Méditations* qui retracent l'histoire de sa pensée, les principes métaphysiques de toutes les connaissances. Voici ces principes dans l'ordre logique. Le premier est l'existence de Dieu, tirée de son essence, qui procède elle-même de l'idée de perfection. Le second principe, le cogito, établit l'existence de l'âme, comme substance pensante. Enfin le troisième principe pose le critère de la vérité par la clarté et la distinction des idées.

Descartes considère le principe de l'existence de Dieu comme le fondement de toutes nos connaissances. Dans une lettre, datée de mars 1637, il écrit à un correspondant anonyme : « je n'ai pas assez étendu les raisons par lesquelles je pense pouvoir prouver qu'il n'y a rien au monde qui soit de soi plus évident et plus certain que l'existence de Dieu et de l'âme humaine, pour les rendre faciles à tout le monde »[19]. Dans le Discours, il assimile la certitude de l'existence de Dieu à celle d'une démonstration de géométrie, en affirmant que, si les raisons qu'il apporte ne sont pas assez convaincantes, tout ce dont on croit être plus assuré, comme l'existence des corps, des astres, de la terre, etc..., sont moins certaines. Il revient sur cette idée dans la cinquième Méditation, en écrivant que « la certitude et la vérité de toute science dépen-

---

18. A. et T., t. VI, p. 8.
19. A. et T., t. I, p. 353.

dent de la seule connaissance de Dieu ». Selon lui, il existe une dépendance si étroite entre la connaissance de Dieu et la connaissance scientifique que sans la première « il est impossible de pouvoir jamais rien savoir parfaitement ». Le critère de vérité lui-même présuppose l'existence de Dieu. Il n'est valable que parce que Dieu existe, qu'il est un Être parfait et que tout ce qui est en nous vient de lui. « Si nous ne savions point que tout ce qui est en nous de réel et de vrai vient d'un être parfait et infini, pour claires et distinctes que fussent nos idées, nous n'aurions aucune raison qui nous assurât qu'elles eussent la perfection d'être vraies. »[20] Bref, toute réalité et toute vérité sont suspendues à l'existence de Dieu.

Telles sont les vérités premières sur lesquelles repose le système du savoir ; elles constituent pour Descartes le vrai point de départ. Cette métaphysique est l'application la plus générale de la Méthode d'où sortiront les principes de physique.

Les savants cartésiens, en commençant par Rohault, ont taxé de confusion d'ordres la liaison entre physique et métaphysique. Dans le même esprit, les savants modernes, au nom du principe logique d'homogénéité, condamnent l'emploi en physique des principes métaphysiques. Ce point sera examiné plus loin. Ici, retenons seulement que l'ensemble du savoir exige, pour la systématisation logique, une *infrastructure déductive*.

III. — APPLICATION À LA PHYSIQUE

Par quel biais la méthode mathématique s'applique-t-elle à la physique ? Pour le savoir, examinons la physique cartésienne dans ses éléments constituants : son objet, ses principes, ses hypothèses et ses raisonnements.

A. — L'objet : réalité physique assimilée à la réalité mathématique

L'objet physique repose sur une distinction entre la réalité et son image ; et entre l'image et son idée. Descartes, avant Kant et avant Berkeley, n'admet pas que les objets, la réalité physique, soient quelque chose de tout fait, qu'il suffit de recopier, et qui est indépendant de l'activité et de la nature de l'esprit qui les connaît. Il a marqué nettement la différence entre la réalité pro-

---

20. *Discours*, IVe part., *ad finem*.

fonde et la réalité connue, entre les choses telles qu'elles sont en elles-mêmes et telles qu'elles sont pour nous [21]. Cette dualité d'existence apparaît d'abord dans la théorie de l'image. Des objets extérieurs parviennent des mouvements qui, par l'entremise des nerfs et du cerveau, produisent des impressions sensibles. Or, de même que les paroles et les signes ne ressemblent en rien aux choses signifiées, de même, apparemment, une image ne ressemble pas à l'objet représenté [22]. Si nous distinguons l'objet et son image, nous ne pouvons les comparer puisque l'image seule est donnée. Dans la perception, la réalité de l'objet n'a d'existence que par son image. — Mais l'image, représentation confuse et obscure, ne fournit pas la connaissance que nous cherchons. Il convient de pousser l'analyse en distinguant, dans les objets sensibles, les notions claires et distinctes, propres à l'intelligence. Ainsi procèdent les mathématiciens qui ne connaissent d'autre objet que les rapports ou proportions [23]. On suivra leur exemple en physique. Nos seuls notions claires et distinctes de la nature sont l'étendue et ses déterminations : divisions, figures et mouvements, qui se diversifient l'une par l'autre par les règles de la géométrie et de la mécanique [42]. Bref, il faut introduire la quantité en physique. Telle est l'attitude de Galilée qui examine « les matières physiques par des raisons mathématiques... il n'y a point d'autre moyen pour trouver la vérité » [25]. Si, dans la perception, la réalité de l'objet réside dans son image, dans l'intelligence elle tient dans son idée, c'est-à-dire dans les essences, passibles de la quantité.

Cette conception de l'objet s'incarne dans une pratique effective. Descartes s'en inspire dans sa Dioptrique, en considérant, pour étudier la loi de la réflexion, une balle et une superficie « idéale » : l'une et l'autre sont parfaitement dures ; de plus, la balle n'a ni pesanteur ni grosseur [26]. Autre exemple. Il réalise, pour étudier l'arc-en-ciel, le dispositif suivant : il remplit d'eau une grande fiole de verre ronde et transparente, assimilable à une grosse goutte d'eau facile à examiner. Car l'arc-en-ciel se produit aussi dans l'air proche de nous, quand il s'y trouve des gouttes d'eau éclairées par le soleil. De même encore, dans l'étude des

---

21. Cf. *Recherche de la vérité par la lumière naturelle*, A. et T., t. XII, pp. 504-505 (déclaration d'Eudoxe).
22. *Dioptrique*, Discours IV.
23. *Méthode*, II, 11.
24. *Principes*, IV, p. 203.
25. *Lettre à Mersenne*, 16 octobre 1638.
26. *Lettre à Mersenne*, 28 octobre 1640.

vents, qu'il assimile au mouvement des vapeurs, il étudie le phénomène dans la boule dite « aéolipile » qui, produisant un vent artificiel, aide à comprendre les vents naturels. Descartes a stylisé ou simplifié la réalité physique en fonction d'une appréhension quantitative.

B. — Les principes

1. Leur justification par l'ordre logique.

Passons aux principes physiques. Leur position, au seuil de la science, se justifie par la troisième règle de la Méthode qui, appliquée aux questions concrètes, admet cette précision : « la méthode n'est généralement que l'observance constante de l'ordre qui existe dans la chose elle-même ou qu'on a ingénieusement imaginé »[27]. Selon Descartes, l'ordre s'étend à toute la nature. Les étoiles mêmes dont les constellations semblent les plus irrégulières expriment un ordre déterminé, dont la découverte fournirait *a priori* la connaissance de « toutes les diverses formes et essences des corps terrestres » que nous sommes contraints de « deviner *a posteriori* par leurs effets »[28]. Cet ordre exige, dans la reconstruction d'un processus naturel, la position de principes qui, dans la langue cartésienne, sont désignés par les expressions de « causes générales » ou de « généralités de la nature ». Pour avoir négligé cet ordre, en cherchant les raisons de quelques effets particuliers en dehors des premières causes de la nature, Galilée a construit dans le vide[29].

L'ordre est d'une observance nécessaire pour expliquer les faits particuliers ou pour les découvrir. On ne peut donc, sans principes, entrer dans l'intelligence des conséquences. Descartes tient pour insoluble toute question de physique prise isolément[30]. Les explications sur la vitesse ou sur la résistance de l'air, par exemples, n'ont de solidité que par leur rapport à la pesanteur et à « tout le système du monde », c'est-à-dire aux « vrais principes de la physique »[31]. Il en est de même de l'explication sur la force de la percussion. Dans les problèmes, on connaît l'intérêt des généralités, ou principes. C'est à leur utilisation qu'on doit les démonstrations rapides, c'est-à-dire les plus simples, et par là

---

27. *Regulae*, Reg. X.
28. A. et T., t. I, p. 249.
29. *Lettre à Mersenne*, 11 octobre 1638.
30. *Lettre à Mersenne*, 14 août 1634.
31. *Lettres à Mersenne*, 12 sept. 1638 et 30 août 1637.

même les solutions élégantes [32]. Nécessaire à l'explication des faits particuliers, l'ordre logique joue un rôle dans la découverte. Dans la préface des Principes de 1644, Descartes promet au lecteur des possibilités de découvertes par la culture de ses principes. Ailleurs, parlant des vérités particulières de ses essais, il écrit à Morin qu'il n'eût pu les découvrir sans la connaissance des causes générales dont elles dépendent [33].

Nécessaires à la construction de l'édifice scientifique, les principes ont une valeur spéculative pour l'explication et un intérêt pratique dans la découverte.

Nous savons (§ 9) que les principes de la connaissance humaine sont d'origine métaphysique. Toute réalité, en tant que chose créée, implique un Créateur : l'existence de Dieu est à la source de toute connaissance. En abordant la connaissance physique, nous sommes orientés sur l'origine de ses principes. Précisons-la.

2. Leur origine et leur nature.

Les lois de la nature, applicables à tous les mondes possibles, ont leurs « raisons » dans « les perfections infinies de Dieu » [34]. De plus, « l'esprit humain possède, écrit Descartes dans les *Regulae*, un je ne sais quoi de divin où les premières semences de pensées utiles ont été jetées... ». Ces « semences de vérités qui sont naturellement en nos âmes » contiennent « les principes, ou premières causes, de tout ce qui est ou qui peut être dans le monde » [35]. Bref, la connaissance de Dieu et la connaissance de l'esprit préludent à la connaissance scientifique. La connaisssance de Dieu conduit à la connaissance de l'âme et celle-ci aux principes physiques. Ceux-ci sont tous « mentibus nostris ingenitae, ainsi qu'un roi imprimerait ses lois dans le cœur de tous ses sujets s'il en avait aussi le pouvoir » [36]. Ainsi s'établit entre la métaphysique et la physique un rapport qui commande un enseignement méthodologique. La méthode la plus propre à la découverte de la vérité est la déduction des effets par leurs causes. Elle consiste à passer de la connaissance de la nature de Dieu à l'explication des choses qu'il a créées, par l'entremise « des notions qui sont naturellement en nos âmes. » [37] Cette périphrase désigne

---

32. *Lettre à Mersenne*, 9 janvier 1639.
33. 13 juillet 1638.
34. A. et T., t. VI, p. 43.
35. *Discours*, II, 3.
36. *Lettre à Mersenne*, 15 avril 1630 (déjà citée).
37. *Principes*, I, 24.

les principes physiques. Tel est leur origine. S'ils sont le fruit d'une mystérieuse parturition, au moins justifient-ils clairement l'emploi de la méthode *a priori*. L'examen de leur nature confirmera ce résultat.

Descartes n'établit pas de distinction d'ordre entre principes physiques et vérités mathématiques. Les uns et les autres relèvent de la même paternité : ils dépendent de Dieu « aussi bien que tout le reste des créatures »[38]. Et ensemble, ils se subsument sous la même rubrique de « principes innés », dont les fruits naturels sont entre autres, l'arithmétique et la géométrie[39]. Par cette identité de caractère, unie à leur communauté d'origine, on peut les confondre dans la même nature. Nous avons de cette assimilation une expression précise : « Je ne reçois point de principes en Physique qui ne soient aussi reçus en Mathématiques, afin de pouvoir prouver par démonstration tout ce que j'en déduirai... Tous les phénomènes de la nature peuvent être expliqués par leur moyen »[40]. A ces principes, désignés aussi sous le terme de « lois » s'ajoutent, en complément, « celles qui suivent infailliblement de ces vérités éternelles, sur quoi les mathématiciens ont coutume d'appuyer leurs plus certaines et plus évidentes démonstrations ». Descartes déclare vouloir ne pas supposer d'autres « lois » et d'autres « vérités ». Dans le commentaire consécutif à l'énoncé de ces « lois » ou « règles » de sa physique, il avoue le but de cette attitude : ces vérités et ces règles ont pour conséquence la connaissance des effets par leurs causes ou, selon les termes de l'École, « des démonstrations *a prori* de tout ce qui peut être produit ». Ainsi s'explique l'application à la physique de la méthode *a priori*.

3. Leur énoncé.

L'exposé de cette doctrine, effectivement pratiquée par Descartes, s'accompagne de l'énoncé des principes physiques.

La doctrine, elle-même, est construite sur des raisonnements *a priori*, si bien que nous avons de sa pratique un exemple immanent. Reprenons les choses *ab ovo* : du cogito se déduisent les principes métaphysiques : existence de Dieu, substantialité de l'âme, critérium de la vérité. De cette métaphysique se déduisent à leur tour les principes physiques. De l'immutabilité divine, Descartes fait sortir les lois du mouvement. « Dieu, écrit-il, ne

---

38. *Lettre à Mersenne*, 15 avril 1630 (déjà citée).
39. *Regulae*.
40. *Principes*, II, 64.

change jamais sa façon d'agir ; il conserve le monde avec la même action qu'il l'a créé »[41]. De cet attribut divin il tire : « deux ou trois des principales règles, suivant lesquelles il faut penser que Dieu fait agir la Nature de ce... Monde, et qui suffiront... pour nous faire connaître toutes les autres ». On passe ainsi par un enchaînement continu de propositions, du cogito aux principes physiques. De ces principes, dont il est si souvent question, dans le *Discours*, sous des expressions différentes et qui figurent dans les *Principia philosophiae* sous le terme de *règles*, voici enfin l'énoncé.

1. Chaque chose demeure dans l'état qu'elle est, pendant que rien ne le change.

2. Tout corps tend à continuer son mouvement en ligne droite.

3. Quand un corps en pousse un autre, il ne saurait lui donner aucun mouvement qu'il n'en perde en même temps autant du sien ; ni lui en ôter, que le sien ne s'augmente d'autant.

On reconnaît dans la première et dans la seconde règle les deux aspects du principe de l'inertie de la physique moderne. Dans la correspondance il est ainsi formulé : « Je suppose que le mouvement qui est une fois imprimé en quelque corps y demeure perpétuellement s'il n'en est ôté par quelque autre cause, c'est-à-dire que, quod in vacuo semel incoepit moveri semper et aequali celeritate movetur... »[42]. Sur la troisième règle voici une précision dans une lettre au marquis de Newcastle, datée de mars-avril 1648 : « Je tiens qu'il y a une certaine quantité de mouvement dans toute la matière créée, qui n'augmente ni ne diminue jamais ; et ainsi, que, lorsqu'un corps en fait mouvoir un autre, il perd autant de son mouvement qu'il lui en donne. Comme, lorsqu'une pierre tombe de haut contre terre, si elle ne retourne point et qu'elle s'arrête, je conçois que cela vient de ce qu'elle ébranle cette terre, et ainsi lui transfère son mouvement. Mais, si ce qu'elle meut de terre contient mille fois plus de matière qu'elle, en lui transférant son mouvement, elle ne lui donne que la millième partie de sa vitesse. Et pour ce que, si deux corps inégaux reçoivent autant de mouvement l'un que l'autre, cette pareille quantité de mouvement ne donne pas tant de vitesse au plus grand qu'au plus petit, on peut dire en ce sens que, plus un corps contient de matière, plus il a d'Inertie Naturelle. A quoi l'on peut

---

41. *Principes*, II, 48.
42. A. et T., t. I, p. 71.

ajouter qu'un corps qui est plus grand peut mieux transférer son mouvement aux autres corps qu'un petit, et qu'il peut moins être mû par eux. De façon qu'il y a une sorte d'inertie qui dépend de la quantité de la matière, et une autre qui dépend de l'étendue de ses superficies »[43].

Ces principes physiques, concuremment avec les fondements métaphysiques, constituent, dans ses deux premières parties, l'axiomatique de la théorie de la déduction.

C. — Les hypothèses

Cette axiomatique, restreinte à des notions générales, ne suffit pas au travail en profondeur. Elle appelle, pour la pénétration dans le réel, un complément de règles plus précises, les hypothèses.

1. Quel est le rôle exact de l'hypothèse dans la théorie de la déduction ?

Quand, dans la reconstruction du réel, on rencontre une coupure, on doit pourvoir au défaut de continuité dans les objets, en « supposant même de l'ordre entre ceux qui ne se précèdent point naturellement les uns les autres ». Tel est le sens de la seconde partie de la troisième règle de la méthode. Elle vise le rôle de l'hypothèse dans les sciences, dont Descartes, dans les *principes de 1644* et ailleurs, a largement usé. — Gilson, dans son grand Commentaire du *Discours*, prétend que l'expression de cette règle s'applique seulement à l'art de résoudre les énigmes, de déchiffrer les écritures secrètes, et autres curiosités analogues. Dans une des règles fondamentales de la méthode, une telle interprétation est inadmissible, lorsqu'il en existe une autre, beaucoup plus naturelle. Le texte des *Regulae*, que Gilson, par un rapprochement forcé, juxtapose à l'expression de la troisième règle, concerne précisément le choix d'un ordre dans les recherches de décryptage, non la supposition d'un ordre dans les choses.

En assurant la continuité dans l'ordre, l'hypothèse doit répandre la lumière sur les objets. Son rôle est d'éclairer sans altérer la vérité. C'est ainsi qu'en géométrie on introduit, « sur une quantité, des hypothèses qui n'infirment d'aucune manière la force des démonstrations ». Mais Descartes ajoute immédiate-

---

43. A. et T., t. V, p. 135. § 2.

ment cette réserve : « bien que souvent, en physique elles soient d'une autre nature »[44].

2. Quelle est précisément la nature des hypothèses cartésiennes ?

Les physiciens modernes reçoivent une hypothèse à titre provisoire, révocable, pour juger de sa vérité ou de son utilité d'après les conséquences. Ce procédé, instrument essentiel de la méthode expérimentale, dite aussi hypothético-déductive, est-il celui de Descartes ? Examinons l'hypothèse du nouveau monde. Descartes présente sa physique comme un nouveau monde, créé par Dieu dans les espaces imaginaires. Et, colorant sa fiction de détails fantaisistes, il accentue encore l'atmosphère fabuleuse en déclarant imaginer quelques principes qu'il croit faux, mais possibles. — Peut-on exciper de ces rêveries pour affirmer qu'on présente au lecteur un « beau roman de physique » ? Tel est le jugement de Leibniz après la lecture des Principes de 1644. Descartes ne saurait le désavouer en un certain sens, puisqu'il crée les apparences en formulant une intention. — Cependant, en transférant le lecteur dans son nouveau monde, il prend soin d'avertir qu'il ne s'y trouve « aucune de ces Formes ou qualités dont on dispute dans les Écoles », mais des phénomènes tels « qu'il n'y a rien... de plus clair ni de plus intelligible, rien que les plus grossiers esprits ne soient capables de concevoir ». L'opération revient finalement à faire passer, avec armes et bagages, le monde réel dans un monde possible. Or, cette régression n'affecte que l'incarnation des essences, non les essences elles-mêmes, seule réalité physique. Dans cette métempsychose subsistent l'âme des êtres et le fond des choses. Nous sommes bien loin d'un roman de physique ; il ne s'agit même pas d'une physique romancée. — Dès lors, comment s'explique le passage du réel au possible ? La substitution de modalité est-elle taxable d'affectation puérile ? Descartes, en juxtaposant deux intentions, subtilise, pour créer l'équivoque par un artifice de présentation.

Il ménage un refuge en prévision de la tempête : précaution fondée sur l'oppression régnante, sur la condamnation de Galilée, sur les menaces d'expulsion, sur les tracasseries administratives. — Passons aux hypothèses prétendues fausses. Adam et Ève n'ont pas été créés enfants, mais en âge d'hommes adultes. Les plantes n'ont pas subi le devenir d'une évolution progressive. Cependant, l'embryogénie nous donnerait de la nature d'Adam et de celle des arbres du paradis une connaissance plus parfaite.

---

44. *Regulae*, règle XII.

De même, on comprend mieux la nature de tous les phénomènes quand, par quelques principes, on peut montrer comment ils se produisent. Descartes veut accréditer, par cette comparaison, une hypothèse cosmogonique. Or ce dessein ne l'oblige pas à modifier la réalité, mais à la prolonger par une explication sur le devenir. Il ne s'agit là que d'une théorie sur un processus présumé. Les hypothèses de Descartes peuvent se caractériser différemment ; elles ne s'apparentent pas à celles du physicien moderne.

Celui-ci procède par un échange continuel entre l'hypothèse et les faits observés : il compare à ceux-ci les conséquences tirées déductivement des hypothèses et retouche celles-ci ou même les abandonne pour en essayer d'autres. Tel est le cas en physique expérimentale, en chimie, en biologie ; et même, quoique d'une façon beaucoup moins serrée, en psychologie et en sociologie. Tandis que, pour le savant moderne, certains principes sont en état de remaniement constant, jusqu'à ce que toutes leurs conséquences soient en accord avec les faits ; pour Descartes, au contraire, les principes ne sont plus mis en doute jusqu'à nouvel ordre : ils sont posés une fois pour toutes. Les hypothèses de Descartes sont, non des assomptions admises provisoirement à titre d'hypothèses de travail, mais des vérités auxquelles il donne le caractère d'une évidence ou d'un acte de foi. Ces hypothèses, affirmées catégoriquement, sont assimilables à celles des géomètres : elles énoncent les conditions qui définissent une question particulière, un problème ou un théorème. L'hypothèse cartésienne est de même nature que l'hypothèse mathématique. La méthode cartésienne est catégorico-déductive.

3. Quelle est l'opinion de Descartes sur la vérité de ses hypothèses ?

Le problème est posé en ces termes. Certains effets peuvent résulter de causes diverses. De même qu'un horloger peut construire deux montres par des mécanismes différents, de même Dieu a pu produire les phénomènes de ce monde par divers moyens [45]. Cette objection de fait s'appuie sur une vérité logique : le vrai peut se déduire du faux. Descartes cite un syllogisme où la conclusion vraie résulte de prémisses fausses. « Il n'est pas malaisé, écrit-il, de bâtir des principes absurdes, dont on puisse conclure des vérités qu'on a apprises ailleurs, comme si je disais :

---

45. *Principes*, IV, 204.

> Tout cheval est raisonnable.
> Or tout homme est un cheval.
> Donc tout homme est raisonnable.

La conclusion est bonne et l'argument est en forme ; mais les principes ne valent rien.

Descartes a bien vu le problème de la valeur de ses hypothèses. Comment le résout-il ?

Nous sommes en présence de deux attitudes. Selon la première il n'est pas question de vérité, mais d'utilité. Si toutes les conséquences déduites d'une hypothèse « sont entièrement conformes aux expériences, c'est-à-dire aux faits observés », cette hypothèse n'est pas sans intérêt, « elle ne sera pas moins utile à la vie que si elle était vraie, parce qu'on s'en pourra servir en même façon pour disposer les causes naturelles à produire les effets qu'on désirera »[46]. Une hypothèse, fût-elle même une fable, doit être conservée jusqu'à plus ample informé, lorsqu'elle explique tous les phénomènes. Que faut-il penser de cette indifférence à la vérité des hypothèses ? Celles-ci ont-elles valeur de lexis, ni vraies ni fausses, adoptées pour les besoins de l'explication, et telles que les faits observés s'en déduisent, indépendamment de leur vérité ontologique ? Valeur inférieure et insuffisante. Les considérations utilitaires sont une concession de pure forme.

Descartes n'a jamais douté de la vérité de ses hypothèses. Il les présente comme de « vraies causes » ; les établit comme telles en se fondant sur des raisons de psychologie et de logique. Voici les premières. Pour prouver que les phénomènes sont bien tels qu'il a démontré qu'ils peuvent être, il invoque la certitude morale. Or celle-ci est extrêmement solide. Elle est celle de ceux qui, n'étant jamais allés à Rome, « ne doutent point qu'elle ne soit une ville d'Italie, bien qu'il se pourrait que tous ceux dont ils l'ont appris les aient trompés ». L'argument s'accompagne de cet exemple : « Si quelqu'un... pour deviner les chiffres écrits avec les lettres ordinaires, s'avise de lire un B partout où il y aura un A, et de lire un C là où il y aura un B, et ainsi de substituer en la place de chaque lettre celle qui la suit dans l'ordre de l'alphabet, et que, le lisant de cette façon, il y trouve des paroles qui aient un sens, il ne doutera point que ce ne soit le vrai sens de ce chiffre qu'il aura ainsi trouvé, bien qu'il se pourrait faire que celui qui l'a écrit y en ait mis un autre tout différent, en donnant une autre signification à chaque lettre : car cela peut si difficilement arriver, principalement lorsque le chiffre contient beaucoup de mots,

---

46. *Principes*, III, 44 — Lettre au P. Mesland, mai 1645.

qu'il n'est pas moralement croyable. Or, si on considère combien de diverses propriétés de l'aimant, du feu et toutes les autres choses qui sont au monde, ont été très évidemment déduites d'un fort petit nombre de causes que j'ai proposées au commencement de ce traité, quand bien même on imaginerait que je les ai supposées par hasard... on ne laissera pas d'avoir pour le moins autant de raison de juger qu'elles sont les vraies causes de tout ce que j'en ai déduit, qu'on en a de croire, qu'on a trouvé le vrai sens d'un chiffre, lorsqu'on le voit suivre de la signification qu'on a donnée par conjecture à chaque lettre » [47].

Telle est l'explication de la vérité des hypothèses. Voici la justification logique : elle s'opère en deux temps ; elle part de la possibilité et s'achève dans la nécessité. Selon Descartes la vérité est une ; si les phénomènes admettent plusieurs modes d'explication, un seul est vrai. Telle est l'opinion confiée à Mersenne : « je crois bien qu'on peut expliquer un même effet particulier en diverses façons qui soient possibles ; mais je crois qu'on ne peut expliquer la possibilité des choses en général que d'une seule façon qui est la vraie » [48]. Or Descartes se flatte d'avoir atteint ce résultat. On possède la vérité quand elle s'insère dans la nécessité. Ce cas est celui de l'hypothèse, en raison de son origine. Elle n'est pas posée par un acte intuitif, mais déduite de principes vrais. Or, c'est là une preuve de sa vérité. Dans le Discours nous trouvons l'affirmation la plus nette sur l'origine discursive de l'hypothèse. Parlant des hypothèses émises au début de la Dioptrique et des Météores, il écrit : « les raisons s'y entresuivent en telle sorte que, comme les dernières sont démontrées par les premières qui sont leurs causes, ces premières le sont réciproquement par les dernières, qui sont les effets ». Et, récusant le cercle vicieux, il poursuit : « l'expérience rendant la plupart de ces effets très certains, les causes dont je les déduis ne servent pas tant à les prouver qu'à les expliquer ; mais tout au contraire ce sont elles qui sont prouvées par eux. Et je ne les nomme des suppositions qu'afin qu'on sache que *je pense les pouvoir déduire de ces premières vérités que j'ai ci-dessus expliquées, mais que j'ai voulu expressément ne pas faire* » [49]. Le passage que nous soulignons indique clairement l'origine de l'hypothèse. Elle est le fruit du raisonnement. Elle est un maillon de la chaîne déductive, non une de ses extrémités. Considérons, par exemple, l'hypothèse de l'éther, en liaison avec un fait d'expérience, « la dilatation

---

47. *Principes*, IV, 205.
48. 28 octobre 1640.
49. A. et T., t. VI, p. 76.

d'une goutte d'eau, en vase clos, sous l'action de la chaleur ». Voici l'observation : « j'ai reconnu par diverses expériences que les parties d'une goutte d'eau, séparées l'une de l'autre par l'agitation de la chaleur, peuvent composer beaucoup plus d'air que l'espace où était l'eau n'en saurait contenir »[50]. Cette observation se déduit de l'hypothèse qui, appliquée à ce cas déterminé, se particularise dans cette formule : « il y a dans l'air et dans tous les corps qui se condensent des parties si subtiles qu'elles passent par les pores qui sont dans l'or et dans les diamants et dans tout autre corps si solide qu'il puisse être ». Or, si l'observation se déduit de l'hypothèse, l'hypothèse elle-même se déduit des principes : elle prend naissance par voie démonstrative[51]. Descartes peut donc affirmer que les causes dont il déduit tous les phénomènes ne peuvent être fausses, parce que ces causes sont déduites elles-mêmes de principes vrais. Or si le vrai peut se déduire du faux, la réciproque n'est pas vraie. Si l'on veut incriminer l'axiomatique cartésienne, il faut remonter au cogito.

En tant que « vraies causes », les hypothèses sont annexées aux principes physiques et aux vérités métaphysiques pour intégrer l'axiomatique de la théorie déductive.

D. — Les raisonnements

1. Le raisonnement déductif en physique.

Examinons l'application du raisonnement mathématique en physique. Les règles de la Méthode sont suivies d'un commentaire dont nous avons déjà cité l'essentiel : tous les objets de la connaissance humaine « s'entresuivent en même façon » que « ces longues chaînes de raisons... dont les géomètres ont coutume de se servir pour parvenir à leurs plus difficiles démonstrations ». En d'autres termes, l'ordre de la nature, produit de la pensée divine, est le même que l'ordre de notre entendement. Les lois de la Raison, que Dieu a placées dans notre âme, sont aussi celles de la nature, qu'il a créée. Il n'est donc rien dans celle-ci qui puisse y être contraire. Ainsi se justifie l'emploi du raisonnement mathématique en physique. Considérons son rôle et sa valeur.

a) *Son rôle.*

Son rôle apparaît dans la découverte et dans la démonstration.

---

50. *Le Monde*, IV, 10.
51. A. et T., t. I, p. 120.

Dans la découverte, le raisonnement fournit une voie sûre, sans aléas, bien supérieure à celle de l'expérience. Au début de la Dioptrique, Descartes parle avec admiration « de ces merveilleuses lunettes qui nous ont déjà découvert de nouveaux astres dans le ciel et d'autres nouveaux objets dessus la terre, en plus grand nombre que ne sont ceux que nous y avons vus auparavant ». Et il ajoute : « mais, à la honte de nos sciences, cette invention si utile et si admirable n'a premièrement été trouvée que par l'expérience et la fortune... ».

Voici quelques exemples de découvertes *a priori*. En mécanique, Descartes réfute « la créance vulgaire » selon laquelle « une pierre jetée avec une fronde ou la balle d'un mousquet ou un trait d'arbalète vont plus vite et ont plus de force au milieu de leur mouvement, qu'ils n'en ont dès le commencement... » Il affirme, au contraire, que ses raisons l'ont conduit à poser « que les choses qui sont poussées et qui ne se meuvent pas d'elles-mêmes doivent avoir plus de force au commencement qu'elles n'en ont incontinent après »[52]. Voici un autre exemple, en physique. Il écrit à Carcavi qu'il avait conseillé à Pascal l'expérience du Puy-de-Dôme, en l'assurant du succès, en raison de l'entière conformité du résultat à ses Principes[53]. — L'efficacité du raisonnement déductif n'est pas limité à la connaissance théorique. Il s'étend à la pratique. Descartes fait part à Huygens de son travail sur la composition d'un abrégé de médecine, tiré en partie de ses raisonnements, dont il espère se servir pour « obtenir quelque délai de la nature »[54].

Le raisonnement, en fournissant *a priori* une découverte, permet en même temps de la démontrer. Descartes déclare que les propositions de sa physique se déduisent de ses principes et que cette déduction peut, par son évidence, tenir lieu de démonstration mathématique[55]. A tous ceux qui contestaient certaines de ses expériences, il a répondu qu'il était à même d'en apporter « des raisons démonstratives ». Nous avons vu que, dans les questions de métaphysique pure, par exemple dans la preuve de l'existence de Dieu, il donnait la même assurance[56].

Le raisonnement déductif intervient donc dans la découverte et dans la démonstration. Son second rôle laisse apercevoir clairement sa valeur.

---

52. A. et T., t. I, p. 113.
53. A. et T., t. V, p. 391.
54. 25 janvier 1638.
55. *Principes*, II, 64.
56. Cf. lettre de mars 1637, à Mersenne.

b) *Sa valeur.*

La valeur essentielle du raisonnement déductif réside dans la certitude qu'il donne à l'esprit. De cette notion on connaît l'importance. La volonté de certitude soutient Descartes dans son entreprise. C'est pour elle qu'il refuse la philosophie et la science de son temps, pour soumettre à la critique principes et opinions reçues. C'est pour elle qu'il s'arrête à une vérité catégorique, inaccessible au doute, le cogito, dont il déduit son axiomatique. — Quelle est la nature de la certitude ? Elle n'est autre que l'évidence de la lumière naturelle. L'évidence est très souvent associée à la certitude dans la langue cartésienne. Peut-on la reconnaître ? Descartes, a-t-on dit, n'a pas mis d'enseigne à l'auberge de l'évidence. Cette affirmation est fausse. L'évidence a son critère, la nécessité. La nécessité recouvre les notions et les principes de mathématiques, ainsi que les principes physiques. Et, seul point qui nous intéresse ici, elle s'étend à toutes les propositions du raisonnement déductif, en particulier à celles de physique. Descartes, persuadé que « la nature agit en tout mathématiquement », peut affirmer que les connaissances physiques excluent la contingence. Tel est le sens du passage d'une lettre à Mersenne : « Pour la Physique, je croirais n'y rien savoir si je ne savais que dire comment les choses peuvent être, sans démontrer qu'elles ne peuvent être autrement ; car, l'ayant réduite aux lois des mathématiques, c'est chose possible, et je crois le pouvoir en tout ce peu que je crois savoir, bien que je ne l'aie pas fait en mes Essais [57]. Voici une affirmation plus précise, montrant comment Descartes passe du possible au nécessaire : « j'ai examiné toutes les principales différences qui se peuvent trouver entre les figures, grandeurs et mouvements de divers corps, que leur seule petitesse rend insensibles, et quels effets sensibles peuvent être produits par les diverses façons dont ils se mêlent ensemble. Et par après, lorsque j'ai rencontré de semblables effets dans les corps que nos sens aperçoivent, j'ai pensé qu'ils avaient pû être ainsi produits. Puis j'ai vu qu'ils l'avaient infailliblement été, lorsqu'il m'a semblé impossible de trouver en toute l'étendue de la nature aucune cause capable de les produire » [58].

La déduction conduit à la découverte et permet de la démontrer. Et, par son caractère de nécessité, elle donne à l'esprit la certitude. Telle est sa fécondité. Il nous reste à examiner les différentes espèces de raisonnements, en usage dans la physique cartésienne.

57. 11 mars 1640, AT.
58. *Principes*, IV, 203.

2. Les raisonnements de Descartes.

Commençons par le raisonnement par analogie, en raison de sa fréquence. Le fondement des lois de la nature repose, nous l'avons vu, sur une analogie avec les attributs de Dieu. C'est aussi en vertu d'une analogie que, dans sa Dioptrique, Descartes présente comme découverte *a priori* les lois de propagation de la lumière. Voici ses déclarations dans leur ordre chronologique. La première, adressée à Huygens, est ainsi conçue : « on voit bien plus de gens capables d'introduire dans les mathématiques les conjectures des philosophes, que de ceux qui peuvent introduire la certitude et l'évidence des démonstrations mathématiques dans des matières de philosophie, telles que sont les sons et la lumière »[59]. Après cette allusion à l'optique et à l'acoustique de sa propre physique, il précise sa pensée dans deux lettres à Mersenne. Dans la première il écrit : « Sachez que j'ai démontré les réfractions géométriquement et *a priori* en ma Dioptrique »[60]. La seconde confirme ainsi la première : « vous demandez si je tiens que ce que j'ai écrit de la réfraction soit démonstration ; et je crois que oui, au moins autant qu'il est possible d'en donner en cette matière, sans avoir auparavant démontré les principes de la Physique par la Métaphysique »[61]. Une quatrième déclaration rejoint les précédentes : « j'ai mis au deuxième Discours de ma Dioptrique la raison *a priori* pourquoi la réflexion se fait à angles égaux »[62].

La pratique effective de Descartes répond-t-elle à ces affirmations ? Les lois de déviation des rayons lumineux résultent-elles effectivement d'une démonstration *a priori* ? Pour le savoir, il convient d'examiner d'abord la théorie cartésienne de l'analogie.

En voici la formulation. « Dans tout raisonnement, ce n'est que par comparaison que nous connaissons la vérité. Par exemple, dans ceci : tout A est B, tout B est C, donc tout A est C, on compare entre elles la chose cherchée et la chose donnée, c'est-à-dire A et C, sous le rapport que l'une et l'autre ont avec B... Les formes du syllogisme n'aident en rien à percevoir la vérité des choses. Et il faut se rendre compte que toute connaissance qui n'est pas l'intuition pure et simple d'un objet isolé s'acquiert par comparaison de deux ou plusieurs objets entre eux ; ... les

59. 1ʳᵉ novembre 1635.
60. 1ᵉʳ mars 1638.
61. 27 mai 1638.
62. Lettre du 11 juin 1640.

comparaisons ne sont dites simples et claires que toutes les fois où la chose cherchée et la chose donnée participent également à une certaine nature... le travail de l'homme consistera à mettre en lumière cette nature commune et à faire apparaître une égalité entre quelque chose de connu et ce qui est cherché »[63]. Descartes poursuit, en nous donnant un exemple de cette « connaturalité » : « si quelqu'un, écrit-il, est aveugle de naissance, il ne faut pas espérer que nous puissions jamais faire, par aucun argument, qu'il ait sur les couleurs des idées vraies comme celles que nous avons reçues des sens. Au contraire, si quelqu'un a déjà vu les couleurs fondamentales, mais ne connaît pas les couleurs intermédiaires et mixtes, il est possible qu'il se représente par une sorte de déduction les images de celles-là mêmes qu'il n'a pas vues, d'après leur ressemblance avec les autres. » Outre cet exemple illustratif, nous en trouvons un autre, in medias res, dans la connaissance que nous pouvons avoir des corps insensibles, par analogie avec les corps sensibles. Descartes écrit à ce sujet : « Étant assurés que chacun des corps que nous sentons est composé de plusieurs autres corps si petits que nous ne les saurions apercevoir, il n'y a... personne... qui ne doive avouer que c'est beaucoup mieux philosopher de juger de ce qui arrive en ces petits corps, que leur seule petitesse nous empêche de pouvoir sentir, par l'exemple de ce que nous voyons arriver en ceux... que nous sentons, et de rendre raison, par ce moyen, de tout ce qui est en la nature... que, pour rendre raison des mêmes choses, en inventer je ne sais quelles autres qui n'ont aucun rapport avec celles que nous sentons, comme sont les formes substantielles »[64]. Ce second exemple nous offre le type même du raisonnement par analogie.

A la lumière de cette théorie examinons le raisonnement qui conduit aux lois de déviation des rayons lumineux, pour voir si ces lois résultent effectivement d'une découverte *a priori*.

Au début de la Dioptrique, Descartes, annonçant la façon dont il va procéder, écrit : « n'ayant ici autre occasion de parler de la lumière que pour expliquer comment les rayons... peuvent être détournés par les divers corps qu'ils rencontrent... il suffira que je me serve de deux ou trois comparaisons qui aident à la concevoir en la façon qui me semble la plus commode, pour expliquer toutes celles de ses propriétés que l'expérience nous fait connaître, et pour déduire ensuite toutes les autres qui ne

---

63. *Regulae*, Reg. XIV.
64. *Principes*, IV, 201.

peuvent pas si aisément être remarquées ; imitant en ceci les Astronomes qui, bien que leurs suppositions soient presque toutes fausses ou incertaines, toutefois, à cause qu'elles se rapportent à diverses observations qu'ils ont faites, ne laissent pas d'en tirer plusieurs conséquences très vraies et très assurées »[65]. Après de longues considérations sur la façon dont les corps transmettent leur mouvement ou leur action, voici les lois d'une balle idéale :

1. Quand plusieurs balles, venant d'un même côté, rencontrent un corps dur dont la superficie est unie et égale, elles se réfléchissent en gardant entre elles la même distance.

2. Une balle qui rencontre obliquement la superficie d'un corps liquide y pénètre en se détournant.

Descartes tire alors par analogie cette conclusion : « or il faut penser en même façon qu'il y a des corps qui, étant rencontrés par les rayons lumineux... les font réfléchir les uns, en même ordre qu'ils les reçoivent, à savoir ceux qui, ayant leur superficie toute polie, peuvent servir de miroirs... Enfin, considérez que les rayons se détournent aussi en même façon qu'il a été dit d'une balle, quand ils rencontrent obliquement la superficie d'un corps transparent, par lequel ils pénètrent plus ou moins facilement que par celui d'où ils viennent, et cette façon de se détourner s'appelle en eux Réfraction »[66].

Constatons que les lois de la balle sont connues *d'abord*, transférées *ensuite* aux rayons lumineux. Or cette connaissance résulte de l'expérience. Dans ces conditions, les lois de déviation de la lumière ne sont pas déduites à proprement parler ; elles sont le résultat brutal d'un transfert ou d'une assimilation globale. De cette opération on peut rapprocher le style ecthétique, par lequel la démonstration sur une figure déterminée est applicable à toutes les figures de même espèce. Dans le cas qui nous occupe le raisonnement consiste à prendre pour hypothèse les lois de la balle pour conclure de ce qui se passe pour une balle à ce qui doit se passer pour un rayon lumineux. — Quant à la démonstration géométrique de la loi de la réfraction, fondée sur la considération des vitesses, elle est à la fois une explication du mécanisme du phénomène et une justification. Ce n'est pas par cette démonstration que nous arrivons aux lois, qui sont déjà connues. Cependant, elle permet d'établir la loi quantitative selon laquelle le sinus de l'angle d'incidence est égal au produit

---

[65]. A. et T., t. VI, p. 83.
[66]. A. et T., t. VI, p. 91, 92 et 93.

du sinus de l'angle de réfraction par une certaine constante. On peut s'en rendre compte par le schéma suivant.

Le rayon lumineux est assimilé au mouvement d'une balle qui, ayant parcouru le chemin A B rencontre en B une toile B H et la traverse de telle sorte que sa vitesse est réduite, par exemple, de moitié. Le nouveau chemin B I sera donc parcouru en deux fois plus de temps que l'a été A B, soit le double de A H, c'est-à-dire H F. Le point I s'obtiendra donc par l'intersection de la circonférence et de la verticale F I, telle que H F = 2 A H. Il en résulte que le sinus de l'angle de réfraction est le double du sinus de l'angle d'incidence. La direction du rayon réfracté est ainsi définie par un rapport de sinus, qui conserve une valeur constante, liée à la nature des deux milieux réfringents.

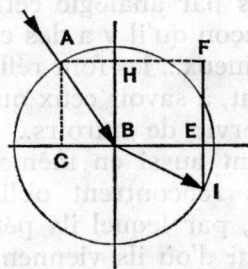

Nous avons donc le processus suivant :
1. l'hypothèse : Les lois de la balle ;
2. le transfert de ces lois aux rayons lumineux ;
3. la démonstration géométrique du mécanisme.

Cette procédure s'accorde bien à la manière de procéder, annoncée par Descartes dans la déclaration citée. Mais, reconnaissons que l'analogie est différente de celle qui s'applique à la connaissance des corps, où l'on conclut d'une partie connue à celle qui ne l'est pas, par exemple dans les analogies de la lumière et du son. Dans le cas présent, Descartes aurait aussi bien pu partir des lois des rayons lumineux posés par hypothèse pour déduire les lois de la balle. Ce parallélisme n'est pas sans analogie avec la démonstration de l'existence de Dieu par l'idée de parfait ; car, mutatis mutandis, on pourrait tout aussi bien, de la même façon, démontrer l'existence du Diable. Bref, que faut-il penser du raisonnement par analogie, relatif aux lois de déviation des rayons lumineux ? Y a-t-il ou non démonstration *a priori* ?

En toute rigueur, Descartes n'a pas recours à l'expérience,

bien que son hypothèse soit une donnée d'expérience, et en ce sens, son raisonnement est bien *a priori*. A Golius, qui lui demandait par quelle sorte d'expérience il pourrait vérifier la loi des réfractions, Descartes répond : « Toute l'expérience que j'ai faite en cette matière, est que je fis tailler un verre, il y a environ cinq ans, dont M. Mydorge traça lui-même le modèle ; et, lorsqu'il fut fait, tous les rayons du soleil qui passaient au travers s'assemblaient tous en un point, justement à la distance que j'avais prédite. Ce qui m'assura, ou que l'ouvrier avait heureusement failli, ou que ma ratiocination n'était pas fausse »[67].

Finalement, l'*a priori* du raisonnement réside dans la démonstration, non dans la découverte. Le *réel*, atteint par l'expérience, devient *nécessaire* en vertu d'une démonstration ultérieure. Cette situation logique en rappelle une autre bien connue. Considérons comme lexis la proposition suivante : « La surface de la cycloïde est égale à trois fois celle de son cercle générateur ». Assertorique pour Galilée, après qu'il en eut fait l'expérience, elle devient apodictique pour Roberval, à partir du moment où il l'a démontrée.

Voici un autre exemple de raisonnement par analogie, présenté comme le prototype des résultats dus à l'application de la Méthode. Il s'agit de l'explication de l'arc-en-ciel.

En examinant l'exposé, nous pouvons distinguer quatre étapes.

1. Dans la première sont définies les conditions d'expérience. Descartes simplifie la question en construisant le dispositif le plus favorable à l'observation, de manière à mettre en évidence le phénomène à étudier. Ayant remarqué que l'arc ne paraît pas seulement dans le ciel, mais aussi dans l'air proche de nous, quand il s'y trouve quelques gouttes d'eau éclairées par le soleil, ainsi qu'il arrive en quelques fontaines, il réalisera une énorme goutte d'eau à l'aide d'une grande fiole de verre sphérique et transparente qu'il remplira d'eau.

2. Dans la seconde étape, sont indiquées les conditions d'apparition du phénomène, c'est-à-dire les conditions d'éclairage. Le phénomène se produit lorsque l'angle formé par la ligne qui relie l'œil du spectateur à la goutte d'eau d'une part et la ligne qui relie cet œil au centre du soleil d'autre part fait un angle de 42°. On constate le même phénomène lorsque l'angle formé par la ligne qui relie tel autre point de la boule à l'œil et la ligne qui relie cet œil au centre du soleil fait un angle de 52°. Pour un

---

67. A. et T., t. I, p. 239.

angle inférieur à 42° ou supérieur à 52°, on aperçoit les autres couleurs du spectre.

3. Suit, en troisième lieu, l'explication du phénomène. Les rayons solaires qui tombent sur la goutte d'eau se réfractent d'abord, puis se réfléchissent à l'intérieur de la goutte, et enfin se réfractent en sortant de la boule pour se rendre à l'œil du spectateur. Nous obtenons ainsi la première bande d'arc : elle a lieu pour l'angle de vision de 42° de la boule par rapport au soleil. — Pour l'angle de vision de 52°, nous remarquons une première réfraction, deux réflexions intérieures, et une seconde réfraction quand les rayons sortent de la boule pour se rendre vers l'œil du spectateur. Nous obtenons ainsi la seconde bande d'arc. Descartes, montrant ainsi le mécanisme intérieur du phénomène, en dégage l'essence.

4. Vient, en dernier lieu, la discussion. Comme dans une question de mathématiques où il s'agit d'examiner les conditions de possibilité du problème, Descartes fait suivre son exposé d'une discussion précise et complète. Il cherche à résoudre la difficulté de savoir comment, parmi les autres rayons qui, après deux réfractions et une ou deux réflexions, peuvent atteindre l'œil quand la boule est dans une autre situation, seules les deux qu'il a mentionnés font paraître quelques couleurs. En outre, après avoir rendu compte des couleurs de l'arc-en-ciel, il généralise de manière à faire comprendre la nature de toutes les autres.

Ce raisonnement s'apparente au précédent, sur la déviation des rayons lumineux, en ce que, dans les deux cas, une explication est fournie par la mise en lumière de l'essence du phénomène au moyen d'une démonstration géométrique. Cette démonstration géométrique nous fait saisir le mécanisme intérieur du phénomène. Par là, ces deux raisonnements participent de la démarche discursive des mathématiques. En outre, le second y participe doublement, en ce qu'il est suivi d'une généralisation sur la théorie des couleurs.

Examinons une autre forme de raisonnement, celle qui consiste dans une hypothèse suivie d'une conclusion.

Parlant des Météores, Descartes écrit : « la connaissance de ces choses dépendant des principes généraux de la nature, il faudra que je me serve au commencement de quelques suppositions ». Ces suppositions sont les thèses suivantes.

1. L'eau, la terre, l'air et tous les corps sont composés de parties de diverses figures et grandeurs, autour desquelles il reste plusieurs intervalles. Ces intervalles sont remplis de matière subtile.

2. La matière subtile qui remplit les intervalles entre les parties se meut avec une grande vitesse. Elle se compose de parties très petites, mais inégalement. Les moins petites ont plus de force, de même que les grands corps en ont plus que les moindres lorsqu'ils sont ébranlés.

3. En outre, si tous les corps terrestres ont des pores, par où passent les plus petites parties de la matière subtile, certains corps ont ces pores si étroits ou ainsi disposés qu'ils ne reçoivent point les plus grosses parties de la matière subtile. Ce sont les corps froids. Si les marbres et les métaux sont plus froids que le bois, ils le doivent à ce que leurs pores ne reçoivent pas si facilement les parties de la matière subtile.

4. Le froid et le chaud s'expliquent ainsi : les petites parties des corps que nous touchons, étant agitées plus ou moins fort par les parties de la matière subtile, agitent aussi plus ou moins les nerfs du toucher. Lorsque les parties des corps que nous touchons agitent plus fort les nerfs du toucher, nous avons le sentiment de la chaleur.

5. Toutes les parties des corps sont séparées par la matière subtile, comme des branches entrelacées le sont par l'air environnant. Et elles sont agitées par elle, comme le vent agite les branches des arbrisseaux d'une palissade, sans pour autant les ôter de leurs places.

6. La matière subtile ne sépare pas les parties des corps durs de la même façon qu'elle sépare celles de l'eau et des liquides. Mais elle les agite plus ou moins selon que son mouvement est plus ou moins fort et que ses parties sont plus ou moins grosses. — Il y a la même différence entre l'eau et la glace qu'entre un tas de petites anguilles flottantes dans un bateau de pêcheur rempli de trous par lesquels passe l'eau d'une rivière qui les agite — et un tas des mêmes anguilles sèches et raides de froid sur le rivage.

Ces considérations, qui constituent l'hypothèse, seront le point de départ de l'explication des vapeurs et des exhalaisons, du sel, des vents, des nues, de la neige, de la pluie et de la grêle, des tempêtes, etc. Voici en quelle façon Descartes donne cette explication pour les vapeurs et les exhalaisons.

Lorsque la matière subtile, qui est dans les pores des corps terrestres, est agitée plus fortement une fois que l'autre, soit par le soleil, soit par telle autre cause, elle agite aussi plus fort les petites parties de ces corps. D'où on peut comprendre facilement qu'elle doit amener celles qui sont assez petites à s'écarter de leurs voisines pour s'élever, parce qu'elles ne trouvent point d'autre lieu où il leur soit aisé de continuer leur mouvement, ainsi que la poussière d'une campagne se soulève lorsqu'elle est poussée et agitée par les pieds d'un passant.

Nous n'avons, ici, affaire qu'à une hypothèse suivie d'une conclusion, dans l'application de cette hypothèse à un cas particulier. C'est là une simple déduction ou, si l'on veut, une inférence immédiate.

Voici l'opinion de Descartes sur ses hypothèses et les conclusions qu'il en tire. Il écrit à Mersenne le 27 mai 1638 : « Sachez qu'il n'y a que deux voies pour réfuter ce que j'ai écrit, dont l'une est de prouver par quelques expériences ou raisons que les choses que j'ai supposées sont fausses; et l'autre, que ce que j'en déduis ne saurait en être déduit... Ce que M. Fermat a fort bien entendu. Car c'est ainsi qu'il a voulu réfuter ce que j'ai écrit de la réfraction, en tâchant de prouver qu'il y aurait un paralogisme... ».

Ce texte témoigne du soin qu'apporte Descartes à ses raisonnements et de l'attention qu'il donne à leur mise en forme logique. Un mathématicien ne saurait être plus attentif à ses démarches discursives. Une telle rigueur se retrouve dans deux autres types de raisonnements : la réduction à l'absurde et le raisonnement par l'absurde.

Considérons le premier type.

Dans le chapitre premier du traité de la lumière, on constate que Descartes passe par les étapes suivantes pour établir une thèse :

1. Il pose cette thèse.
2. Il indique ensuite la thèse opposée jusqu'alors admise.
3. Il invoque plusieurs expériences tendant à faire douter de la vérité de cette seconde thèse.
4. Puis il revient à la thèse initiale pour examiner ce qui en est ; et il pose des points précis.

On le voit, ce raisonnement, dans son allure générale, est une *réduction à l'absurde.*

On peut l'illustrer par l'exemple où l'on prouve que $\sqrt{2}$ est irrationnel en montrant que, s'il existait une fraction rationnelle (quotient de deux nombres entiers) dont le carré fût égal à 2, il faudrait que le dénominateur de cette fraction fût à la fois pair et impair.

On réduit à l'absurde cette proposition : $\sqrt{2}$ est une fraction rationnelle.

Soit $\dfrac{m}{n}$ cette fraction réduite à sa plus simple expression.

Si $\dfrac{m^2}{n^2} = 2$ on a $m^2 = 2\ n^2$. Donc m est pair.

Si m est pair, *n est impair*, puisque, la fraction étant réduite à sa plus simple expression, m et n sont premiers entre eux.

D'autre part, puisque m est pair, on peut le mettre sous la forme 2p, p étant un autre nombre entier. En reprenant l'égalité $m^2 = 2\ n^2$, on a : $4\ p^2 = 2\ n^2$ ou $2\ p^2 = n^2$, ce qui montre que *n est pair*.

De la proposition : $\sqrt{2}$ est une fraction rationnelle (quotient de deux nombres entiers), on déduit deux conclusions contradictoires entre elles.

Nous trouvons enfin dans le Discours III des Météores le type de raisonnement suivant :

Descartes pose une thèse. Pour l'établir, il déclare que si cette thèse était fausse il en résulterait telles conséquences. Puis, il constate que la réalité s'inscrit en faux contre de telles conséquences. Il conclut alors que la thèse initiale est vraie.

Un tel raisonnement peut se schématiser par l'exemple suivant.

Je dis que « 97 est un nombre premier ». En effet, si c'était faux, 97 serait divisible par un des nombres premiers plus petits que 10 (puisque $10^2 > 97$).

Or il n'est pas divisible par 2, ni 3, ni 5, en vertu des caractères de divisibilité ; ni par 7 comme on le vérifie par le calcul. Il est donc premier. Nous avons là un *raisonnement par l'absurde*, formellement valable.

Reste à voir, dans les applications qu'en fait Descartes, 1° si les conséquences qu'il croit résulter de la fausseté de l'hypothèse en résultent bien nécessairement ; 2° si ces conséquences sont bien en contradiction avec l'expérience. Nous n'avons pas à le vérifier. Constatons seulement que son raisonnement est correct.

En physique, les raisonnements de Descartes, comme ses principes, tendent à s'identifier à ceux des mathématiques. Sur ce point, voici l'intention de Descartes : « Je n'ai résolu de quitter que la géométrie abstraite, c'est-à-dire la recherche des questions qui ne servent qu'à exercer l'esprit ; et ce, afin d'avoir d'autant plus de loisirs de cultiver une autre sorte de Géométrie, qui se propose pour questions l'explication des phénomènes de la nature. (Suit une allusion à une tierce personne). Car s'il lui plaît de considérer ce que j'ai écrit du sel, de la neige, de l'arc-en-ciel, etc... il connaîtra bien que toute ma Physique n'est autre chose que Géométrie »[68].

*
**

IV. — Universalité et caractère a priori de la Méthode : leur raison profonde

Conclusion.

En droit, l'application de la méthode déductive à la physique est intégrale ; et l'application du mécanisme, universelle.

Sur l'application du mécanisme, nous sommes fixés par la déclaration suivante : « La Nature agit en tout suivant les loix exactes des Mécaniques, et c'est Dieu qui lui a imposé ces loix. »[69] Cette thèse a une portée générale. Par « Nature » il faut entendre tous les phénomènes naturels, c'est-à-dire, à côté de la physique, les zoologies humaine et animale. Rappelons le passage du Discours, consécutif à l'explication du mouvement du cœur et des artères : « afin que ceux qui ne connaissent pas la force des démonstrations mathématiques, et ne sont pas accoutumés à distinguer les vraies raisons des vraisemblables, ne se hasardent pas de nier ceci sans l'examiner, je les veux avertir que ce mouvement, que je viens d'expliquer, suit aussi nécessairement de la seule disposition des organes qu'on peut voir à l'œil dans le cœur, et de la chaleur qu'on y peut sentir avec les doigts, et de la nature du sang qu'on peut connaître par expérience, que fait celui d'une horloge, de la force, de la situation, et de la figure de ses contrepoids et de ses roues »[70]. Nous lisons de même, sur les animaux « qui témoignent plus d'industrie que nous en quelques-unes de leurs actions » : « c'est la nature qui agit en eux, selon la disposition de leurs organes : ainsi qu'on voit qu'une horloge, qui n'est composée que de roues et de ressorts peut compter les heures et mesurer le temps plus justement que nous avec toute notre prudence »[71].

L'application du mécanisme mathématique fournit de la méthode déductive la réalisation la plus parfaite. Elle en porte le caractère le plus marquant. Ce caractère se complète par l'universalité. Sur ce point, Descartes a formulé son intention en ces

---

68. A Mersenne, 27 juillet 1638.
69. Au même, 20 février 1639.
70. A. et T., t. VI, p. 50.
71. *Ibid.*, p. 59.

termes : « J'use d'une méthode par laquelle je pourrais expliquer aussi bien toute autre matière... outre que, pour montrer que cette méthode s'étend à tout, j'ai inséré brièvement quelque chose de Métaphysique, de Physique et de Médecine dans le premier Discours. Que si je puis faire avoir au monde cette opinion de ma Méthode, je croirai alors n'avoir plus tant de sujet de craindre que les principes de ma Physique soient mal reçus... »[72].

Par quelle raison profonde justifier l'universalisation de la méthode mathématique et son caractère *a priori* ? Cette raison a été indiquée par plusieurs auteurs avec une clarté totale dans des textes qui, peut-être, n'ont pas été suffisamment remarqués.

Après avoir noté que « Descartes ne rencontre de certitude qu'en mathématiques » ; que « son désir d'atteindre partout la certitude le conduit donc à tenir pour universelle une méthode qui, en fait, est de style mathématique, et n'a jamais été appliquée de façon stricte que dans le domaine de la quantité »[73], M. Alquié donne de l'unicité de méthode la vraie justification, en indiquant que l'extension à toutes les sciences de la méthode déductive repose « sur l'identité de l'esprit humain qui, étant toujours le même, doit toujours raisonner de la même façon »[74]. Cette exigence tient à la considération du point de départ, fixé non pas sur les choses connues, mais sur l'esprit connaissant.

De son côté, M. René Poirier, en partant d'une autre recherche, parvient à la même raison pour justifier le caractère *a priori* de la méthode. Dans son explication de l'universalité de l'espace et du temps de la physique classique, après avoir remarqué que « l'ensemble des phénomènes doit pouvoir être représenté dans un même système de coordonnées » pour traduire « notre désir de construire un tableau d'ensemble de l'expérience d'un seul point de vue intuitif », M. René Poirier ajoute : « nous consacrons, dans l'ordre abstrait, la nécessité où nous sommes de percevoir l'expérience dans un seul cadre, dans un seul mouvement ; nous prêtons à la nature notre manière humaine de voir et de comprendre le devenir sensible »[75]. C'est en ce sens que nous pouvons assimiler « méthode absolue » à « un système de coordonnées privilégié, naturel, d'emploi inévitable »[76]. Suivent, dans un autre passage, les précisions, par une confrontation du monde

---

72. Lettre à un correspondant anonyme, 27 avril 1637, A. et T., t. I, p. 370.
73. *Descartes, l'homme et l'œuvre*, Hatier-Boivin, 1956, p. 26.
74. *Ibid.*, p. 27.
75. *Essai sur quelques caractères des notions d'espace et de temps*, Paris, Vrin, 1931, pp. 256-257.
76. *Ibid.*, p. 257, 4ᵉ alinéa.

sensible et du monde réel. M. René Poirier observe que le monde réel est « idée » par rapport au monde sensible et que cette « idée », connue *a priori* par la raison, est « législatrice dans l'ordre intelligible. « Voici, précisé, son rôle dans son application à la méthode ». Descartes lui attribuait la faculté de concevoir, par une intuition claire et distincte, l'étendue, qui définit la matière, l'espace où elle est logée, le temps où elle se meut, et les lois qui en règlent le mouvement : effort le plus audacieux pour déterminer *a priori* la structure du monde physique et le penser du point de vue de Dieu même. C'est au fond ce rêve d'une raison législatrice que Kant reprend, dans sa Critique, en le dépouillant de son prestige métaphysique, en lui conférant une objectivité purement humaine : la trame du monde physique, trame de notions et de lois, si différente soit-elle du schéma cartésien reste *a priori* et prédétermine la construction scientifique »[77].

Nous ne pouvons remonter plus haut. L'universalité de la méthode et son caractère *a priori* s'expliquent par deux aspects d'une même raison, d'une même exigence rationnelle. — L'universalité tient à ce que toute connaissance est œuvre de l'esprit ; l'*a priori*, à ce que l'esprit est, de cette connaissance, la condition première. Telle est la justification de l'unicité de méthode. Reste à indiquer son mode de réalisation.

Ce point a été mis en lumière par d'Alembert quand, marquant l'intérêt de la déduction mathématique pour l'exposition des résultats expérimentaux, il signale la fin ultime de la connaissance physique : la systématisation par réduction. Dans le Discours préliminaire des Éditeurs de l'Encyclopédie il écrit : « toutes les propriétés que nous observons... ont entre elles des rapports plus ou moins sensibles pour nous : la connaissance ou la découverte de ces rapports est presque toujours le seul objet auquel il nous soit permis d'atteindre, et le seul par conséquent que nous devions nous proposer. Ce n'est donc point par des hypothèses vagues et arbitraires que nous pouvons espérer connaître la nature ; c'est par l'étude réfléchie des phénomènes... par l'art de réduire... un grand nombre de phénomènes à un seul qui puisse en être regardé comme le principe... Cette réduction, qui les rend d'ailleurs plus faciles à saisir, constitue le véritable esprit systématique ». Voici, quelques lignes plus loin, l'illustration de cette idée, par une comparaison entre deux états de la science. « La physique expérimentale diffère des sciences physico-mathématiques » en ce qu'elle n'est proprement qu'un recueil rai-

---

77. *Ibid.*, p. 375, 3ᵉ alinéa.

sonné d'expériences et d'observations ; au lieu que celles-ci, par l'application des calculs mathématiques à l'expérience, déduisent quelque fois d'une seule observation un grand nombre de conséquences qui tiennent de bien près par leur certitude aux vérités géométriques. Ainsi... une expérience unique sur l'accélération des corps qui tombent fait découvrir les lois de leur chute sur des plans inclinés et celles du mouvement des pendules. »

Descartes a universalisé la portée de sa méthode pour bien montrer que son application à la physique n'admet pas de réserves. A l'universalité il a lié la nécessité, comme en témoigne dans la pratique, en particulier le livre II des Principes, notamment les textes si caractéristiques du paragraphe 20 et du paragraphe 54, qui sont autant de tentatives pour raisonner entièrement *a priori* en physique. Nous allons voir qu'en même temps, dans une autre entreprise, il use très librement de la méthode expérimentale.

CHAPITRE II

L'EXPÉRIENCE

INTRODUCTION

L'autonomie de la physique, son caractère irréductible : d'où l'emploi de l'expérience.

La méthode *a priori* des mathématiques qui, par voie déductive, conduit à la certitude, est indépendante de l'expérience. La physique, « qui n'est autre chose que mécanique et géométrie », devrait, à ce titre, partager ce privilège, en restant confinée dans le monde idéal des définitions, des essences ou des concepts. Cependant, Descartes reconnaît à la physique un caractère irréductible. On peut le constater au moins sur deux points : la nature de la certitude et les attributions de la recherche.

Descartes vise à introduire la certitude en optique et en acoustique. Aux gens qui se livrent à des spéculations conjecturales sur les mathématiques, il oppose ceux qui sont à même d'introduire *dans les sons et dans la lumière* l'évidence démonstrative des mathématiques ; et il observe que le nombre de ceux-ci est bien plus restreint [1]. Lui-même s'est heurté à la matière dans son étude sur la réfraction. A Mersenne qui, sur ce point, lui demande s'il juge ses preuves démonstratives, il apporte à son affirmation ce correctif : « au moins autant qu'il est possible d'en donner en cette matière » [2]. En fait, il avoue qu'il n'a pu atteindre en physique la rigueur des démonstrations mathématiques : « exiger de moi des démonstrations géométriques en une matière qui dépend de la Physique, c'est vouloir que je fasse des choses impos-

---

1. Lettre à Huygens, 1ᵉʳ novembre 1635.
2. Lettre du 27 mai 1638.

sibles... si on ne veut nommer démonstrations que les preuves des géomètres, il faut donc dire qu'Archimède n'a jamais rien démontré dans les Mécaniques ni Vitellion en l'Optique, ni Ptolémée en l'Astronomie, etc., ce qui toutefois ne se dit pas. »[3] Nous apercevons là, entre la physique et les mathématiques, une première différence, le degré de la certitude. — Descartes en signale une autre dans les attributions de la recherche. Il l'indique dans la règle VIII des *Regulae*. « Si quelqu'un qui n'étudie pas les seules mathématiques cherche cette ligne, qu'on nomme en Dioptrique anaclastique, et dans laquelle des rayons parallèles se réfractent de manière que tous, après la réfraction, se rencontrent en un seul point, il s'apercevra facilement... que la détermination de cette ligne dépend du rapport des angles de réfraction aux angles d'incidence ; mais comme il ne sera pas capable de faire cette recherche, attendu qu'elle regarde non pas les mathématiques, mais la physique, il devra s'arrêter tout de suite... » Certaines recherches appartiennent donc en propre à la physique. L'insertion des mathématiques en physique reste imparfaite. Un écart subsiste. Si la nature agit en tout mathématiquement, elle ne s'absorbe pas dans cette action mathématisante. Elle conserve son existence propre : sa position reste inexpugnable.

Devant l'autonomie de la physique, Descartes ménage une place à l'expérience, concurremment avec la déduction, comme voie d'accès à la découverte. Il a positivement reconnu la nécessité de l'expérience, en écrivant, qu' « on doit tenir compte des expériences et ne pas penser que la vérité naîtra de notre propre cerveau comme Minerve de celui de Jupiter »[4]. En outre, il s'est appliqué à lui-même cette règle, en déclarant, dans sa conclusion au Discours, à propos des expériences : « selon que j'aurai désormais la commodité d'en faire plus ou moins, j'avancerai aussi plus ou moins en la connaissance de la nature. » En fait il a pratiqué et recommandé l'expérience, en lui assignant des rôles divers. Et, expérimentateur exigeant, il a posé, avant la réalisation d'une expérience, et même avant l'admission d'un résultat, des conditions précises. Voyons d'abord quelles elles sont.

3. *Ibid.*
4. *Regulae*, reg. V.

I. — Exigences à l'égard de l'expérience

A. — Conditions d'une initiative expérimentale.

Descartes impose à toute initiative expérimentale trois conditions : une justification rationnelle, l'accord avec les principes physiques et la connaissance des présuppositions propres à l'expérience.

Considérons la justification rationnelle. Incriminant le défaut de cette condition, il écarte un projet de calcul sur la résistance de l'air[5]. Pour le même motif, il récuse un prétendu résultat d'observation dont il relève l'inexactitude. Voici les circonstances. Après avoir découvert l'identité de cause dans la production des couleurs de l'arc-en-ciel et de celles du prisme, il en fournit l'explication dans un calcul mathématique. Et, comme Maurolicus donnait du même phénomène un calcul différent sur l'autorité d'une observation, il dénonce le principe de son erreur, en l'imputant à l'ignorance de « la vraie raison »[6].

Aux expériences non fondées on peut rattacher les expériences impossibles. Telle est, par exemple, celle qui consiste à expérimenter exactement quel poids et quelle percussion produisent le même effet. Cette expérience permettrait de « connaître de quelle vitesse le poids commence à se mouvoir en descendant ». Or Descartes la juge « moralement impossible »[7]. Il répudie aussi, en les jugeant injustifiables, les expériences dépourvues d'intérêt. Tel est le cas du solide de la Roulette, à propos duquel il écrit : « Je fais si peu d'état de toutes ces questions particulières et dont je ne vois point d'usage que je serais marri d'y employer un seul instant. »[8]

Pour tenter une expérience ou pour retenir une observation une justification rationnelle s'impose.

A cette condition s'ajoute l'accord avec les principes de la physique. Cette condition vise surtout les expériences « rares », « les plus particulières », relatives aux phénomènes dont les causes, multiples, sont difficiles à discerner. Descartes écrit à leur sujet : « il est impossible qu'on n'en fasse beaucoup de superflues et même de fausses, *si on ne connaît la vérité des*

---

5. Lettre du 18 déc. 1629, A. et T., t. I, p. 100.
6. *Discours VIII des Météores.*
7. *Lettre à Mersenne*, 11 mars 1640.
8. Lettre du 9 janvier 1641.

choses avant que de les faire. » La condition, que nous soulignons, ne désigne pas, naturellement, la vérité entière. Sa signification ne peut être que celle-ci : si l'on ne sait d'avance, par des raisonnements analogues à ceux qu'on trouve dans la 4ᵉ partie des Principes, ce qui est logiquement possible. Autrement dit, l'aspect du phénomène à étudier ne peut s'opposer aux principes généraux de la physique.

Aussi, Descartes oriente-t-il ses correspondants vers les expériences d'ordre général, plus faciles à interpréter. « Celles qui dépendent de moins de causes diverses, et desquelles on peut plus aisément découvrir les vraies raisons. »⁹ A Mersenne qui le consulte sur le moyen de réaliser des expériences utiles, il répond : « A cela je n'ai rien à dire, après ce que Verulamius en a écrit, sinon qu'... il faudrait principalement faire des Recueils Généraux de toutes les sciences les plus communes et qui sont très certaines : comme, que toutes les coquilles sont tournées en même sens, et savoir si c'est le même au-delà de l'équinoctial ; que le corps des animaux est divisé en trois parties, caput, pectus et ventram, et ainsi des autres ; car ce sont elles qui servent infailliblement en la recherche de la vérité. »¹⁰ Ce conseil rejoint ce passage du Discours sur les expériences du même ordre : « Pour le commencement il vaut mieux ne se servir que de celles qui se présentent d'elles-mêmes à nos sens, que d'en chercher de plus rares et de plus étudiées, dont la raison est que ces plus rares trompent souvent lorsqu'on ne sait pas encore les causes les plus communes... »¹¹ sont justiciables du même reproche les expériences « composées de tant de circonstances ou d'ingrédients superflus qu'il... serait malaisé d'en déchiffrer la vérité »¹². En d'autres termes on doit pouvoir discerner les multiples aspects d'un phénomène, pour confronter avec les principes physiques celui qui nous intéresse.

La conformité aux principes et la justification rationnelle ne suffisent pas toujours, dans leur imprécision, à dissiper toute obscurité. Une expérience implique souvent des présuppositions.

---

9. *Lettre à Mersenne*, 20 avril 1646.
10. 23 décembre 1630.
11. A. et T., t. VI, p. 63.
12. A. et T., t. VI, p. 73.

Il faut les connaître. Prenons, par exemple, la détermination de la portée d'un son. Il s'agit de savoir « comment l'air étant mû en un endroit comme en A, ce mouvement se communique aux lieux proches comme en B, C, D, et à quelle proportion il diminue en s'éloignant » [13]. Or cette proportion dépend de la grandeur du corps en mouvement, de sa figure, de sa consistance, de sa fréquence. A ces facteurs s'ajoutent la connaissance de la densité de l'air. « Il faut savoir, écrit Descartes, quel rapport a cette vitesse avec certaine qualité qui est en l'air, qui peut être nommée Viscositas ou Glutinitas, et c'est ce que je ne saurais déterminer. » La justification rationnelle, par la connaissance des présuppositions et la conformité aux principes, peut suffire à couvrir un projet d'expérience. Avant l'enregistrement du résultat, Descartes exige encore, des garanties complémentaires.

B. — Garanties complémentaires, avant l'admission d'un réultat.

La première est l'exactitude des expériences ou des observations. Nous avons vu que, dans le calcul de Maurolicus pour déterminer les conditions d'apparition de l'arc-en-ciel, Descartes relève une observation inexacte. Il fait valoir, de même, des expériences inexactes, à propos de l'isochronisme des petites oscillations du pendule, pour expliquer, dans le calcul du centre de gravité d'un corps pesant, un écart entre son chiffre et celui de Cavendish. Il écrit à son correspondant : « parce que les expériences que vous m'avez fait la faveur de m'envoyer, semblent être fort éloignées de ce calcul, il faut que je tâche d'en dire la raison, laquelle je crois procéder de ce que, les figures des corps qu'on a examinés rendent la résistance de l'air fort sensible... je crois que l'expérience qui suit peut suffire pour démontrer que cela ne vient que de la résistance de l'air... » Après avoir décrit cette expérience il conclut sur son propre calcul : « je ne doute point qu'il ne s'accorde avec toutes les expériences, pourvu qu'elles soient faites exactement. Mais il y a beaucoup de choses à observer, afin de ne pas se méprendre en les faisant, et qu'il n'y ait point d'autres additions ou déductions à faire de ce calcul » [14]. Pour parvenir à l'exactitude ou, tout au moins, pour minimiser les risques d'erreur, il convient de multiplier les expériences. Il existe peu d'expériences cruciales. Aussi l'expérience unique suffit-elle rarement à établir un résultat. Ainsi pense Descartes lorsqu'il écrit à un de ses correspondants : « Je vous remercie de l'expé-

---

13. *Lettres*, 15 avril 1630.
14. 30 mars 1646.

rience que vous avez fait faire avec une arquebuse, mais je ne la juge point suffisante pour en tirer quelque chose de certain. »[15] Le renouvellement d'une expérience permet en même temps de limiter les inductions hasardeuses. Descartes n'ignore pas cette précaution. Il en fait part à Mersenne en ces termes : « Je n'ai point ici entendu parler de l'ingénieur qui fiche des pieux en terre sans frapper ; mais je ne doute point que cela ne se puisse faire par la force de la presse, qui peut par ce moyen être comparée à celle de la percussion : mais il en faudrait plusieurs diverses expériences avant qu'on en pût faire des règles générales. »[16] La même condition s'applique aux observations. A propos de la déclinaison de l'aimant par exemple, elle est ainsi formulée : « Je ne vois point qu'on y puisse ajouter grand fondement ; et, au lieu de trois observations j'en voudrais mille, avant que de m'y assurer entièrement, à cause qu'il ne faut presque rien pour les faire varier. »[17]

L'exactitude ne suffit pas toujours pour permettre de présenter, comme tel, un résultat d'expérience ou d'observation. Ce résultat doit encore être approprié au but qu'on se propose. Descartes veut des expériences topiques. Jugeant que les expériences de Galilée sur le mouvement de la Terre n'ont pas ce caractère, il les récuse. Voici en quels termes : « Pour les expériences que vous me mandez de Galilée, je les nie toutes, et je ne juge pas pour autant que le mouvement de la Terre en soit moins probable. »[18] En d'autres termes, certaines expériences ne prouvent pas leur objet. Elles passent à côté de l'idée à vérifier.

Pour se prémunir contre cet écueil, chacun doit voir et juger par soi pour se rendre compte d'une situation d'expérience. Descartes prescrit le contrôle direct en écrivant dans le Discours, à propos « des expériences qui peuvent servir », qu'« un homme n'y saurait... employer utilement d'autres mains que les siennes ». Il veut qu'on mette soi-même la main à l'œuvre. Il s'est plié à cette exigence en s'imposant les manipulations effectives, comme en témoigne, par exemple, le passage d'une lettre sur une question de jets d'eau : « Je ne réponds point ici à quelques questions que vous me faites touchant le jet d'eau et autres Méchaniques, à cause que je dois faire moi-même quelques expériences pour en bien savoir la vérité. »[19] Ici il réserve son attitude jusqu'à plus

15. Lettre du 15 mai 1634 ; A. et T., t. I, p. 293.
16. Lettre du 11 juin 1640.
17. Lettre du 29 janvier 1640.
18. Lettre d'avril 1634 ; A. et T., t. I, p. 287.
19. A. Mersenne, 15 septembre 1640.

ample informé. Ailleurs il refuse d'enregistrer la cause d'un phénomène sur le rapport d'une expérience d'autrui. Nous en trouvons la déclaration dans une autre lettre : « je remercie Monsieur des Argues de l'observation qu'il dit avoir apprise des mineurs ; mais il est malaisé de bien juger de la cause de telles expériences, lorsqu'on ne les sait que par le rapport d'autrui ; outre qu'il faudrait s'enquérir si le semblable arrive aussi aux autres pays et si c'est partout à une même heure... »[20] Descartes ne se laisse pas forcer la main. Restant ferme devant l'objection appuyée sur les expériences d'autrui, il subordonne toujours l'utilisation de telles expériences à une vérification directe.

Quelle est la raison de cette précaution ? La signification d'une expérience dépend souvent des préoccupations de l'expérimentateur : chacun regarde les choses d'un biais qui lui est particulier, en s'efforçant de les faire paraître conformes à ses principes[21]. Aussi les expériences des autres sont-elles difficilement utilisables. Peu de gens sont capables de bien faire des expériences, « et souvent, en les faisant mal, on y trouve tout le contraire de ce qu'on y doit trouver »[22]. Il en résulte « qu'il est presque impossible de bien raisonner sur des expériences qui ont été faites par d'autres »[23].

C. — Raisons de ces exigences : les expériences fausses ou mal interprétées.

C'est pourquoi, avant d'admettre un résultat d'expérience, Descartes a multiplié les précautions, en se fondant sur les expériences et les observations fausses ou mal interprétées. Voici, parmi beaucoup d'autres, un exemple d'observation dont il dénonce la fausseté. « L'observation qu'il y a toujours une nue proche du soleil, qui reçoit les rayons pour faire l'arc-en-ciel, est apertement fausse ; car on voit l'arc-en-ciel en des fontaines où il n'y a point de telles nues. »[24]

Outre les observations fausses, on rencontre des expériences mal interprétées. Telle est, par exemple, l'expérience d'Harvey sur le mouvement du cœur. Voici, telles que Descartes les rapporte, les observations d'Harvey sur un cœur en systole.

1. Les parois deviennent plus dures.

---

20. A Mersenne, 27 juillet 1638.
21. *Lettre à Mersenne*, 9 janvier 1639. Et A. et T., t. VI, p. 73.
22. *Lettre à Mersenne*, 1ᵉʳ mars 1638.
23. *Lettre à Mersenne*, 9 janvier 1639.
24. Lettre du 11 juin 1640.

2. Dans les animaux qui ont moins de sang, il devient moins rouge qu'en diastole.

3. Si on pratique une incision allant jusqu'aux concavités, c'est précisément dans l'état de systole que le sang sort par l'incision, et non en cours de diastole.

Harvey en conclut qu'il faut nécessairement que la concavité soit rendue plus étroite. Descartes ajoute : « ce qu'il aurait encore pu confirmer par une expérience fort apparente, ... si on coupe la pointe du cœur d'un chien vif, et que par l'incision on mette le doigt dans l'une de ses concavités, on sentira manifestement qu'à toutes les fois que le cœur s'accourcira il pressera le doigt, et qu'il cessera de le presser à toutes les fois qu'il s'allongera : ce qui semble assurer entièrement que ses concavités sont plus étroites lorsque le doigt y est plus pressé que lorsqu'il l'est moins. Et toutefois cela ne prouve autre chose sinon que les expériences mêmes nous donnent souvent occasion de nous tromper, lorsque nous n'examinons pas assez toutes les causes qu'elles peuvent avoir. » Descartes, renchérissant sur Harvey par d'autres observations sur un cœur en systole, montre que toutes ces observations ne permettent pas de conclure que les concavités du cœur deviennent plus étroites. Voici ses arguments : « Car, encore que, si le cœur se resserrait en dedans, ainsi qu'Harvey imagine, cela pourrait faire qu'il deviendrait plus dur, et moins rouge dans les animaux qui ont moins de sang, et que le sang qui serait dans ses concavités en sortirait par l'incision qu'on y aurait faite, et enfin que le doigt mis en cette incision y serait pressé : cela n'empêche pas que tous ces mêmes effets ne puissent aussi procéder d'une autre cause, à savoir de la dilatation du sang que j'ai décrite. »[25] Descartes établit, par trois expériences nouvelles, la cause véritable des effets observés.

Première expérience : « Si le cœur devient dur, à cause que ses fibres se resserrent en dedans, cela doit diminuer sa grosseur ; au lieu que si c'est à cause que le sang qu'il contient se dilate, cela la doit plutôt augmenter. Or, on voit par l'expérience qu'il ne perd rien de sa grosseur, mais qu'il l'augmente. »

Seconde expérience : « Lorsque le cœur s'accourcit et se durcit, ses concavités ne deviennent point pour autant plus étroites, mais au contraire plus larges : si on coupe la pointe du cœur d'un jeune lapin encore vivant, on pourra voir à l'œil ses concavités devenir un peu plus larges aux moments qu'il se durcit, et jeter du sang. »

---

25. La description du corps humain, A. et T., XI, p. 242.

Troisième expérience : « Le sang ne sort pas du cœur avec les mêmes qualités qu'il avait en y entrant, mais il en sort beaucoup plus chaud, plus raréfié et plus agité... En considérant la seule dilatation de ce sang, qui doit suivre nécessairement de la chaleur, plus grande dans le cœur que dans les autres organes, on voit clairement que cette seule dilatation suffit pour mouvoir le cœur en la façon que j'ai décrite et pour changer la nature du sang, autant que l'expérience le fait voir. »[26]

Descartes tire alors cette conclusion, opposée à celle d'Harvey : les concavités du cœur s'élargissent au cours de la systole.

En anatomie et physiologie cardiaques M. Canguilhem a noté le point sur lequel diffèrent Harvey et Descartes. « De la découverte de Harvey, Descartes retient la circulation seulement... il attribue au cœur une chaleur interne, source de l'impulsion initiale de tous les mouvements des muscles. » « ... alors que, selon Harvey, le cœur est un muscle dont les contractions chassent le sang vers la périphérie par les vaisseaux, c'est selon Descartes un viscère dont les mouvements manifestent passivement les effets que sa chaleur propre détermine dans le sang qui tombe en ses cavités... C'est donc la diastole et non la systole cardiaque qui correspond à la phase active du mouvement de circulation. »[27]

Une information incomplète au jugement de Descartes explique l'erreur d'Harvey. Plus généralement, la complexité de certaines expériences et la difficulté d'en discerner tous les éléments justifient les exigences que nous avons rencontrées sous forme de conditions et de garanties.

II. — La pratique de l'expérience

Descartes n'a pas limité son activité à l'examen critique des expériences des autres. Il s'est livré lui-même au travail des expériences.

A. — **Descartes observateur**

La valeur d'un expérimentateur se mesure surtout à sa puissance d'observation. Descartes est un observateur. Nous en avons déjà rencontré un exemple : en optique, en assimilant le rayon lumineux au mouvement d'une balle, il fait saisir l'identité de

---

26. A. et T., XI, pp. 243-244.
27. *La formation du concept de réflexe aux XVIIe et XVIIIe siècles*, p. 26 ; pp. 33-34.

mécanisme des deux phénomènes. Voici d'autres exemples. En aérostatique, il propose l'expérience de l'aéolipile pour mettre en évidence, par une image, la génération des vents. En outre, pour en expliquer les propriétés, il s'appuie sur une série d'observations. « Premièrement, on observe que tout l'air a son cours autour de la terre de l'orient vers l'occident... Ensuite, on observe que les vents orientaux sont ordinairement beaucoup plus secs et rendent l'air beaucoup plus net et plus serein que les occidentaux. ... De plus, on observe que c'est principalement le matin que soufflent les vents d'orient et le soir que soufflent ceux d'occident... on observe aussi que c'est principalement pendant le jour que soufflent les vents de Nort, et qu'ils viennent de haut en bas, et qu'ils sont fort violents et fort froids et fort secs... on observe tout au contraire, que les vents de Midi soufflent plus ordinairement pendant la nuit et viennent de bas en haut et sont lents et humides... on observe aussi qu'au mois de mars, et généralement en tout le printemps, les vents sont plus secs, et les changements d'air plus subits et plus fréquents qu'en aucune autre saison de l'année... » Les facteurs qui diversifient ces phénomènes sont présentés comme autant de nouvelles observations. « Il faut remarquer que, lorsque le soleil luit, il fait sortir communément plus de vapeurs des mers et des terres... on observe souvent au bord de la mer que le vent vient le jour du côté de l'eau ; et la nuit, du côté de la terre... il faut aussi remarquer que l'air qui touche la superficie des eaux suit leur cours en quelque façon, d'où vient que les vents changent souvent le long des côtes de la mer, avec les flux et reflux... Il faut remarquer aussi que les vapeurs qui viennent des eaux sont bien plus humides et plus épaisses que celles qui s'élèvent des terres et qu'il y a toujours parmi celles-ci beaucoup plus d'air et d'exhalaisons. »[28] Il entre ensuite dans diverses considérations sur la neige, la pluie et la grêle ; puis, précisant son intention, il présente à son lecteur une nouvelle observation : « ... afin que vous ne pensiez pas que je n'en parle que par opinion, je vous veux faire ici le rapport d'une observation que j'en ai faite l'hiver passé 1635. Cette observation a lieu à Amsterdam le 4 février 1635 : le soir il tombe un peu de verglas, suivi d'une grêle mince dont les grains, au lieu d'être ronds, avaient un côté plus plat que l'autre, ressemblant ainsi dans leur conformation extérieure à l'humeur cristalline de notre œil. » Il ajoute : « D'où je connus que le vent, qui était lors très grand et très froid, avait eu la force de changer ainsi la figure des gouttes

---

28. A. et T., t. VI, pp. 269-275.

en les gelant. » Il remarque que, parmi les grains tombés les derniers, quelques-uns étaient entourés de six petites dents « semblables à celles des roues des horloges ». Se demandant qui avait pu former si justement ces six dents dans un air libre et dans l'agitation d'un grand vent, il considère « que ce vent avait pu facilement emporter quelques-uns de ces grains au-dessous ou au-delà de quelque nue, et les y soutenir... et que là ils avaient dû s'arranger en telle sorte que chacun d'eux fût environné de six autres situés en un même plan... » Le lendemain, il observe encore une autre sorte de grêle dont il n'a jamais entendu parler : « c'étaient de petites lames de glace toutes plates, fort polies, fort transparentes, environ de l'épaisseur d'une feuille d'assez gros papier et de la grandeur qu'elles se voient vers K (il en montre un dessin), mais si parfaitement taillées en hexagones et dont les six côtés étaient si droits et les six angles si égaux qu'il est impossible aux hommes de rien faire de si exact. »[29] L'importance qu'il attache à cette observation est marquée par cet aveu : « Une seule observation que je fis de la neige hexagone, en l'année 1635, a été cause du traité que j'en ai fait (Les Météores, Discours VI). Si toutes les expériences dont j'ai besoin pour le reste de ma Physique me pouvaient ainsi tomber des nues, et qu'il ne me fallût que des yeux pour les connaître, je me promettrais de l'achever en peu de temps. »[30]

Outre ces observations spectaculaires il en note de moins perceptibles, tels deux phénomènes d'hallucination. Voici le premier tel qu'il est rapporté dans une lettre à Golius. Il a eu l'œil

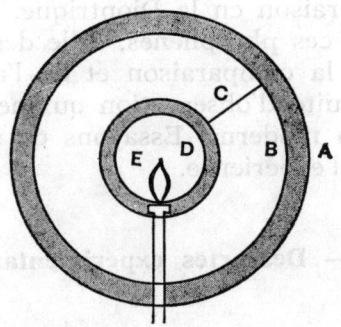

droit fermé très longtemps et l'autre ouvert dans l'obscurité. On apporte une chandelle. Ouvrant alors les deux yeux, il aperçoit

29. *Météores*, Discours VI, A. et T., t. VI, p. 301.
30. *Lettre à Chanut*, 6 mars 1646.

deux couronnes autour de la chandelle. A, le cercle extérieur de la plus grande, est d'un rouge très coloré. B, l'intérieur de cette couronne, est d'un bleu, accompagné des autres couleurs de l'arc-en-ciel. D, la couronne intérieure, est un cercle rouge, plus coloré à l'extérieur qu'à l'intérieur. C, intervalle entre les deux couronnes, est noir. E, intervalle entre la couronne intérieure et la flamme de la chandelle, est un espace blanc, lumineux [31].

Sur ce phénomène, il observe deux particularités : tout d'abord les couleurs des couronnes sont disposées en sens inverse de celles qui paraissent autour des astres. Ensuite on ne les voit pas en fermant l'œil droit et en ouvrant le gauche, mais seulement dans la disposition inverse. Voici un commencement d'explication. La cause n'en doit pas être cherchée dans l'air, mais seulement dans les humeurs de l'un des yeux. Il ajoute qu'il pense pouvoir rendre compte de ce phénomène et conclut : « Cette expérience m'a tellement plu que je ne la veux pas oublier en mes Météores. » Effectivement, au Discours IV, après avoir étendu l'explication de l'arc-en-ciel et de la nature des couleurs aux « cercles ou couronnes qu'on voit quelquefois autour des astres », il décrit les couronnes « qu'on voit quelquefois autour des lampes et des flambeaux », en rapportant l'observation de la lettre à Golius.

Voici une autre observation, le phénomène de l'image consécutive, mentionné en ces termes : « Il y a longtemps que j'ai remarqué qu'après avoir attentivement regardé quelque objet illuminé, son image demeure dans l'œil quelque temps lorsqu'il est fermé ou en ténèbres, et avait diverses couleurs. De quoi je pense avoir mis la raison en la Dioptrique. » [32]

La notation de ces phosphènes, celle des phénomènes extérieurs, l'emploi de la comparaison et de l'analogie suffisent à témoigner d'une acuité d'observation qui ne le cède en rien à celle d'un physicien moderne. Essayons de suivre cette qualité dans la pratique de l'expérience.

B. — **Descartes expérimentateur**

En physique :

a) *En optique : marche des rayons lumineux, expliquée par la structure de l'œil.*

Descartes s'était retiré dans une maison située à une lieue

---

31. *Lettre à Golius*, mai 1635.
32. *Lettre à Mersenne*, 2 novembre 1646.

de Leyde « pour travailler plus commodément à la Philosophie et ensemble aux expériences »[33]. Son intention était d'expliquer tous les phénomènes de la nature. En fait il a exploré par voie d'expériences tous les domaines de la science de son temps : la physique, la biologie et la psychologie.

En physique il a réalisé un grand nombre d'expériences. Indiquons-en quelques-unes. En optique, pour expliquer clairement la marche des rayons lumineux et la formation des images sur la rétine, il fait précéder son étude d'une expérience d'anatomie, la description de la structure de l'œil.

En sectionnant un œil par la moitié, on constate que cet organe est formé de trois membranes. La plus extérieure est « une peau assez dure et épaisse ». Ensuite on rencontre « une autre peau déliée, qui est tendue ainsi qu'une tapisserie au-dedans de la précédente ». Enfin, une troisième peau, « espèce de chair extrêmement tendre et délicate » recouvre la précédente et constitue l'épanouissement terminal du nerf optique. Nous reconnaissons la sclérotique, la choroïde et la rétine. Voici maintenant l'indication des milieux réfringents. L'intérieur de l'œil est rempli de trois liquides différents. Celui du milieu, l'humeur cristalline « cause à peu près la même réfraction que le verre ou le cristal. Les deux autres humeurs ont une réfraction un peu moindre, qui est à peu près celle de l'eau ». Voici quelques détails sur les membranes. La première, dans sa partie convexe est transparente. La surface intérieure de la seconde « qui regarde le fond de l'œil est toute noire et obscure ; et, elle a, au milieu, un petit trou rond..., qui est ce qu'on nomme la prunelle, et qui paraît si noir au milieu de l'œil quand on le regarde par dehors. « Ce trou, qui change en grandeur, se peut étrécir et élargir à mesure qu'on regarde des objets plus ou moins proches, ou plus ou moins éclairés, ou qu'on les veut voir plus ou moins distinctement. » Après cette mention du réflexe pupillaire, il développe : « vous pourrez voir facilement l'expérience de tout ceci en œil d'un enfants ; car, si vous lui faites regarder fixement un objet proche, vous verrez que sa prunelle deviendra un peu plus petite que si vous lui en faites regarder un plus éloigné, qui ne soit point avec cela plus éclairé. Et derechef, qu'encore qu'il regarde toujours le même objet, il l'aura beaucoup plus petite, étant en une chambre fort claire, que si, en fermant la plupart des fenêtres, on la rend fort obscure. Et enfin que, demeurant au même jour et regardant le même objet, s'il tâche d'en distinguer les moin-

---

33. *Lettre à Mersenne*, Pâques 1641, post-scriptum.

dres parties, sa prunelle sera plus petite que s'il ne le considère que tout entier et sans attention. Et notez que ce mouvement doit être appelé volontaire, nonobstant qu'il soit ordinairement ignoré de ceux qui le font, car il ne laisse pas pour cela d'être dépendant et de suivre de la volonté qu'ils ont de bien voir ; ainsi que les mouvements des lèvres et de la langue, qui servent à prononcer les paroles, se nomment volontaires, à cause qu'ils suivent de la volonté qu'on a de parler, nonobstant qu'on ignore souvent quels ils doivent être pour servir à la prononciation de chaque lettre ».

La seconde peau se termine par de petits muscles qui font varier la convexité de l'humeur cristalline [34].

Expérience de l'image reçue sur un écran en chambre noire.

Voici, pour expliquer la formation des images sur la rétine, l'expérience d'une image reçue par un écran en chambre noire. Si l'on n'interpose aucun verre devant le trou de cette chambre, quelques images paraîtront sur l'écran si le trou est très étroit ; mais elles seront floues et le seront d'autant plus que le trou sera moins étroit ; et elles seront d'autant plus grandes que le sera la distance entre le trou et l'écran. Si l'on place une lentille devant le trou, l'écran étant à une distance convenable de ce trou, les images seront très distinctes. Mais si on déplace légèrement l'écran soit en avant soit en arrière, elles le seront moins. La netteté de l'image dépend de la distance de la lentille à l'écran [35].

Expérience de la boule d'eau.

Voici maintenant l'expérience de la boule d'eau, imaginée par Descartes pour faciliter l'explication du double arc-en-ciel, dont le VIIIe Discours des Météores donne les détails. Une boule de verre, ronde et transparente, étant remplie d'eau, Descartes observe les rayons solaires qui, après leur passage à travers la boule, viennent rencontrer son œil. Il change de toutes les façons la position de la boule, et constate que, quelle que soit sa position, si le rayon émergeant fait un angle de 42° avec la direction du rayon incident, la partie de la boule d'où il émerge paraît rouge. Les autres couleurs du spectre apparaissent dès que diminue l'angle en question. Les mêmes phénomènes se produisent quand l'angle atteint une valeur égale ou supérieure à 52°. Telle était la mesure des deux arcs. — Antérieurement on s'était appli-

---

34. *Dioptrique*, Discours III.
35. *Ibid.* Discours V.

qué à l'étude de l'arc-en-ciel et de l'iris. Kepler, dans une lettre, écrite à Harriot en 1606, propose une explication de l'arc-en-ciel par la réflexion, précédée et suivie d'une réfraction d'un rayon solaire tombant sur une goutte d'eau. Et l'expérience de la boule de verre pleine d'eau avait été réalisée en 1590 par Antoine de Dominis avant d'être exposée dans son ouvrage *de Radiis visûs et lucis* paru en 1611. Descartes l'a reprise en la complétant par la détermination des conditions auxquelles doit répondre la marche du faisceau de lumière pour produire une image sensible. Le calcul de la mesure des arcs constitue son apport personnel, si bien que Newton, dans ses *Lectiones opticae,* lui attribue la découverte de la véritable explication de l'arc-en-ciel, bien que celle-ci réside dans l'intervention de l'inégale réfrangibilité de la lumière.

b) *En aérostatique :*

En aérostatique, citons deux expériences. L'une est destinée à faciliter l'étude d'un phénomène, l'expérience de l'aéolipile, « où un peu d'eau s'exhalant en vapeur fait un vent assez grand et assez fort, à raison du peu de matière dont il se compose. Voici

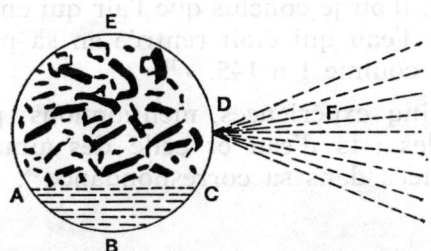

l'explication. « Parce que ce vent artificiel, nous peut beaucoup aider à entendre quels sont les naturels, il sera bon ici que je l'explique. ABCD est une boule de cuivre ou autre telle matière, toute creuse et toute fermée, excepté qu'elle a une fort petite ouverture en l'endroit marqué D ; et la partie de cette boule ABC étant pleine d'eau, et l'autre AEC étant vide, c'est-à-dire ne contenant que de l'air, on la met sur le feu ; puis la chaleur agitant les petites parties de l'eau, fait que plusieurs s'élèvent au-dessus de la superficie AC, où elles s'étendent et s'entrepoussent en tournoyant, et font effort pour s'écarter les unes des autres, en la façon ci-dessus expliquée. Et parce qu'elles ne peuvent ainsi s'écarter, qu'à mesure qu'il en sort quelques-unes par le trou D, toutes les forces dont elles s'entrepoussent conspirent ensemble à chasser par là toutes celles qui en sont les plus proches, et ainsi elles causent un vent qui souffle de là vers F. Et parce qu'il y a toujours de nouvelles parties de cette eau qui, étant élevées par la chaleur au-dessus de cette superficie AC, s'étendent et s'écartent l'une de l'autre à mesure qu'il en sort par le trou D, ce vent ne cesse point que toute l'eau de cette boule ne soit exhalée, ou bien que la chaleur qui la fait exhaler n'ait cessé. » [36]

Voici enfin une expérience sur la pesanteur de l'air :

« J'ai éprouvé ces jours un moyen de peser l'air qui m'a réussi ; car, ayant une petite fiole de verre, fort légère et soufflée à la lampe... de la grosseur d'une petite balle de jeu de paume, et n'ayant qu'une petite ouverture à passer un cheveu en l'extrémité de son bec, je l'ai pesée dans une balance très exacte, et, étant froide, elle pesait 78 1/2 grains. Après cela, je l'ai chauffée sur des charbons : puis la remettant dans la balance... le bec en bas, j'ai trouvé qu'elle pesait à peine 78 grains. Puis, plongeant le bec dans de l'eau, je l'ai laissé ainsi refroidir, et l'air se condensant à mesure qu'elle se refroidissait, il est entré dedans autant d'eau que la chaleur en avait chassé d'air auparavant. Enfin, la pesant avec toute cette eau, j'ai trouvé qu'elle pesait 72 1/2 grains plus que devant ; d'où je conclus que l'air qui en avait été chassé par le feu, est à l'eau qui était rentrée en sa place comme 1/2 à 72 1/2 ou bien comme 1 à 145. » [37]

Outre ces cinq expériences, mentionnons, parmi beaucoup d'autres, celle des jets d'eau et celle des aimants sphériques, qui sont rapportées dans sa correspondance [38].

En chimie :

Indications sur les alliages et sur la distillation.

Descartes s'est modérément intéressé à la chimie. Nous ne rencontrons à cet égard que des indications fragmentaires. Notons-en une sur les alliages : « L'expérience enseigne que le cuivre et le fer se joignent beaucoup mieux ensemble que le fer avec le fer ou le cuivre avec le cuivre [39]. Autre indication, sur la distillation. Sur les extraits de plantes, il écarte, en la taxant d'« Imagination sans fondement », l'idée de la « résurrection des fleurs par leur sel » ; et, affirmant que leurs extraits ont

---

36. A. et T., t. VI, pp. 265 et 266.
37. *Lettre à Mersenne*, 19 janvier 1642. A. et T., t. III, p. 483.
38. Voir A. et T., t. III, p. 522.
39. *Lettre à Huygens*, 25 janvier 1638.

d'autres vertus que celles des plantes dont ils sont tirés, il ajoute :
« ce qu'on expérimente bien clairement en ce que le vin, le vinaigre et l'eau de vie, qui sont trois divers extraits qu'on peut faire des mêmes raisins ont des goûts et des vertus si diverses... »[40].
Sur la nature du mercure, il se récuse par manque d'expérience :
« Pour la nature de l'argent vif, je n'ai pas encore fait toutes les expériences dont j'ai besoin pour la connaître exactement. »[41] La même raison s'étend à l'étude entière de la chimie. En voici l'aveu : « Ayant déjà écrit tout le peu que je savais touchant cette matière, en la quatrième partie de mes Principes, lorsque j'y ai traité de la nature des minéraux et de celle du feu, et de tous les divers effets auxquels peut quasi se rapporter toute la chimie, il ne m'est pas possible d'en rien écrire davantage, sans me mettre au hasard de me méprendre, à cause que je n'ai point fait les expériences qui m'auraient été nécessaires pour venir à la connaissance particulière de chaque chose ; et n'ayant point la commodité de les faire, je renonce dorénavant à cette étude comme à toutes les autres semblables. »[42]

Descartes juge l'emploi de l'expérience indispensable à la connaissance scientifique.

***

En zoologie :

Recherches sur les organes des sens, sur le système nerveux, sur l'anatomie du cœur, sur la circulation du sang (expérience de vivisection), sur la digestion, sur l'embryogénie.

Lorsqu'on quitte le domaine de la physique et de la chimie pour aborder les phénomènes de la nature vivante, on se trouve en présence d'une telle complexité que le recours aux expériences s'impose immédiatement. La biologie est un monde à part. Descartes s'en rend compte quand, sur la description des animaux et des hommes, il écrit qu'il n'en peut « parler du même style que du reste », en démontrant les effets par les causes. Sans doute le mécanisme existe ici comme en physique. Le mouvement du cœur, par exemple, « suit aussi nécessairement de la seule disposition de ses organes » que le mouvement d'une horloge suit « de la force, de la situation et de la figure de ses contrepoids

---

40. *Lettre au Marquis de Newcastle*, 23 novembre 1646.
41. *Ibid.*
42. *Lettre à Huygens*, 4 août 1645.

et de ses roues ». Le mécanisme est même si parfait que « s'il y avait de telles machines, qui eussent les organes et la figure d'un singe ou de quelque autre animal sans raison, nous n'aurions aucun moyen pour reconnaître qu'elles ne seraient pas en tout de même nature que ces animaux ». Le mécanisme est généralisé dans la nature. Mais la physiologie est en étroite dépendance avec l'anatomie. Or, nous ne pouvons pas, d'emblée, déduire l'anatomie. Nous ne pouvons la rapporter à aucune connaissance antérieure. Nous savons bien que Dieu « forma le corps d'un homme entièrement semblable à l'un des nôtres ». Mais cette indication *a priori* ne se prête à aucune déduction concrète. Nous pouvons donc prévoir, d'ores et déjà, qu'en biologie les expériences seront nombreuses. Nous en trouvons dans le *Discours de la Méthode*, dans la *Dioptrique*, dans le *Traité de l'Homme*, dans la *Description du corps humain et de toutes ses fonctions*, et dans les *Passions de l'âme*. Nous savons, en outre, par une lettre [43], que Descartes prépare en 1645 un traité sur les animaux et qu'il ignore quand il sera terminé, en raison des expériences qu'il n'a pas encore eu la commodité de faire et sans lesquelles il lui est impossible de l'achever. Cette déclaration, qui confirme celle de la lettre à Huygens sur les recherches de chimie, permet d'affirmer que, dans les sciences, Descartes ne s'avance jamais que sur un terrain bien assuré, celui des expériences. Ses recherches de zoologie portent sur les organes et sur les illusions des sens, sur le système nerveux, sur l'anatomie du cœur, sur la circulation du sang, sur la digestion, sur l'embryogénie...

Pour expliquer la marche des rayons lumineux, Descartes étudie d'abord la vision en s'attachant à la description de l'œil. Il en donne l'anatomie, nous l'avons vu, dans le Discours III de la Dioptrique.

Sur les illusions des sens, il rapporte, comme exemple illustratif, l'observation particulière d'une amputée qui, ignorant qu'on lui avait sectionné un membre, continuait à se plaindre de douleurs provenant du membre absent.

Dans une étude physiologique du système nerveux, au Discours IV de la Dioptrique, nous trouvons la distinction des nerfs sensitifs et des nerfs moteurs, fondée sur « des paralysies qui ôtent le mouvement sans ôter pour autant le sentiment ». Plus exactement, en raison de la conception cartésienne de la structure du nerf, il faut parler, non de distinction des nerfs sensitifs et des nerfs moteurs, mais d'une dualité de fonctions du nerf. La

---

43. *Au Marquis de Newcastle*, octobre 1645.

distinction porte, non sur la pluralité des nerfs, mais sur des fonctions différentes. Comme le note M. Canguilhem, Descartes se représente le nerf comme un faisceau de fibres à l'intérieur d'un tuyau. En tant que faisceau il est organe de sensibilité ; en tant que tuyau, organe de la motricité. « Tout nerf est à la fois, mais par des aspects différents de sa structure, et selon des mécanismes différents, sensitifs et moteur. »[44]

Sur l'anatomie du cœur, rappelons la description du Discours, que tout le monde connaît. Descartes la propose comme exemple de la méthode qu'il emploie en biologie. Obligé d'abdiquer la procédure habituelle, selon laquelle il part des causes pour en tirer les effets, il déclare qu'il partira des expériences. Et, joignant l'exemple au précepte, il présente une anatomie du cœur, telle qu'on peut la trouver dans un manuel de zoologie.

Sur la circulation du sang, voici une expérience de vivisection, empruntée à la série de celles que Descartes a réalisées en cette matière. « Après avoir ouvert la poitrine d'un lapin vivant et en avoir de part et d'autre rangé les côtes, en sorte que le cœur et le tronc de l'aorte se voyaient facilement, j'ai lié avec un fil l'aorte assez loin du cœur et l'ai séparée de toutes les choses auxquelles elle touchait, afin qu'on ne pût soupçonner qu'il y entrât des esprits et du sang d'ailleurs que du cœur ; ensuite je l'ai ouverte avec une lancette entre le cœur et la ligature, et j'ai vu manifestement que, dans le même temps que l'artère s'étendait, le sang en jaillissait par l'incision que l'on y avait faite, et qu'il n'en sortait pas une goutte dans le temps qu'elle venait à se rétrécir. »[45]

Sur la digestion, voici une indication. « La raison qui m'a fait juger que quelques-unes des parties les plus pénétrantes du sang sont portées dans l'estomac et les intestins par les artères, pour aider à la dissolution des viandes, est que j'ai remarqué que la salive, qui vient en grande abondance dans la bouche quand on mange... n'y vient pas seulement des amandes, mais des artères qui descendent aux gencives ; car j'en ai fait l'expérience très claire. »[46]

Il a étendu ses recherches à l'embryogénie. Portant son attention sur les animaux en gestation, il écrit : « ... j'ai fait autrefois tuer une vache, que je savais avoir conçu peu de temps aupara-

---

44. *La formation du concept de réflexe aux XVIIe et XVIIIe siècles*, p. 35.
45. Traduction d'un passage d'une lettre à Plempius, février 1638. A. et T., t. I, p. 526.
46. *Lettre à Mersenne*, 30 juillet 1640.

vant, à seule fin d'en voir le fruit. Et ayant appris, peu après, que les bouchers de ce pays en tuent souvent qui se rencontrent pleines, j'ai fait qu'ils m'ont apporté plus d'une douzaine de ventres dans lesquels il y avait de petits veaux, les uns grands comme des souris, les autres comme de petits chiens, où j'ai pu observer beaucoup plus de choses qu'en des poulets, à cause que les organes y sont plus grands et plus visibles. » [47]

Théorie du mouvement involontaire.

Ces indications ont été unifiées par une explication mécaniste de la vie : la théorie des animaux-machines, qui repose non pas sur la théorie du réflexe mais sur une théorie du mouvement involontaire.

On a admis, notamment avec Eckard, Du Bois-Reymond et Minkowski, que le mouvement réflexe est une découverte cartésienne. Cette opinion, qui s'explique par la logique de l'histoire, a été résumée par M. Canguilhem en ces termes : « Un phénomène qui fondait, avec bien d'autres, mais parmi eux éminemment, une explication mécanique de la vie animale, semblait logiquement n'avoir pu être découvert et étudié que par un biologiste mécaniste. Si la logique de l'histoire des théories indiquait un mécaniste, l'histoire de la physiologie le nommait, Descartes. » [48]

Cette raison se trouvait étayée par la théorie mécanique du mouvement involontaire proposée par Descartes, « dont certains exemples, très bien décrits par lui, sont effectivement ce qu'on devait appeler au XIXᵉ siècle des réflexes » [49]. « Il n'est pas douteux, poursuit M. Canguilhem, que, parmi les phénomènes d'automatisme musculaire invoqués par Descartes à l'appui de son refus d'attribuer à l'âme la responsabilité de tous les mouvements du corps humain, beaucoup sont d'authentiques réflexes, selon le sens que donnent à ce terme les physiologistes contemporains. Tels sont les réflexes de déglutition, de flexion de la jambe ou du bras en réponse à une forte excitation thermique du pied ou de la main, d'accommodation pupillaire, d'occlusion des paupières, de toux, d'éternuement, de baillement, d'excrétion. » [50]

Mais la logique de l'histoire ne se confond pas avec la logique tout court. M. Canguilhem a établi avec une clarté totale, par une étude critique sur l'anatomie et la physiologie cartésiennes concernant le nerf et le muscle, qu'on ne peut attribuer à Descartes

---

47. *Lettre à Mersenne*, 2 novembre 1646.
48. *La formation du concept de réflexe*, P.U.F., 1955, p. 4.
49. *Ibid.*, p. 4.
50. *Ibid.*, pp. 29-30.

ni le terme ni le concept de réflexe. « L'essentiel du concept de réflexe, écrit-il, ce n'est pas seulement de contenir l'élément ou l'abrégé d'une explication mécanique du mouvement musculaire, c'est d'admettre que part de la périphérie de l'organisme, l'ébranlement, quelle qu'en soit la nature, qui, après réflexion dans un centre, retourne vers cette même périphérie. Ce qui distingue le mouvement réflexe, c'est qu'il ne procède pas directement d'un centre, du siège central d'un pouvoir immatériel quelconque. C'est en cela que réside, dans le genre mouvement, la différence spécifique entre l'involontaire et le volontaire. Or selon la théorie cartésienne, le mouvement qui se manifeste à la périphérie, dans le muscle ou dans les viscères, prend sa source dans un centre, le centre des centres organiques, le foyer cardiaque. Sans doute il s'agit d'un centre d'action matérielle et non spirituelle. Et c'est pourquoi il est bien incontestable que la théorie cartésienne est une théorie mécanique, mais ce n'est pas la théorie du réflexe. Il y a plus. L'image même qui a suggéré l'invention du mot réflexe, celle d'un rayon lumineux réfléchi par un miroir, impose qu'il y ait homogénéité entre le mouvement incident et le mouvement réfléchi. Or c'est le contraire chez Descartes. » Comme l'indique M. Canguilhem en d'autres passages, il y a hétérogénéité des mécanismes de l'excitation et de la réaction et des structures respectives dont ils dépendent. Descartes ne distingue pas les nerfs sensitifs et les nerfs moteurs. Il se représente le nerf comme un faisceau de fibres engainées dans un tube. En tant que faisceau le nerf est organe de la sensibilité ; en tant que tuyau, organe de la motricité. L'excitation sensorielle centripète est une traction de la fibre nerveuse ; la réaction motrice centrifuge est une propagation. De telles idées interdisaient à Descartes la formation du concept de réflexe. M. Canguilhem les précise : « Toutes ses théories anatomiques et physiologiques sur le mouvement du cœur, sur l'origine et la nature des esprits animaux, sur la structure hétérogène des voies de la sensibilité et de la motricité lui (à Descartes) composaient autant d'obstacles, mais au sens d'écrans plutôt que de retards. »[51] Il en résulte que « la notion de réflexes ne pouvait pas trouver place dans son système, quelque mécaniste qu'en fut l'inspiration »[52]. Suit la dénonciation du principe de l'erreur commise par un physiologiste allemand sur ce point : « Indifférent à la cohérence de l'auteur, Du Bois-Reymond n'était attentif qu'à la cohérence de la succession des doctrines comme si la logique de l'histoire de la science était la logique de la

51. *Ibid.*, p. 48.
52. *Ibid.*, p. 158.

science... »⁵³ C'est-à-dire que les normes de l'histoire de la science ne sont pas les normes de la science.

En résumé, comme le marque avec force M. Canguilhem, Descartes affirme l'indépendance des mouvements du corps humain par rapport aux déterminations de la volonté. Il met en évidence cette indépendance en faisant appel aux notions de disposition des organes et de mécanisme, en décrivant les phénomènes d'automatisme neuro-musculaire, en invoquant les contractions pathologiques d'organes lésés ou séparés et, chez l'homme normal, la dépendance de certains mouvements par rapport à d'autres mouvements ou à des excitations sensorielles. La théorie mécaniste qu'il en donne est une théorie du mouvement involontaire, non la théorie du réflexe. Elle ne laisse pas, comme fondement de la théorie des animaux-machines, d'avoir exercé une influence profonde et durable.

En zoologie, Descartes a serré de près la réalité. Il s'est appliqué à la botanique avec la même rigueur. Évitant soigneusement les assimilations hasardeuses, il réserve les cas particuliers jusqu'à plus ample informé. On peut juger de sa prudence par ce passage d'une lettre à Mersenne : « Pour l'herbe sensitive que vous me mandez avoir vue chez Monsieur de la Brosse, je n'y trouve rien d'étrange que la rareté ; car après avoir décrit le mouvement du cœur d'une façon qui pourrait aussi bien convenir à une plante qu'à un animal, si les organes s'y trouvaient de même, je n'ai aucune difficulté à concevoir comment le mouvement de cette plante se peut faire ; mais je ne voudrais pas entreprendre de dire déterminément comment il se fait, si je ne l'avais vu et examiné auparavant. »⁵⁴

En physique et en biologie Descartes appuie toujours son information sur des expériences.

En psychologie :

Recherches sur les phénomènes affectifs. Les éléments de leur définition. La détermination de leurs causes ou de leurs concomitants. Les signes extérieurs qui les révèlent.

Il a porté son intérêt sur la psychologie selon la même méthode d'investigation. Dans la préface des *Passions de l'âme* il écrit que son discours est si simple et si bref qu'il fera connaître que son dessein « n'a pas été d'expliquer les passions en orateur ni même en philosophe moral mais seulement en physi-

53. *Ibid.*, p. 158.
54. 23 août 1638.

cien »[55]. En fait, il invoque toujours l'observation et l'expérience pour établir une affirmation. On peut s'en convaincre en examinant ses vues sur les phénomènes affectifs qu'il a cherché à définir, en déterminant leurs causes ou leurs concomitants et les signes extérieurs qui les révèlent.

Recueillons les éléments qui définissent les passions.

D'abord les passions sont des phénomènes de conscience, qui se distinguent des phénomènes physiologiques purs. Descartes établit la distinction au moyen de cette sorte de critère : « Tout ce que nous expérimentons être en nous, et que nous voyons aussi pouvoir être en des corps tout à fait inanimés, ne doit être attribué qu'à notre corps... au contraire, tout ce qui est en nous, et que nous ne concevons en aucune façon pouvoir appartenir à un corps, doit être attribué à notre âme. »[56] Ensuite les passions se distinguent des autres phénomènes de conscience. « ... nos pensées sont principalement de deux genres : les unes sont les actions de l'âme, les autres sont ses passions. Celles que je nomme ses actions sont toutes nos volontés, à cause que nous expérimentons qu'elles viennent directement de notre âme et semblent ne dépendre que d'elle. Au contraire, on peut généralement nommer ses passions toutes les sortes de perceptions ou connaissances qui se trouvent en nous... »[57] Ainsi situées dans la vie de conscience par leur passivité, les passions sont des sortes de perceptions dont on peut, en troisième lieu, marquer la nature par leur mode d'apparition : elles sont reçues en l'âme de la même façon que les objets des sens extérieurs et par là loin d'être des connaissances évidentes, participent du même caractère de confusion. Voici les termes : « l'expérience fait voir que ceux qui sont les plus agités par leurs passions ne sont pas ceux qui les connaissent le mieux, et qu'elles sont du nombre des perceptions que l'étroite alliance entre l'âme et le corps rend confuses et obscures. »[58] Descartes ne considère pas que l'âme « est logée dans le corps comme un pilote en son navire », mais qu'elle lui est consubstantiellement unie. De cette union consubstantielle résultent les passions, qu'on peut définir : des perceptions qui, « selon l'institution de la nature se rapportent au corps et ne sont données à l'âme qu'en tant qu'elle est jointe avec lui... »[59]. Cette définition approximative est complétée par

---

55. Réponse à la seconde lettre.
56. *Passion de l'âme*, I, art. 3.
57. *Ibid.*, I, art. 17.
58. *Ibid.*, I, 28.
59. *Ibid.*, II, 138.

celle-ci, qui fait intervenir la cause : « les passions sont des perceptions ou des sentiments ou des émotions de l'âme... qui sont causées, entretenues et fortifiées par quelque mouvement des esprits. »[60] Cette formule générale, qui ne mentionne que l'influx nerveux, recouvre en fait des causes multiples. Elles sont indiquées en ces termes : « La cause la plus prochaine des passions de l'âme n'est autre que l'agitation dont les esprits meuvent la petite glande du milieu du cerveau... Mais, pour les distinguer les unes des autres, il est besoin de rechercher leurs sources et d'examiner leurs premières causes. Sans doute peuvent-elles être causées quelquefois par l'action de l'âme, qui se détermine à concevoir tels ou tels objets ; et aussi par le seul tempérament du corps ou par des impressions qui se rencontrent fortuitement dans le cerveau (tristesse sans cause). Néanmoins elles peuvent aussi être excitées par les objets qui meuvent les sens... Ces objets, étant leurs causes plus ordinaires et principales, il suit que, pour les trouver toutes, il suffit de considérer tous les effets de ces objets. »[61] Descartes reconnaît que les phénomènes affectifs ont pour cause tantôt un autre phénomène de conscience, tantôt des phénomènes physiologiques. Leur cause ne peut donc être déterminée que par l'expérience.

Examinant l'Amour, la Haine, la Joie, la Tristesse et le Désir, qui sont les cinq « passions » principales, Descartes indique leurs causes ou leurs concomitants physiologiques. « Leur cause n'est pas... dans le cerveau seul, mais aussi dans le cœur, dans le foie et dans les autres parties du corps en tant qu'elles servent à la production du sang et ensuite des esprits. »[62] C'est là ce qu'il appelle « les mouvements du sang et des esprits ». Il signale ensuite « les principales expériences qui servent à connaître ces mouvements en l'Amour » : « en considérant les diverses altérations que l'expérience fait voir dans notre corps, pendant que notre âme est agitée de diverses passions, je remarque en l'Amour..., que le battement du pouls est égal, et beaucoup plus grand et plus fort que de coutume ; qu'on sent une douce chaleur dans la poitrine et que la digestion des viandes se fait fort promptement dans l'estomac... »[63] Pour mieux marquer ces caractères il leur oppose ceux de la haine : « Je remarque, au contraire, en la Haine, que le pouls est inégal, et plus petit et souvent plus vite ; qu'on sent des froideurs entremêlées de chaleurs âpres et

60. *Ibid.*, I, 27.
61. *Ibid.*, II, 51.
62. *Ibid.*, II, 96.
63. *Ibid.*, II, 97.

piquantes dans la poitrine ; que l'estomac cesse de faire son office et est enclin à vomir et à rejeter les viandes qu'on a mangées. »[64] Voici des précisions sur « les mouvements du sang et des esprits en l'Amour » : « Ces observations et plusieurs autres... m'ont donné sujet de juger que, lorsque l'entendement se représente quelque objet d'amour, l'impression que cette pensée fait dans le cerveau conduit les esprits animaux, par les nerfs de la sixième paire, vers les muscles qui sont autour de l'intestin et de l'estomac, en la façon requise pour que le suc des viandes, qui se convertit en nouveau sang, passe promptement vers le cœur, sans s'arrêter dans le foie ; et qu'y étant poussé avec force, il y entre en plus grande abondance et y excite une chaleur plus forte parce qu'il est plus grossier que celui qui a déjà été raréfié plusieurs fois en passant et repassant par le cœur ; et il envoie aussi des esprits dans le cerveau... »[65] L'Amour a donc pour cause originelle un état de conscience, puisque tout le mécanisme physiologique indiqué résulte de ce que « l'entendement se représente quelque objet d'amour ». Mais Descartes affirme en même temps que l'Amour est causé par *l'impression cérébrale représentant l'objet d'amour* ; et qu'à la causalité de cette impression liée à l'objet s'ajoute celle des viscères. Il ne s'agit donc pas de deux causes dont l'une est psychologique et l'autre physiologique, mais d'une seule cause comportant une dualité d'aspects.

Par ailleurs, Descartes affirme nettement que certains états affectifs ont pour cause des phénomènes physiologiques à l'exclusion de tous autres. Il écrit que « certains mouvements du corps qui accompagnent les passions ne dépendent point de l'âme ». Il prend pour exemple la peur. « La peur peut être mise dans l'âme par les esprits animaux se rendant vers les nerfs du cœur et affectant d'une certaine façon la glande : de même, quelques esprits se rendant simultanément vers les nerfs servent à remuer les jambes pour fuir. Ils causent un mouvement en la même glande, par le moyen duquel l'âme sent et aperçoit cette fuite, laquelle peut en cette façon être excitée dans le corps par la seule disposition des organes et sans que l'âme y contribue. »[66] Nous avons là un cas particulier de la théorie physiologique des émotions. Mais les indications ne sont pas généralisées : elles ne s'appliquent qu'à une seule passion, la peur ; et le processus est présenté comme une simple possibilité.

Dès lors, à travers les fluctuations du langage cartésien, il

---

64. *Ibid.*, II, 98.
65. *Ibid.*, II, 102.
66. *Ibid.*, I, 38.

est impossible de savoir si tel phénomène physiologique intervient dans une émotion à titre de cause exclusive ou de simple concomitant. Cette incertitude s'explique par la complexité des états affectifs où une même cause peut produire des effets différents. Descartes, invoquant l'expérience, écrit : « L'expérience nous montre quelquefois très clairement que les seuls mouvements excitent en nous non seulement du chatouillement et de la douleur, mais aussi des sons et de la lumière. Car, si nous recevons quelque coup en l'œil assez fort, en sorte que le nerf optique en soit ébranlé, cela nous fait voir mille étincelles de feu..., et quand nous mettons le doigt un peu avant en notre oreille, nous oyons un bourdonnement dont la cause ne peut être attribuée qu'à l'agitation de l'air que nous y tenons enfermé. »[67] Cette constatation générale se retrouve dans les phénomènes affectifs où « une même cause peut exciter diverses passions en divers hommes ». En voici un exemple : « La même impression que la présence d'un objet effroyable fait sur la glande et qui cause la peur en quelques hommes peut exciter en d'autres le courage et la hardiesse... »[68] Inversement un même effet peut résulter de causes différentes. C'est ainsi que deux causes peuvent concourir à la production des larmes :

1) une cause physique : un fétu qui tombe dans l'œil peut en tirer quelques larmes ;

2) une cause psychologique : la Tristesse, suivie de l'Amour ou de la Joie, et généralement quelque cause qui fait que le cœur pousse beaucoup de sang par les artères.

Nous venons de constater que dans la définition des passions, tout autant que dans la recherche de leurs causes, Descartes s'appuie toujours sur des observations ou sur des expériences.

Il a poussé cette attitude jusqu'à relever les signes extérieurs, révélateurs des passions. Il écrit sur ce point : « parce que j'ai seulement remarqué en chacune ce qui s'y peut observer lorsqu'elle est seule, et qui sert à connaître les mouvements du sang et des esprits qui les produisent, il me reste encore à traiter de plusieurs signes extérieurs qui ont coutume de les accompagner... Les principaux sont les actions des yeux et du visage, les changements de couleur, les tremblements, la langueur, la pâmoison, les ris, les larmes, les gémissements et les soupirs... »[69] Il rapporte, entre autres observations, l'action vasoconstrictrice des

---

67. *Principes*, IV, 198.
68. *Passions de l'âme*, I, 39.
69. *Ibid.*, II, 112.

nerfs vaso-moteurs. Sur l'amour en particulier il note que cette passion occupe tellement l'âme à considérer l'objet aimé qu'elle emploie toutes ses ressources à lui en représenter l'image et qu'elle exerce une action inhibitrice à l'égard de tout ce qui ne sert pas à cet effet [70].

Nous pouvons accorder à Descartes qu'il s'applique à étudier les émotions en physicien. Outre ces indications sur la psychologie affective, signalons-en quelques autres sur l'association des idées et sur la question des seuils des sensations. Elles s'insèrent dans le même esprit expérimental.

Indications sur l'association des idées et sur les seuils des sensations.

L'association des idées est formulée en ces termes : « il y a telle liaison entre notre âme et notre corps que, lorsque nous avons une fois joint quelque action corporelle à quelque pensée, l'une des deux ne se présente pas à nous par après que l'autre ne s'y présente aussi. Ceux qui ont pris avec quelque aversion quelque breuvage, étant malades, ne peuvent rien boire ou manger par après, qui en approche du goût, sans avoir derechef la même aversion. Et de même, ils ne peuvent penser à l'aversion qu'on a des médecines, que le même goût ne leur revienne en la pensée. » [71] Citons enfin une observation, qui montre que Descartes connaît l'existence des seuils des sensations. « On voit tous les jours croître les plantes ; et il est impossible de concevoir comment elles deviennent plus grandes qu'elles n'ont été, si on ne conçoit que quelque corps est ajouté au leur. Mais qui est-ce qui a jamais pu remarquer, par l'entremise des sens, quels sont les petits corps qui sont ajoutés en chaque moment à chaque partie d'une plante qui croît ? » Cette indication sur la question du seuil différentiel est suivie d'une autre sur le seuil absolu. « La raison qui nous empêche de pouvoir sentir les corps qui sont fort petits est évidente : elle consiste en ce que tous les objets que nous sentons doivent mouvoir quelques petits filets de nos nerfs, et que, chacun de ces petits filets ayant quelque grosseur..., les corps qui sont beaucoup plus petits n'ont point la force de les mouvoir. » [72] Nous avons là la notation qualitative d'un phénomène qui, plus tard, sera quantifié par Fechner dans la loi qui porte son nom.

Ces indications fragmentaires offrent un double intérêt. Elles

---

70. *Ibid.*, II, 120.
71. *Ibid.*, II, 107.
72. *Principes*, IV, 201.

introduisent l'application de la méthode expérimentale en psychologie et fournissent au moins des bases à la critique, sinon des contributions à la psycho-physique ou à la psycho-physiologie. Paul Janet, curieux d'apprendre de Descartes « ce qu'il pensait des mœurs des courtisans ou des militaires, des bourgeois, du peuple ou des grands », écrit que le *Traité des Passions* « où l'on pourrait s'attendre à trouver des pensées de ce genre, ne contient qu'une psychologie tout abstraite, ou plutôt une physiologie arbitraire »[73]. Et, déçu dans sa recherche du détail anecdotique, il parle de la « stérilité psychologique » des écrits de Descartes.

Rien n'est plus faux qu'un tel jugement dont l'absurdité s'inscrit en clair sur tous les ouvrages, nombreux, où Descartes traite d'expériences de psychologie.

C. — La recommandation de l'expérience

— *Principe de la traditio lampadis.*
— *Conseil, donné à Pascal, de vérifier l'effet de l'altitude sur la pression barométrique.*

La réalisation des expériences apparaît à Descartes une exigence si impérieuse qu'il en recommande l'emploi aux autres. Cette recommandation s'exprime par des déclarations d'ordre général ou par des invitations particulières.

Voici quelques formules générales, visant l'intérêt public. Elles concernent les recherches expérimentales en vue de leur utilisation en médecine. Descartes observe que l'esprit dépend si étroitement du tempérament et des organes du corps que « s'il est possible de trouver quelque moyen qui rende communément les hommes plus sages et plus habiles qu'ils n'ont été..., c'est dans la médecine qu'on doit le chercher ». Il exprime ensuite l'intention de consacrer toute sa vie à la recherche de cette science, en affirmant connaître le chemin qui y conduirait infailliblement, sans la brièveté de la vie ou le défaut des expériences. Mais, on peut vaincre ces obstacles en conviant les bons esprits à contribuer, « chacun selon son inclination et son pouvoir, aux expériences » pour livrer au public le fruit de leurs recherches, comme il entend le faire lui-même. En vertu de cette solution, propre à assurer la continuité des recherches expéri-

---

73. Descartes, son caractère et son génie, in *Revue des deux Mondes*, 15 janvier 1868, p. 352.

mentales, dans l'esprit de la traditio lampadis de Bacon, Descartes demande le concours d'autrui dans la pratique des expériences.

Ainsi indiqué, le principe de solution va prendre une forme concrète, dans une demande qui s'adresse à « tous ceux qui désirent en général le bien des hommes ». Descartes les invite à lui communiquer leurs expériences et à l'aider en celles dont il a besoin pour poursuivre ses propres travaux [74]. — Cet appel au concours d'autrui peut-il s'accorder à la réalisation par soi des expériences, condition d'un résultat valable ? Oui, la condition est remplie si les autres se conforment exactement aux instructions prescrites. Car, dans ce cas c'est Descartes encore qui interprète les expériences pour en systématiser les résultats.

C'est ainsi qu'il a donné à Pascal le conseil d'essayer l'effet de l'altitude sur la pression barométrique. L'expérience de Torricelli, qui était connue, restait inexpliquée. Descartes suppose que la montée du mercure dans le tube a pour cause le poids de la colonne d'air. Ne pouvant vérifier lui-même cette supposition, il donne à Pascal l'idée de la fameuse expérience du Puy-de-Dôme. Nous le savons par ce passage d'une lettre à Mersenne : « j'avais averti Monsieur Pascal d'expérimenter si le vif argent montait aussi haut lorsqu'on est au-dessus d'une montagne que lorsqu'on est tout au bas... » [75] En apprenant, deux ans plus tard, que l'expérience a eu lieu, sans toutefois en connaître le résultat, il s'informe auprès de Carcavi : « vous ne trouverez pas désagréable que je vous prie de m'apprendre le succès d'une expérience qu'on m'a dit que Monsieur Pascal avait faite ou fait faire sur les montagnes d'Auvergne, pour savoir si le vif-argent monte plus haut dans le tuyau étant au pied de la montagne et de combien il monte plus haut qu'au-dessus. J'aurais droit d'attendre cela de lui plutôt que de vous, parce que c'est moi qui l'ai avisé... de faire cette expérience, et qui l'ai assuré que, bien que je ne l'eusse pas faite, je ne doutais point du succès. » [76] Quand il a reçu la réponse de Carcavi, Descartes lui écrit de nouveau : « Je vous suis obligé de la peine que vous avez prise de m'écrire le succès de l'expérience de Monsieur Pascal touchant le vif-argent, qui monte moins haut dans un tuyau qui est sur une montagne que dans celui qui est dans un lieu plus bas. J'avais quelque intérêt de le savoir à cause que c'est moi qui l'avait prié... de la vouloir faire... » [77]

---

74. A. et T., t. VI, p. 75.
75. A. et T., t. V, p. 99.
76. 11 juin 1649, A. et T., t. V, & 2, p. 366.
77. 17 août 1649, A. et T., t. V, p. 391.

En opérant la vérification d'une hypothèse, Pascal a joué le rôle d'exécutant. Le bénéfice de l'initiative revient à Descartes, qui n'a pu accomplir par lui-même tout son programme.

III. — Les différents emplois de l'expérience
(collection des appels à l'expérience)

Descartes a multiplié les appels à l'expérience. On peut juger de leur étendue en considérant ses différents emplois de l'expérience. Au départ de la recherche scientifique les expériences servent à constituer les éléments de la déduction. Au début et au cours de la recherche, elles interviennent, dans la preuve de certaines vérités ou dans la connaissance des questions de faits. Enfin, au terme de la recherche, elles viennent confirmer les raisonnements.

1. Au départ de la recherche.

a) *Les expériences, fondements des éléments de la déduction : principes, hypothèses, vraies causes.*

Au départ de la recherche scientifique, les expériences sont à l'origine des principes, des hypothèses et des « vraies causes ». Elles servent d'abord à constituer les principes. Réfutant l'objection de ceux qui, au mépris de l'évidence, lui reprochaient de poser des principes en l'air, Descartes affirme ne poser aucun principe qui ne soit confirmé par l'expérience. Voici sa déclaration : « J'admire que, nonobstant que j'aie démontré en particulier presque autant d'expériences qu'il y a de lignes en mes écrits, et qu'ayant généralement rendu raison dans mes Principes de tous les phénomènes de la nature, j'aie expliqué par même moyen toutes les expériences qui peuvent être faites touchant les corps inanimés et qu'au contraire on n'en ait jamais bien expliqué aucune par les principes de la philosophie vulgaire, ceux qui la suivent ne laissent pas de m'objecter le défaut d'expérience. »[78] Donc, les principes explicatifs sont liés aux expériences. Cette affirmation est corroborée par une autre. Dans la seconde partie du Discours, nous apprenons de Descartes qu'avant d'établir ses Principes, il a employé beaucoup de temps à s'y préparer, tant en déracinant de son esprit les opinions fausses qu'il avait reçues qu'en faisant amas de plusieurs expériences ».

78. *Lettre à Huygens*, juin 1645.

Cette déclaration théorique est passée dans les faits. En voici un exemple : le principe des mouvements circulaires. Après avoir « reconnu par diverses expériences que tous les mouvements qui se font au monde sont en quelque façon circulaires... » mais qu'on ne les remarque pas « quand les corps se remuent en l'air », Descartes cite deux exemples : « voyez nager des poissons dans le bassin d'une fontaine : s'ils ne s'approchent point trop près de la surface de l'eau, ils ne la feront point du tout branler, encore qu'ils passent dessous avec une très grande vitesse. D'où il paraît manifestement que l'eau qu'ils poussent devant eux ne pousse pas indifféremment toute l'eau du bassin, mais seulement celle qui peut mieux servir à parfaire le cercle de leur mouvement et rentrer en la place qu'ils abandonnent. Et cette expérience suffit pour montrer combien ces mouvements circulaires sont aisés et familiers à la nature. Mais j'en veux maintenant apporter une autre, pour montrer qu'il ne se fait jamais aucun mouvement qui ne soit circulaire. Dans un tonneau plein, le vin ne coule pas par l'ouverture qui est en bas, lorsque le dessus est tout fermé : il ne peut sortir de ce tonneau, parce que dehors tout est aussi plein qu'il peut être et que la partie de l'air dont il occuperait la place s'il descendait n'en peut trouver d'autre où se mettre en tout le reste de l'Univers, si on ne fait une ouverture au-dessus du tonneau par laquelle cet air puisse remonter circulairement en sa place. »[79]

Les expériences, qui servent à *fonder* les principes, ont aussi leur emploi dans l'établissement des hypothèses. Nous trouvons, sur ce point, à défaut de déclaration théorique, des exemples nombreux. Voici d'abord l'hypothèse de l'éther : « il ne faut pas penser... que cet air grossier que nous attirons dans nos poumons en respirant, qui se convertit en vent quand il est agité, qui nous semble dur quand il est enfermé dans un ballon et qui n'est composé que d'exhalaisons et de fumées, soit aussi solide que l'eau ni que la terre. Il faut suivre en ceci l'opinion commune des philosophes, lesquels assurent tous qu'il est plus rare : car les parties d'une goutte d'eau, étant séparées l'une de l'autre par l'agitation de la chaleur, peuvent composer beaucoup plus de cet air que l'espace où était l'eau n'en saurait contenir. D'où il suit infailliblement qu'il y a grande quantité de petits intervalles entre les parties dont il est composé, car il n'y a pas moyen de concevoir autrement un corps rare. »[80] Après l'hypothèse de l'éther voici une conception sur la nature de l'aimant. On l'obtient

---

79. *Traité de la Lumière*, Ch. IV.
80. *Traité de la Lumière*, Ch. IV, *ad finem*.

de la façon suivante. La connaissance de l'aimant étant composée « de certaines natures simples connues par elles-mêmes », il faut d'abord réunir soigneusement toutes les expériences sur ce corps pour déterminer ensuite « quel est le mélange de natures simples nécessaires... pour produire tous les effets... constatés dans l'aimant. On peut alors affirmer hardiment avoir compris « la vraie cause de l'aimant, autant que l'homme peut la trouver d'après les expériences données » [81]. Cette règle de procédure a été effectivement observée. Parlant des éléments de l'hypothèse, désignés par le terme de « choses », Descartes écrit : « toutes celles de ces propriétés que les plus curieuses expériences des admirateurs de l'aimant ont pu découvrir jusqu'à présent peuvent si facilement être expliquées par leur moyen que cela seul suffirait pour persuader qu'elles sont vraies, encore qu'elles n'auraient pas été déduites des premiers principes de la nature. » [82] Voici, dans un troisième exemple, un autre type d'hypothèse issue d'expériences : elle a pour objet l'explication de la cohésion des corps par leur différence de structure. Elle est indiquée dans ce passage du Traité de la lumière : « Je ne trouve point d'autre différence entre les corps durs et les corps liquides sinon que les parties des uns peuvent être séparées d'ensemble beaucoup plus aisément que celles des autres, de sorte que, pour composer le corps le plus dur qui se puisse imaginer, je pense qu'il suffit que toutes ses parties se touchent, sans qu'il reste d'espace entre deux, ni qu'aucunes d'elles soient en action pour se mouvoir. Je pense aussi qu'il suffit, pour composer le corps le plus liquide qui se puisse trouver, que toutes ses plus petites parties se remuent le plus diversément l'une de l'autre et le plus vite possible, bien qu'elles ne laissent pas de se pouvoir toucher l'une l'autre de tous côtés. Je crois que chaque corps approche plus ou moins de ces deux extrémités, selon que ses parties sont plus ou moins en action pour s'éloigner l'une de l'autre. » Descartes conclut que *toutes les expériences sur lesquelles il jette les yeux le confirment en cette opinion*. Il en cite pour exemples la flamme et l'air. « La flamme dont j'ai déjà dit que toutes les parties sont perpétuellement agitées, est non seulement liquide, mais aussi elle rend liquides la plupart des autres corps. Après la flamme, rien n'est plus liquide que l'air ; la poussière, vue aux rayons du soleil, voltige incessamment çà et là en mille façons différentes. De même, le mélange des liqueurs de couleurs différentes fait

---

81. *Regulae*, Reg. XII.
82. *Principes*, IV, 145.

bien distinguer leurs mouvements. » Nous avons cité plusieurs types d'hypothèses où s'intègrent des expériences.

C'est encore aux expériences qu'il faut demander la détermination des « vraies causes ». Descartes précise en quel sens il entend la question. Certains effets peuvent provenir de causes différentes. De même qu'un horloger peut construire, par des mécanismes différents, deux montres semblables extérieurement et marquant les mêmes heures, de même Dieu dispose de plusieurs moyens pour donner aux phénomènes de ce monde l'apparence que nous leur connaissons, sans que l'esprit humain puisse discerner le moyen choisi. Descartes réfute l'objection en répondant qu'il suffit que les causes, retenues pour l'explication, soient telles qu'aux effets qu'elles peuvent produire correspondent des phénomènes réels [83]. C'est-à-dire qu'on peut donner la valeur de vraie cause à celles dont « toutes les choses qui en seront déduites sont entièrement conformes aux expériences ». Du point de vue de l'utilité pratique, où se place Descartes, une telle cause « ne sera pas moins utile à la vie que si elle était vraie, parce qu'on s'en pourra servir en même façon pour disposer les causes naturelles à produire les effets qu'on désirera » [84]. Le but de la recherche est défini. Comment l'atteindre ? Descartes vise une procédure de nécessité, qui se présente sous deux formes. L'une est indiquée dans un exemple où il retrace les étapes de ses recherches mécaniques sur l'atome : « j'ai examiné toutes les principales différences qui se peuvent trouver entre les figures, grandeurs et mouvements de divers corps, que leur seule petitesse rend insensibles, et quels effets sensibles peuvent être produits par les diverses façons dont ils se mêlent ensemble. Et par après, lorsque j'ai rencontré de semblables effets dans les corps que nos sens aperçoivent, j'ai pensé qu'ils avaient pu être ainsi produits. Puis j'ai cru qu'ils l'avaient infailliblement été lorsqu'il m'a semblé être impossible de trouver en toute l'étendue de la nature aucune autre cause capable de les produire. » [85] Descartes envisage une combinaison des éléments pour se former une conception de l'essence d'un phénomène. Lorsqu'il rencontre un tel phénomène réalisé dans la nature, il s'autorise de cette *existence* pour supposer qu'elle procède de l'essence conçue. Et quand il peut prouver qu'il n'existe pas d'autre essence qui puisse produire le phénomène réel, il affirme que sa conception représente bien l'essence vraie. — Cette procédure de nécessité est

---

83. *Principes*, IV, 204.
84. *Ibid.*, III, 44.
85. *Principes*, IV, 203.

employée sous une autre forme, qui consiste à établir la vraie cause d'un phénomène en déterminant la condition nécessaire et suffisante de sa production. Descartes s'est efforcé de réaliser cette exigence dans différents domaines. Voici comment, en biologie, il explique le mouvement du cœur. Harvey avait cru que lorsque le cœur se contracte, en systole, son volume diminue. Et, pour l'affirmer, il se fondait sur trois expériences. Descartes, après examen de ces expériences, déclare qu'elles ne sont pas décisives. Car les effets qu'elles révèlent peuvent procéder d'une autre cause, la dilatation du sang. Et, pour établir que cette cause est la seule véritable, il rapporte trois nouvelles expériences, en concluant, en opposition avec Harvey, que lorsque le cœur « se raccourcit », ses concavités deviennent, non pas plus étroites, mais plus larges. Voici une autre application de la même exigence en chimie. « Je crois facilement qu'il peut sortir quelques exhalaisons des divers endroits de la terre, et particulièrement de ceux où il y a du vitriol, qui, se mêlant à l'eau de la pluie dans les nues, la rendent rouge. Mais, pour assurer qu'on a justement trouvé la vraie cause il me semble qu'il faudrait faire voir, par quelque expérience, non pas comment le vitriol tire la teinture des roses, mais comment quelques vapeurs ou exhalaisons, qui sortent du vitriol, jointes à celles qui sortent du bitume, se mêlant à celles de l'eau et de la pluie, la rendent rouge ; et ajouter pourquoi les mêmes mines de vitriol et de bitume, demeurant toujours aux mêmes lieux propres de Bruxelles, on n'a toutefois encore jamais remarqué, que cette seule fois, qu'il y soit tombé de pluie rouge. »[86] Descartes marque, par là, que *toutes* les conditions requises à la production d'un phénomène ne sont pas réunies, lorsqu'on possède les éléments qu'on assigne à cette production ; et qu'il est encore nécessaire d'expliquer comment, dans telle circonstance, le phénomène ne se produit pas, bien que les conditions précédentes soient réalisées. C'est à l'expérience qu'il demande le complément d'information.

b) *Les expériences, constitutives d'hypothèses, à valeur d'illustration.*

Principes, hypothèses, vraies causes, toutes ces conceptions s'appuient sur l'expérience. Mais elles ne s'y absorbent pas et en diffèrent. Or, l'expérience joue parfois un rôle exclusif, en constituant intégralement une conception. Ce cas se présente dans l'hypothèse illustrative à laquelle l'expérience fournit toute

---

86. *Lettre à Huygens*, 5 octobre 1646.

l'expression. En voici deux exemples, parmi beaucoup d'autres. L'expérience de l'aéolipile, dans le Discours IV des Météores, est au point de départ de toute l'explication des vents. D'une boule, comme nous l'avons vu, « un peu d'eau, s'exhalant en vapeur », produit un vent d'une force disproportionnée à la matière dont il se compose. Descartes ayant remarqué que, selon son expression, ce vent artificiel pouvait beaucoup aider à faire comprendre les vents naturels, rapporte l'expérience, en concluant que « les vents ordinaires qui règnent dans l'air se font à peu près en même façon... ».

De même, dans l'étude de la déviation des rayons lumineux, nous trouvons, sur la nature de la lumière, une hypothèse ayant valeur d'illustration. Présentée sous la forme de quelques comparaisons, cette hypothèse permet, selon l'intention de Descartes, de concevoir la lumière « en la façon la plus commode pour expliquer toutes celles de ses propriétés que l'expérience nous fait connaître et pour déduire ensuite toutes les autres qui ne peuvent pas si aisément être remarquées ». Cette voie est celle des Astronomes qui, « bien que leurs suppositions soient presque toutes fausses ou incertaines, toutefois, parce qu'elles se rapportent à diverses observations... ne laissent pas d'en tirer plusieurs conséquences très vraies et très assurées ».

Les expériences ont donc leur place, en tout premier lieu, au départ de la recherche scientifique, pour fonder les éléments de la déduction ou pour constituer à titre d'illustration, les hypothèses explicatives.

2. **Au début et au cours de la recherche.**

a) *Les « questions de fait » :*
   — *Distinction.*
   — *Attributions à l'expérience dans les domaines de la qualité et de la quantité.*

L'usage de l'expérience se poursuit encore, au début et au cours de la recherche, dans la preuve de certaines vérités ou dans la connaissance des questions de fait.

Considérons les *questions de fait*. Descartes distingue deux catégories dans les connaissances. Les unes appartiennent à l'expérience, les autres au raisonnement [87]. Il ne manque pas de relever les erreurs, dans les attributions respectives à ces catégories. En voici un exemple, dans ce passage d'une lettre qui

---

87. *Lettre à Cavendish*, 2 novembre 1646.

vise Roberval : « L'Aristarque, en se vantant d'avoir terminé par son raisonnement ce qui ne peut l'être que par l'expérience fait voir qu'il n'entend pas ce qu'il dit... » Relèvent exclusivement de l'expérience, dans le domaine qualitatif, par exemple les sensations, la structure et les propriétés des corps.

Descartes, qui considère les sensations comme des relations[88], écrit en particulier sur la connaissance des couleurs : « si quelqu'un est aveugle de naissance, il ne faut pas espérer que nous puissions jamais faire, par aucun argument, qu'il aie sur les couleurs des idées vraies comme celles que nous avons reçues des sens. »[89] Le raisonnement ne peut renseigner d'avantage, si l'on veut découvrir, dans les corps, la disposition interne des éléments matériels, tels que grandeur, vitesse et mouvements. « Ces choses ayant pu être ordonnées de Dieu en une infinité de diverses façons, c'est par la seule expérience, et non par la force du raisonnement, qu'on peut savoir laquelle de ces façons il a choisie. »[90] C'est aussi à l'expérience qu'il faut recourir pour découvrir la nature d'un corps. C'est pourquoi, lorsqu'en se fondant sur quelques propriétés, on conçoit une hypothèse pour découvrir toutes les autres, il faut revenir à l'expérience pour s'assurer de leur réalité[91]. A la connaissance de la nature des corps, on peut rattacher la nature de la pesanteur : « elle est purement de fait, qu'elle ne saurait être déterminée par les hommes qu'en tant qu'ils en peuvent faire quelque expérience. »[92] Descartes s'est rendu à cette exigence. En pesant un corps à différentes altitudes pour voir s'il en résulte des différences de poids. Il constate que les corps éloignés du centre de la Terre ne pèsent pas autant que ceux qui en sont proches.

Dans le domaine de la quantité certaines informations relèvent aussi de l'expérience. Tels sont, par exemple, le calcul de la résistance de l'air dans les oscillations du pendule[93]. Le degré de réfrangibilité de chaque corps[94], la vitesse initiale dans la chute d'un corps ou dans la détente d'un arc[95]. Ce sont là, selon l'expression de Descartes, des « questions purement de fait ». En tant que telles elles appartiennent en propre à l'expérience. C'est encore à l'expérience que Descartes demande au début

88. Cf. *Le Monde*, II *ad finem*.
89. *Regulae*, Reg. XIV.
90. *Principes*, III, 46.
91. *Ibid.*, III, 44.
92. *Lettre à Mersenne*, 13 juillet 1638.
93. *Lettre à Mersenne*, 20 avril et 2 novembre 1646.
94. A. et T., t. VI, p. 103.
95. *Lettre à Mersenne*, 11 mars 1640.

ou au cours de la recherche, la preuve de certaines vérités. Nous en trouvons des exemples en physique et en physiologie.

b) *L'expérience, invoquée comme preuve :*
  — en physique, d'une hypothèse ; des lois de la mécanique ;
  — en physiologie.

En physique, l'expérience est parfois invoquée comme preuve d'une hypothèse explicative ou de certaines lois.

Parlant « des choses qu'il a écrites » au début de la Dioptrique et des Météores, Descartes écrit que les « raisons s'y entre-suivent en telle sorte que, comme les dernières sont démontrées par les premières qui sont leurs causes, ces premières le sont réciproquement par les dernières qui sont leurs effets... car l'expérience rendant la plupart de ces effets très certains, les causes dont je les déduis ne servent pas tant à les prouver qu'à les expliquer ; mais tout au contraire ce sont elles qui sont prouvées par eux »[96]. Ainsi, les *causes* sont *prouvées* par les effets, lesquels, pour la plupart, s'identifient aux phénomènes d'expérience. Autre exemple de preuve par l'expérience : les lois de la mécanique. Descartes écrit à leur sujet : « je n'ai rien du tout considéré que la figure, le mouvement et la grandeur de chaque corps, ni examiné autre chose que ce que les lois des mécaniques, dont la vérité peut être prouvée par une infinité d'expériences, enseignent devoir suivre de ce que des corps qui ont diverses grandeurs ou figures ou mouvements se rencontrent ensemble. »[97]

En physiologie, nous rencontrons aussi la preuve par l'expérience. C'est ainsi, par exemple, qu'en se fondant sur une observation, Descartes établit que la douleur « n'est pas dans les membres où elle se sent, mais dans le cerveau par où passent les nerfs qui donnent à l'âme le sentiment de cette douleur. Il déclare qu'il peut *prouver* cette thèse par plusieurs expériences, mais qu'il se contentera « d'une seule fort manifeste ». Il rapporte alors l'observation suivante. « Une jeune fille avait eu la moitié du bras coupé, à cause de la gangrène. Elle n'avait pas vu l'amputation parce qu'on lui avait bandé les yeux. On lui attacha plusieurs linges liés l'un sur l'autre en la place de ce qu'on avait coupé, en sorte qu'elle demeura longtemps après sans le savoir. Ce qu'il y a en ceci de remarquable, c'est qu'elle ne laissait pas d'avoir diverses douleurs qu'elle pensait être dans la main qu'elle n'avait plus, et de se plaindre de ce qu'elle sentait tantôt en un doigt, tantôt en l'autre. De quoi on ne saurait donner d'autre raison,

---

96. A. et T., t. VI, p. 76.
97. *Principes*, IV, 200.

sinon que les nerfs de sa main qui finissaient alors vers le coude y étaient mus en la même façon qu'ils auraient dû être auparavant dans les extrémités de ses doigts pour faire avoir à l'âme dans le cerveau le sentiment de semblables douleurs. Cela montre évidemment que la douleur de la main n'est pas sentie par l'âme en tant qu'elle est dans la main, mais en tant qu'elle est dans le cerveau. » [98]

3. Au terme de la recherche, pour le contrôle des résultats.

a) *Confirmer les éléments de la déduction : hypothèse, loi.*
b) *Vérifier une loi ou les conséquences d'un raisonnement.*

L'emploi de l'expérience ne se limite pas au départ et au cours de la recherche. Il s'étend jusqu'au contrôle des résultats. Descartes invoque l'expérience, soit pour confirmer certains éléments de la déduction, soit pour vérifier une loi ou les conséquences d'un raisonnement.

Pour confirmer son hypothèse sur la nature des couleurs, il rapporte l'observation de deux phénomènes : celui « des cercles ou couronnes qu'on voit quelquefois autour des astres, ainsi que celui des couronnes qu'on voit quelquefois autour des lampes et des flambeaux » dont le premier a sa cause dans l'air et le second dans l'œil. Il ajoute : « tout ceci se rapporte si bien à ce que j'ai dit de la nature des couleurs, qu'il peut... beaucoup servir pour en confirmer la vérité. » [99] Il fait aussi appel à l'expérience pour confirmer un ensemble de raisons. En ce sens il écrit à un de ses correspondants : « j'estime fort l'expérience de l'aimant que vous m'apprenez et je juge bien qu'elle est véritable ; elle s'accorde entièrement aux raisons de mon Monde et me servira peut-être pour les confirmer. » [100]

L'expérience intervient non seulement comme confirmation, mais aussi comme vérification. La vérification peut porter sur une loi ou sur les conséquences d'un raisonnement.

Du premier cas nous trouvons un exemple dans la lettre à Golius, déjà citée [101]. A son correspondant, qui s'informe d'une vérification expérimentale de la loi des réfractions, Descartes déclare qu'il a fait tailler un verre et que le point de convergence des rayons du soleil, après leur passage, a lieu précisément à la distance prévue par le calcul. La vérification s'opère

98. *Principes*, IV, 196.
99. A. et T., t. VI, p. 354.
100. 4 novembre 1630. A. et T., t. I, p. 176.
101. A. et T., t. I, p. 239.

ici au moyen d'un instrument d'optique. — L'épreuve de l'expérience pour vérifier les conséquences d'un raisonnement apparaît comme une démarche aussi importante. Cette épreuve a lieu dans l'hypothèse conjecturale, ou considérée comme telle. Bien loin de se targuer d'avoir trouvé « des vérités qui n'ont pas été découvertes par d'autres », Descartes désire que ce qu'il a écrit ne soit pris que pour une hypothèse « peut-être fort éloignée de la vérité », mais il aura « beaucoup fait, si toutes les choses qui en seront déduites sont entièrement conformes aux expériences »[102]. A cette déclaration de principe répondent les applications concrètes. Sur l'hypothèse de structure, sous son aspect causal, Descartes exprime son indifférence et porte plus spécialement son attention sur les conséquences. Nous pouvons choisir celle que nous voudrons « pourvu que toutes les choses qui en seront déduites s'accordent entièrement avec l'expérience »[103]. De même, il laisse pendante la détermination de la « vraie cause », pour s'attacher de préférence à ses conséquences en affirmant qu'il croira avoir assez fait si les causes proposées « sont telles que tous les effets qu'elles peuvent produire se trouvent semblables à ceux que nous voyons dans le monde »[104]. Dès lors, les raisonnements étant assujettis, dans leurs conclusions, à rejoindre l'expérience, celle-ci apparaît comme un terme fixe auquel sont soumises les conséquences d'une hypothèse. Servant à juger de la vérité des raisonnements, les expériences constituent un fondement de vérité. Mais pour réserver les droits de la déduction et accréditer ses résultats. Descartes invoque, à l'occasion, le concours de l'expérience et du raisonnement. En voici trois exemples. Sur la décomposition des couleurs par le prisme, il écrit : « ... je sais par épreuve et raisons qu'en tous les cercles ou iris qui peuvent être, il n'y a point d'autre ordre entre les couleurs que celui-ci : rouge, orange, jaune, vert, bleu, indigo, violet. »[105] De même, dans le Discours VIII des Météores, après avoir déduit de l'hypothèse de l'éther une explication des couleurs de l'arc-en-ciel et de la nature des radiations il conclut : « en tout ceci, la raison s'accorde si parfaitement avec l'expérience que je ne crois pas qu'il soit possible, après avoir bien connu l'un et l'autre, de douter que la chose ne soit telle que je viens de l'expliquer... ». Dans les lignes qui suivent il nous fait part des raisons de sa certitude : « car, s'il est vrai que le sentiment que nous avons

---

102. *Principes*, III, 44.
103. *Principes*, III, 46.
104. *Ibid.*, IV, 204.
105. A. et T., t. I, p. 97.

de la lumière soit causé par le mouvement... de quelque matière qui touche nos yeux, comme plusieurs autres choses en témoignent, il est certain que les divers mouvements de cette matière doivent causer en nous divers sentiments. Et comme il ne peut y avoir d'autre diversité en ces mouvements que celle que j'ai dite, aussi n'en trouvons-nous point d'autre par expérience, dans les sentiments que nous en avons, que celle des couleurs. » [106] Relevons un dernier exemple sur les « corps particuliers qui sont sur la terre ». Parlant de leurs diverses qualités, pour en rechercher l'explication, Descartes déclare qu'il « tâche d'ouvrir suffisamment le chemin pour faire que par succession de temps on les puisse connaître toutes en ajoutant l'expérience à la ratiocination » [107].

On peut juger de l'ampleur du rôle de l'expérience par ses différents emplois. Elle est appelée à fonder les éléments de la déduction ; à déterminer les « questions de fait » ; à illustrer et à établir les hypothèses ; à vérifier leurs conséquences et à contrôler les résultats définitifs. Présente à l'entrée de la science, elle intervient dans toutes les étapes de la recherche, dont elle suit le cours, et elle s'achève avec la découverte. Contrairement à une opinion répandue, les spéculations métaphysiques de Descartes n'ont pas atrophié en lui le sens du réel. Son activité expérimentale s'est même inspirée, comme nous le verrons plus loin, de préoccupations pratiques, voire utilitaires. On peut donc assurer que la physique de Descartes repose sur la pratique expérimentale.

*
**

CONCLUSION

Réfutation du jugement de Mouy sur l'attitude de Descartes à l'égard de l'expérience.

Néanmoins quelques critiques prétendent exclure Descartes du nombre des savants du XVIIᵉ siècle. Paul Mouy, par exemple, relève l'effort de ceux qui, dans les laboratoires et les observatoires, visaient « à collectionner des faits astronomiques, physiques, chimiques, constatés avec le plus d'exactitude et le plus de précision possible ». Et, affirmant en outre « que les grandes

---

106. A. et T., t. VI, p. 334.
107. A. et T., t. I, p. 97.

découvertes de ce temps se faisaient par des rapprochements de faits et des discussions de chiffres expérimentaux », il ajoute par antithèse : « on est étonné du mépris où Descartes tient les faits. »[108] A son jugement, Descartes, ignorant de parti pris les faits, serait « aussi prompt à les écarter qu'à les expliquer et, semble-t-il, tout à fait indifférent à les observer lui-même ». La fausseté de ces assertions est une évidence aveuglante. Il suffit, pour s'en convaincre, de dépouiller l'œuvre scientifique de Descartes. Le même auteur, prenant pour accordée une fable accréditée par plusieurs historiens de la philosophie, fournit sa propre explication. « L'apriorisme cartésien, écrit-il, semble autoriser ce dogmatisme présomptueux... La physique de Descartes est un système, et même, si l'on peut dire, un bloc étroitement solidaire de la métaphysique. Des attributs de Dieu se déduisent les lois de la nature. La physique de Descartes est une « physique de principes »[109]. Cette affirmation massive néglige plusieurs distinctions essentielles. Il existe chez Descartes, parallèlement à la « physique de principes », une physique expérimentale et une physique déductive. Qu'importe que quelques principes métaphysiques soient placés au point de départ de la déduction ? Les lois de la nature ont été découvertes, non par cette déduction-là, mais par la méthode expérimentale. La physique des Principes ne constitue qu'un fragment accessoire de l'œuvre scientifique. En s'y attachant exclusivement, on se condamne à ignorer l'aspect essentiel de cette œuvre, qui est ailleurs.

On trouve chez Jouguet le même défaut d'objectivité dans son appréciation relative aux lois du choc des corps. On sait que les énoncés de ces lois ne s'accordent pas complètement avec l'expérience. Descartes, conscient de cette inexactitude, s'en est expliqué en ces termes : « elles présupposent que les deux corps sont parfaitement durs et tellement séparés de tous les autres qu'il n'y en a aucun autour d'eux qui puisse aider ou empêcher leur mouvement ; et nous n'en voyons point de tels en ce monde. »

Jouguet, sans tenir compte de cette explication, reconnaît que Descartes « savait, aussi bien que quiconque, observer la nature et raisonner exactement de ses lois ». Cependant, il ajoute cette opinion aussi fausse qu'arbitraire : « il avait ensuite la prétention de tout reconstruire rationnellement par les principes de sa philosophie ; il considérait que, dans la pensée seule, était le principe de la certitude. On sait qu'il ne voulait admettre en physique que les principes reçus en géométrie. Aussi en venait-il,

---

108. *Le développement de la physique cartésienne*, p. 323.
109. ID., *Ibid.*, p. 323.

par exagération de système, à négliger l'expérience. »[110] Laissons de côté la première assertion générale, extérieure à notre objet, pour examiner la dernière : « Descartes a négligé l'expérience. »

Cette affirmation est au moins équivoque. En supposant qu'elle soit exacte en mécanique, elle étend indûment à l'œuvre entière une attitude qui ne s'applique qu'à une partie. Est-elle fondée même en mécanique ? Descartes néglige parfois certaines circonstances pour se contenter d'une approximation compatible avec le phénomène étudié. Or lorsqu'il est contraint de renoncer à sa rigueur habituelle il ne manque pas de le signaler et d'en donner le motif. Par exemple, dans son étude sur le plan incliné, il remarque l'influence du frottement en ces termes : « cet empêchement étant d'autant moindre que le plan est plus dur et plus égal et plus poli, il ne peut être exprimé qu'à peu près et n'est pas fort considérable. » Il remarque aussi que, la ligne du plan parallèle à l'horizon étant un arc de cercle, la ligne d'inclinaison du plan devrait être courbe pour que toutes ses parties soient également distantes du centre de la Terre. Mais, cette circonstance n'étant « nulllement sensible », il se résigne à n'en pas tenir compte.

De telles approximations peuvent-elles être mises au compte de la « négligence » ou d'un défaut de rigueur ? Tous les physiciens se rendent à des contraintes du même ordre. Archimède, dans son *Traité des corps flottants*, assimile à un plan la convexité de la surface libre du fluide ; et il traite en parallèles les verticales, malgré leur convergence au centre de la Terre. Galilée, dans la détermination de la trajectoire des projectiles, fait abstraction de la convergence des verticales ainsi que de la résistance du milieu, en remarquant que la trajectoire n'est sensiblement modifiée que lorsque les vitesses sont très grandes.

Descartes n'encourt pas le reproche de négligence. L'explicitation des circonstances qu'il met de côté dans le plan incliné témoigne plutôt du contraire. Il applique à la physique les « principes » de la géométrie par souci d'exactitude. Une telle préoccupation ne peut être invoquée comme une « négligence » à l'endroit de l'expérience. Elle vise plutôt l'idéalisation des objets de la mécanique. La critique de Jouguet qui reproduit celle de Montucla, dans son histoire des mathématiques, repose sur une confusion verbale. Les véritables raisons de la fausseté des lois de Descartes sur le choc des corps ont été indiquées par Rosenberger[111]. Ces lois se fondent sur sa loi de la communication des

---

110. *Lectures de Mécaniques*, t. I, p. 90.
111. *Die Geschichte der Physik*, erster Teil, p. 103.

mouvements, ainsi énoncée : un corps qui en rencontre un autre perd autant de son mouvement qu'il lui en communique, s'il est capable de le mouvoir. Mais si la résistance du second corps est plus grande que la force du premier, celui-ci conserve entièrement son mouvement ; il change seulement de direction. Or cette loi est fausse dans sa seconde partie. C'est pourquoi les règles qui en sont déduites participent de cette fausseté. Ensuite Descartes n'a pas distingué rigoureusement les corps élastiques et les corps non élastiques. Enfin il ignore le mouvement des molécules par suite de la transformation du mouvement extérieur en mouvement intérieur. C'est pourquoi il ne peut, en aucune circonstance, admettre l'anéantissement de mouvements extérieurs. Ce sont là les seules raisons de la fausseté des lois cartésiennes sur le choc des corps. Celle qu'invoque Jouguet n'a pas plus de valeur que celle de Mouy. Il est plus facile de critiquer globalement la physique par la métaphysique que de montrer précisément en quoi Descartes a méprisé l'expérience. Certains historiens, incapables de surmonter un préjugé, ne peuvent admettre la coexistence du philosophe et du savant. La première condition, chez Descartes, a porté préjudice à la seconde.

Puisque nous sommes sur le plan extérieur de l'histoire, signalons une note qui, venant d'adversaires contemporains, sonne différemment. Dans la controverse, qui oppose Fermat à Descartes, sur la vitesse de la lumière dans les milieux réfringents, nous trouvons de la part de Fermat et de celle de ses partisans, une sorte d'hommage, non prémédité, rendu à l'activité expérimentale de Descartes. Pour expliquer la loi de la réfraction, Descartes suppose plus facile le passage de la lumière par les corps denses que par les rares. Fermat suppose le contraire. Et dans une démonstration, par voie de calcul algébrique, déduite de ses principes, il parvient au même résultat que Descartes. Par là il prétend faire prévaloir son principe. Dans ce débat l'on rapporte à des principes opposés une même loi expérimentale. Ou, selon l'expression de Fermat, « une même vérité s'était rencontrée au bout de deux chemins entièrement opposés ». Leibniz prend parti pour Descartes. Au fait que le cheminement de la lumière est plus rapide dans le verre que dans l'air il donne cette explication : une plus grande résistance du milieu s'oppose à la diffusion des rayons. Car ils restent confinés dans un étroit passage, à la manière d'un fleuve qui, coulant dans un lit étroit, prend une vitesse plus grande. Cette explication n'est rien de plus qu'une métaphore. La querelle sur les principes n'importe pas ici. Arrivons à l'aspect de la situation qui, seul, nous intéresse. Fermat, persuadé qu'il détenait le monopole de la vérité, parce que son principe était à l'origine d'un calcul, avait été averti de tous côtés, avant d'attaquer le principe de son adversaire, que l'expérience confirmait la loi de Descartes. Lui-même, dans une lettre à G. de la Chambre, conclut à l'adresse de Descartes : « N'aura-t-il pas assez de gloire d'avoir connu les démarches de la nature dans la première vue et sans l'aide d'aucune démonstration ?» [112] N'est-ce pas assez reconnaître que Descartes consulte d'abord l'expérience ? En face des critiques qui incriminent en Descartes la négligence de l'expérience, en faisant intervenir sa métaphysique dans un domaine qui n'en porte aucune trace, l'affirmation d'adversaires contemporains prend, par ses implications, toute sa valeur.

Si l'on met à part la physique des *Principes*, où les problèmes de la mécanique céleste ne sont en rien résolus et où fait défaut toute application mathématique, comme toute observation, on peut affirmer que l'activité expérimentale de Descartes embrasse toute la science de son temps.

Jugement de d'Alembert sur la physique de Descartes.

Sur le résultat de cette activité nous sommes fixé par un témoignage qui n'est pas sujet à caution. D'Alembert qui, nous l'avons vu [113], a signalé avec force l'intérêt de la méthode mathématique, a rendu hommage à la physique de Descartes dans le jugement suivant : « Si Descartes qui nous a ouvert la route n'y a pas été aussi loin que ses sectateurs le croient, il s'en faut de beaucoup que les sciences lui doivent aussi peu que le prétendent ses adversaires. Sa méthode seule aurait suffit pour le rendre immortel ; sa Dioptrique est la plus grande et la plus belle application qu'on eût faite encore de la Géométrie à la Physique ; on voit enfin dans ses ouvrages, même les moins lus maintenant, briller partout le génie inventeur. Si on juge sans partialité ces Tourbillons devenus aujourd'hui presque ridicules, on conviendra qu'on ne pouvait alors imaginer mieux : les observations astronomiques qui ont servi à les détruire étaient encore imparfaites ou peu constatées. Rien n'était plus naturel que de supposer un fluide qui transportât les planètes : il n'y avait qu'une longue suite de phénomènes, de raisonnements et de calculs, et par conséquent une longue suite d'années qui pû faire renoncer à une théorie si séduisante. Elle avait d'ailleurs l'avantage singulier de rendre raison de la gravitation des corps par la force

---

112. 1ᵉʳ janvier 1662.
113. Pp. 44 et 45.

centrifuge du tourbillon même : et je ne crains point d'avancer que cette explication de la pesanteur est une des plus belles et des plus ingénieuses hypothèses que la philosophie ait jamais imaginées. Aussi a-t-il fallu, pour l'abandonner, que les physiciens aient été entraînés comme malgré eux par la Théorie des forces centrales et par des expériences faites longtemps après. Reconnaissons donc que Descartes, forcé de créer une physique toute nouvelle, n'a pu la créer meilleure ; qu'il a fallu, pour ainsi dire, passer par les tourbillons pour arriver au vrai système du monde ; et que, s'il s'est trompé sur les lois du mouvement, il a du moins deviné le premier qu'il devait y en avoir. »[114] La physique de Descartes a donc, par ses insuffisances et ses imperfections, préparé la voie aux découvertes ultérieures. Elle prend rang dans l'histoire du progrès scientifique.

Physique cartésienne et physique moderne.

En physique cartésienne, théories et hypothèses sont le fruit d'une réflexion sur l'expérience.
Elles s'apparentent à celles de la physique moderne.

Nous avons constaté qu'avant d'entreprendre une expérience Descartes apporte, par ses précautions ou par ses exigences, la plus grande circonspection pour se prémunir contre les risques d'erreur. Nous avons vu aussi qu'il donne tous ses soins à la réalisation des expériences. Ses théories et ses hypothèses, qui en procèdent et qui en sont pénétrées, sont-elles moins fondées ou moins valables que celles des physiciens modernes ? Quand on examine les théories de ces derniers, on s'aperçoit qu'elles résultent toujours de la convergence de plusieurs systèmes de faits d'observations, fixés dans une conception qui les coordonne et les explique. La théorie cinétique des gaz par exemple, de Daniel Bernouilli, dont il est souvent question chez les épistémologistes contemporains, est actuellement acceptée de tous les physiciens. Elle l'est, parce que rien ne la contredit et qu'en l'admettant, on s'explique bien les phénomènes observés dans les variations de température et de pression des corps à l'état gazeux ; parce que, d'autre part, elle s'accorde avec la théorie atomique, à laquelle on est conduit en chimie par de toutes autres raisons. Or, Descartes ne procède pas différemment. Pour lui, la déduction la plus parfaite est celle qui, par une chaîne continue, permet de

---

114. *Encyclopédie* ou Dictionnaire raisonné, Paris 1751, t. I, Discours, préliminaire des éditeurs, pp. 25-26.

relier les principes aux hypothèses et les hypothèses aux phénomènes. Nous la rencontrons, par exemple, à l'occasion de l'hypothèse sur la structure de l'aimant. Cette hypothèse explique toutes les propriétés de l'aimant ; et elle résulte, à titre de conséquence des « premiers principes de la nature »[115]. Nous trouvons un exemple aussi net de la même procédure dans ses recherches optiques où, avec la plus grande rigueur, il consacre l'expérience au fondement de la déduction mathématique. Toutes les conceptions de Descartes sont élaborées en fonction de l'expérience.

Les expériences occupent donc, dans la physique cartésienne, une place prépondérante, que la méthode déductive ne laissait pas prévoir. Reste à examiner les rapports de l'expérience et de la déduction, ainsi que les raison qui les expliquent ou qui les justifient.

115. *Principes,* IV, 145.

CHAPITRE III

EXPÉRIENCE ET DÉDUCTION

Nous avons vu, d'une part, que la déduction mathématique est la méthode applicable à toutes les sciences ; d'autre part, que l'expérience est inséparable de la connaissance scientifique. Comment ces deux procédures sont-elles compatibles ? Les raisons données par Descartes pour en expliquer la dualité entrent-elles dans le cadre de la méthode ? S'accordent-elles avec ses thèses générales ? L'examen de la doctrine de l'expérience conduit à deux résultats : l'un, sur la valeur des principes métaphysiques ; l'autre, sur la place de l'expérience dans la construction scientifique.

I. — DOCTRINE THÉORIQUE DE L'EXPÉRIENCE.
FONCTIONS ASSIGNÉES À L'EXPÉRIENCE POUR EN JUSTIFIER L'EMPLOI

En quoi consiste la doctrine théorique de l'expérience ? Elle contient les fonctions que Descartes assigne à l'expérience pour en justifier l'emploi.

1. **Préparer la déduction :**
   a) *Énoncé.*
   b) *Emploi effectif.*
   c) *Raison explicative.*

Tout d'abord l'expérience prépare la déduction. Pour établir les principes de la philosophie, auxquels les autres sciences doivent emprunter les leurs, Descartes déclare avoir employé beaucoup de temps à s'y préparer, « en faisant amas de plusieurs expériences ». Ces expériences fournissent une matière aux raisonnements [1].

De ce rôle, nous trouvons des applications, soit au départ de la déduction, soit au cours de la recherche. Au départ de la déduction, les expériences servent de fondement aux principes et aux hypothèses auxquels elles s'incorporent. Parfois aussi elles servent à les établir. — Au cours de la recherche, elles servent de point d'appui aux raisonnements. C'est ainsi, par exemple, que les tables de réfraction dressées par Descartes ont rendu possibles les raisonnements géométriques sur celles-ci. — Cette pratique s'accorde-t-elle avec la doctrine des idées innées ? Si principes et hypothèses sont inscrits dans nos âmes, pourquoi l'expérience intervient-elle ? On peut répondre que les principes existent virtuellement, sous forme de « semences de vérité », si bien que l'expérience ne laisse pas d'être nécessaire pour les actualiser. Elle joue le rôle de révélateur.

2. **Délimiter le réel du possible :**
   a) *Énoncé de ce rôle.*
   b) *Commentaire.*
   c) *Formulation théorique des applications et emploi effectif.*

L'expérience sert non seulement à préparer la déduction, mais encore à déterminer l'existence des corps, en délimitant le réel du possible. Entre les propositions dérivant des principes, qui relèvent du domaine des possibles, et les phénomènes de la nature qui existent réellement, le départ ne peut s'opérer qu'*a posteriori*. Après avoir signalé les choses les plus communes et les plus simples qu'il pouvait déduire des Premières causes, Descartes ajoute : « lorsque j'ai voulu descendre à celles qui étaient plus particulières, il s'en est tant présenté à moi de diverses que je n'ai pas cru qu'il fût possible à l'esprit humain de distinguer les Formes ou Espèces de corps qui sont sur la terre d'une infinité d'autres qui pourraient y être, si c'eût été le vouloir de Dieu de les y mettre ... si ce n'est qu'on vienne au-devant des causes par les effets et qu'on se serve de plusieurs expériences particulières » [2].

Il faut se souvenir, en effet, que les lois de la nature « sont telles qu'encore que Dieu aurait créé plusieurs mondes, il n'y en saurait avoir aucun où elles manquassent d'être observées » [3].

---

1. A. et T., t. VI, p. 22.
2. A. et T., t. VI, p. 64.
3. *Méthodes*, V, 2.

Les principes de la Mécanique Universelle pourraient encore être respectés dans un monde différent du nôtre. La Terre pourrait avoir plusieurs lunes comme Jupiter ou un anneau comme Saturne ; le verre, tout en gardant toutes ses autres propriétés, pourrait n'être pas transparent ; la durée moyenne de la vie humaine pourrait être de deux cents ans, etc. Pour Descartes, les lois de la nature sont des décrets absolument libres de Dieu, qui aurait même pu faire, s'il l'avait voulu, que « les vérités éternelles », lois de la logique ou rapports géométriques, fussent différents de ce qu'ils sont. Puisqu'il n'y avait point de nécessité pour qu'il créât ceci ou cela, il faut donc recourir à l'observation pour savoir ce qu'il y a dans ce monde.

La formulation théorique des applications de ce rôle se trouve dans un paragraphe des Principes intitulé : « Des phénomènes ou expériences et à quoi elles peuvent servir. » Descartes s'exprime en ces termes : « Les principes que j'ai expliqués sont si amples qu'on en peut déduire beaucoup plus de choses que nous n'en voyons dans le monde... c'est pourquoi je ferai ici une brève description des principaux phénomènes dont je prétends rechercher les causes ... afin que nous puissions choisir, entre une infinité d'effets qui peuvent être déduits des mêmes causes, ceux que nous devons principalement tâcher d'en déduire. »[4]

Cette disposition trouve son application effective dans toutes les questions désignées en physique par l'expression de « questions de fait », ainsi que dans la connaissance particulière des corps en chimie. Elle justifie aussi l'emploi de l'expérience en biologie, en raison de la généralité d'application du mécanisme. Nous savons que « s'il y avait de telles machines qui eussent les organes et la figure d'un singe ou de quelque autre animal sans raison, nous n'aurions aucun moyen de reconnaître qu'elles ne seraient pas en tout de même nature que ces animaux »[5]. Et plus spécialement, le mouvement du cœur « suit aussi nécessairement de la seule disposition des organes qu'on peut voir à l'œil dans le cœur et de la chaleur qu'on y peut sentir avec les doigts, et de la nature du sang qu'on peut connaître par expérience, que fait celui d'une horloge de la force, de la situation et de la figure de ses contrepoids et de ses roues »[6].

Cet exemple montre en même temps qu'en présence de l'existence des corps il nous importe encore de pénétrer leurs essences. On connaît la réalité de la division cellulaire, par Karyo-

---
4. *Principes*, III, 4.
5. A. et T., t. VI, p. 56.
6. *Ibid.*, p. 50.

kinèse ; mais on n'en saisit pas l'essence. — Il en est de même de la réalité de l'induction électrique ou de celle de la pesanteur. On a longtemps connu l'*existence* de la contagion des maladies sans avoir aucune idée de son *essence* : transport de microbes sur un terrain permettant leur pullulation.

3. **Choisir entre plusieurs déductions possibles :**
   a) *Formulation.*
   b) *Illustration.*
   c) *Application.*

Ici apparaît la troisième fonction assignée à l'expérience : choisir entre plusieurs déductions possibles. De même qu'en mathématiques un problème peut, dans certains cas, admettre plusieurs solutions, de même en physique certaines conditions sont parfois réalisables de plusieurs façons. Il n'existe pas de liaison univoque entre les principes et les effets qu'on en tire par voie de conséquences. Sur ce point, Descartes traduit ainsi la situation : « Il faut aussi que j'avoue que la puissance de la nature est si ample et si vaste et que ces Principes sont si simples et si généraux que je ne remarque quasi plus aucun effet particulier que d'abord je ne connaisse qu'il peut en être déduit en plusieurs diverses façons, et que ma plus grande difficulté est d'ordinaire de trouver en laquelle de ces façons il en dépend. Car à cela je ne sais point d'autre expédient que de chercher derechef quelques expériences qui soient telles que leur événement ne soit pas le même si c'est en l'une de ces façons qu'on doit l'expliquer que si c'est en l'autre. »[7] Ainsi, par leur « événement », c'est-à-dire par leurs résultats, les expériences nous permettent de fixer notre choix sur la déduction convenable.

Ce rôle peut être illustré de la façon suivante. Si les lois de la raison que Dieu a placées en notre âme sont aussi celles de la nature qu'il a créée, il ne laisse pas d'exister des combinaisons diverses d'essences, compatibles avec ces lois. Nous savons *a priori* qu'il existe une matière, caractérisée par l'étendue et le mouvement, qui s'est divisée en grosses et petites sphères, en matière subtiles, etc. D'autre part nous sommes en présence de corps particuliers. Comment dérivent-ils de la matière ? Plusieurs combinaisons sont possibles. De même que deux montres peuvent marquer les heures au moyen de deux mécanismes différents, sans qu'il en paraisse rien à l'extérieur, de même plusieurs

---

7. A. et T., t. VI, pp. 64-65

combinaisons peuvent produire le même résultat. Comment opérer un choix parmi ces combinaisons hypothétiques ? C'est à l'expérience qu'il appartient de répondre [8].

Dans la pratique, ce rôle permet de déterminer la cause dont relève tel effet. Un effet pouvant être rapporté à des causes différentes, par l'expérience on peut atteindre la vraie cause. Une application nous est fournie par l'exemple du mouvement du cœur. Harvey avait cru établir, en se fondant sur plusieurs expériences, qu'au moment de la contraction du cœur (en systole) ses concavités deviennent plus étroites. Descartes, reprenant la question, infirme ce résultat en montrant que tous les effets des expériences d'Harvey peuvent aussi procéder d'une autre cause. Par trois nouvelles expériences il établit définitivement que la dilatation du sang est la vraie cause. Telle est la doctrine théorique de l'expérience. Reste à savoir si elle s'accorde d'une part avec les principes métaphysiques, d'autre part avec la théorie de la déduction.

II. — DOCTRINE DE L'EXPÉRIENCE ET PRINCIPES MÉTAPHYSIQUES

1. Attitude de Descartes : déclaration du Discours (VI, 3), distension entre principes et conséquences.

Existe-t-il une liaison quelconque entre les principes métaphysiques et les lois de la nature ? Avant d'indiquer la réponse à cette question, examinons la position de Descartes sous son aspect logique.

Descartes observe que ses principes sont si simples et si généraux qu'il n'existe *aucun* effet particulier qui ne puisse en être déduit de plusieurs façons. Cette constatation illustre cette vérité logique : une proposition vraie est impliquée par n'importe quelle autre proposition : il suffit de trouver une démonstration intermédiaire.

Or, pour relier les principes métaphysiques aux effets de la nature, Descartes est contraint d'introduire des expériences. Elles seules fournissent une liaison entre les termes de l'implication matérielle.

Mais, ce subterfuge revient à reconnaître un hiatus entre principes métaphysiques et lois physiques. Dès lors, ces principes offrent-ils un intérêt pour la déduction ?

---

8. *Principes*, III, 46.

2. Critique de Milhaud : inutilité des principes métaphysiques ou cosmologiques. Examen de quatre expériences.

G. Milhaud, pénétrant dans le concret, a montré qu'en fait il n'existe, dans la physique cartésienne, *aucun* rapport entre principes métaphysiques et lois physiques. Sa critique, qui fait apparaître la discontinuité entre les uns et les autres, porte sur quatre exemples : une expérience de physiologie, une expérience d'optique et deux expériences d'aérostatique. Considérons-les tour à tour.

Après avoir rapporté l'expérience sur la circulation du sang, dont il est question dans une lettre[9], Milhaud observe que Descartes ne se soucie nullement ici de ses principes métaphysiques : « Nous ne le voyons pas procéder de principes simples qu'il proclame *a priori* et où découleraient une série de déductions aboutissant à la vérité même qu'il s'agit de vérifier ; nous ne le voyons pas non plus se préoccuper de l'ensemble de tous les éléments de l'organisme qui intéressent évidemment plus ou moins le phénomène de la circulation. »[10]

Considérons l'expérience d'optique sur l'explication du double arc-en-ciel[11]. Après avoir noté que l'identité des phénomènes de l'arc-en-ciel et du prisme sous le rapport des couleurs provient de l'inégale refrangibilité des rayons constitutifs de la lumière blanche, Milhaud ajoute : « expérience ingénieuse, rationnelle, aboutissant à l'explication de la marche des rayons qui, à travers les gouttes de pluie, viennent former chacun des deux arcs ; et à la détermination rigoureuse des demi-diamètres de ces arcs. L'observation et le calcul s'y associent merveilleusement ; et on a peine à voir ce qu'un physicien exercé de nos jours pourrait y trouver à reprendre. »[12] Milhaud caractérise cette situation en précisant que nous avons là « un problème nettement délimité » et que, dans la solution géométrique qu'il en donne, « notre philosophe était, non le métaphysicien ambitieux voulant tout illuminer de sa science nouvelle et intégrale, mais le physicien se rattachant d'instinct aux efforts naturels de ses contemporains »[13]. Bref, entre l'expérience d'optique et les principes métaphysiques on ne découvre aucune liaison comme celle qui existe, par exemple, entre la densité et l'indice de réfraction.

---

9. A. Plempius, février 1638. A. et T., t. Ier, p. 526.
10. *Descartes savant*, p. 198.
11. Météores, VIIIe Discours.
12. *Descartes savant*, p. 201.
13. *Ibid.*, p. 202.

Passons aux expériences d'aérostatique. Après avoir mentionné celle du calcul du poids de l'air, Milhaud constate : « Il s'agit d'un problème simple, bien délimité qui, par la manière courante dont il se trouve posé, échappe, pour un temps au moins, en dépit des tendances personnelles de Descartes, aux savantes constructions théoriques de sa pensée et ne relève alors que de son sens pratique, naturellement si aiguisé. »[14]

Arrivons à l'expérience du tube de Torricelli, qui a été conseillée à Pascal et à Mersenne. A la différence des expériences précédentes, Descartes invoque ses principes en faveur de celle-ci. En prévoyant un abaissement du niveau du mercure en fonction de l'altitude il présente ce résultat conforme à ses principes de physique générale. — A cette vue Milhaud oppose une critique pressante en montrant nettement qu'on n'aperçoit aucune liaison effective entre le succès de l'épreuve du Puy-de-Dôme et les conceptions cosmologiques de Descartes. Voici l'argument décisif : « Comment l'impossibilité du vide et le mouvement cyclique de tous les éléments de matière qui remplissent l'espace peuvent-ils faire prévoir l'abaissement du niveau du mercure à mesure qu'on s'élève, si n'interviennent pas en même temps la pression de la colonne d'air sur le liquide de la cuvette ? Et si elle intervient, à quoi servent la négation du vide et l'affirmation du mouvement circulaire ? » Milhaud ajoute que ces dernières notions, qui alourdissent inutilement le raisonnement, peuvent encore orienter l'esprit dans une fausse direction. Le cas se produirait si « l'esprit, disposé à mesurer la hauteur du cylindre de mercure d'après le poids de la colonne d'air qui lui fait équilibre » pouvait voir « au lieu du vide laissé dans la partie supérieure du tube... une matière qui est venue la remplir ». Milhaud se demande « si l'une des raisons de douter du succès de la fameuse expérience n'était pas pour Mersenne justement son adhésion à la Physique Générale de Descartes »[15]. Il dénonce une confusion entre l'équilibre de la nature réalisé par le mouvement dans le plein et l'équilibre qui seul doit compter pour expliquer le vide dû à la pesanteur de l'air. Il termine sa critique en constatant que les explications de Descartes sont mal liées à la conclusion qui prétend s'en dégager. L'élévation du mercure du tube de Torricelli n'est pas une conséquence de ses principes. Voici sa conclusion : « Nous nous trouvons en présence de deux sortes d'idées entre lesquelles nous n'apercevons aucun lien nécessaire. Ce sont d'une part quelques notions propres à la physique cartésienne ; et d'autre part

14. *Ibid.*, p. 204.
15. *Ibid.*, p. 209.

des affirmations relatives à la pression atmosphérique. »[16] Ces exemples montrent que, docile à l'instinct scientifique, Descartes, selon l'expression de Milhaud, est sorti de lui-même « pour s'abandonner au mouvement naturel de la science qui l'entraîne »[17].

3. **Conclusion : coupure entre la physique des Principes et la physique expérimentale. Caractère des Principes : pièce caduque dans le système.**

Il n'existe chez Descartes entre la physique des Principes et la physique expérimentale aucune liaison intelligible. Les principes sont posés décisoirement au début de la science ; et ils s'y juxtaposent comme des fantômes à la réalité. Tandis que la physique expérimentale par sa rigueur ne le cède en rien à celle des physiciens modernes, la physique des Principes apparaît comme une infrastructure surérogatoire. Condamnée par l'hypothèse mécaniste, elle est rendue inutile par l'emploi de l'induction et de l'expérimentation. La physique de Descartes n'est donc pas, comme l'affirme Mouy, « un bloc étroitement solidaire de sa métaphysique ». Cette assertion ne peut s'entendre que de la physique des Principes, ce qui est une tautologie.

Les fondements métaphysiques de la physique cartésienne créent une discontinuité au sein de la science. Et ils ne présentent aucun intérêt pour la recherche ni pour la démonstration. Aussi bien les savants cartésiens les ont jetés par dessus bord. Malebranche, le premier, s'est avisé de leur stérilité. Et Fontenelle, dans son « Éloge de P. Malebranche », abonde en ce sens en dénonçant le caractère incertain et contentieux de la métaphysique.

L'appareil métaphysique de la physique générale, construction dialectique de l'Univers, comme on l'a dit, est une survivance Scolastique. Elle a valeur de fable ou d'ornement postiche. Il faut convenir avec Milhaud que « les Principes de 1644 » sont, après le *Timée* et le *de natura rerun*, le dernier roman de la « science moderne ». — Dans une science, la déduction ne peut s'opérer qu'à partir de principes de même ordre. Les principes de la physique doivent être des principes physiques, non des principes *a priori* ou des idées innées. C'est à cette condition que les enchaînements sont homogènes.

16. *Ibid.*, p. 210.
17. *Ibid.*, p. 212.

III. — Rapports de l'expérience et de la déduction. L'expérience, orientée vers la déduction

S'il n'existe aucune liaison entre les principes métaphysiques et la déduction, entre l'emploi de l'expérience et la méthode déductive la situation est bien différente, malgré les apparences contraires.

Si l'appareil métaphysique et la doctrine de l'expérience sont extérieurs l'un à l'autre, l'expérience et la déduction, à première vue, semblent s'exclure. Descartes, dans sa théorie de la déduction, présente la méthode mathématique comme le type de construction de toutes les sciences. Dans son application à la physique, cette méthode se traduit par le cheminement des causes aux effets. En même temps la procédure inverse, la régression des effets aux causes par le recours aux expériences ou aux observations, recouvre le domaine entier de la physique. Faut-il relever là une contradiction entre la doctrine de la déduction et la pratique de l'expérience ?

Descartes a voulu légitimer cette dualité de procédure dans une doctrine théorique. Que valent ses raisons ? Il arrive souvent que savants et philosophes donnent de mauvaises raisons de ce qu'ils font et qu'ils ont pourtant raison de faire. Lucrèce croit justifier par le *clinamen* des atomes la liberté en tant qu'elle s'oppose au fatalisme, ce qui est une bien faible raison d'une vérité solide. Wolff a donné une justification tout à fait inadéquate du calcul infinitésimal, qui était pourtant très bien fondé, mais différemment, comme l'ont montré plus tard Carnot et Duhamel. — Descartes a-t-il justifié suffisamment sa manière de procéder ? Les raisons alléguées par lui en faveur de ses appels à l'expérience sont-elles adéquates à sa doctrine ? L'expérience s'accorde-t-elle avec la déduction ? Voici le principe de cet cet accord.

Nous avons constaté que les différents emplois de l'expérience sont des réalisations orientées vers la déduction. Au début de la recherche, les expériences servent à fonder les principes et les hypothèses. Au cours de la recherche, elles fournissent une matière en délimitant le réel du possible ; et, en outre, permettent de choisir, parmi les différents enchaînements, celui qui convient. Enfin, au terme de la recherche, elles interviennent, concurremment avec la déduction, dans le contrôle des résultats. Dans ces conditions, la méthode mathématique et la méthode expérimentale, bien loin d'être incompatibles, sont étroitement solidaires.

Les rapports entre les deux méthodes apparaissent dans leur rôle, dans leur valeur de vérité et dans leur caractère.

1. **Leur rôle :**

   a) *L'expérience, matière de connaissance.*

   b) *La déduction organise et démontre, selon le postulat de l'existence d'un ordre dans les choses.*

Considérons leur rôle respectif. L'expérience fournit une matière de connaissance. Son rôle à cet égard se répartit en plusieurs attributions, que Descartes a essayé de justifier dans sa doctrine de l'expérience. Cette doctrine et la pratique de Descartes concourent à faire apparaître l'expérience comme un moyen propre à la recherche.

Les appels à l'expérience répondent à notre insuffisance de savoir. En affirmant qu'ils s'avèrent plus nécessaires avec le progrès scientifique, Descartes minimise leur emploi. Nous avons constaté que les expériences sont aussi nécessaires à l'entrée de la science ; mais elles prennent un caractère différent. Plus générales au début, elles deviennent progressivement plus spéciales. — Les connaissances que nous livre l'expérience sont discontinues et isolées.

La déduction s'empare de ces connaissances pour les relier selon les exigences logiques. Descartes a fortement accentué cette tendance, marquée en particulier dans les Principes par la tentative de raisonner entièrement *a priori* en physique : Elle vise à constituer un système clos, en considérant le savoir comme un ensemble, selon le symbole de l'image de l'arbre de la préface des Principes.

Cette systématisation est une application de la méthode. Celle-ci repose sur un *a priori* : la croyance d'après laquelle nous faisons partie d'un monde ayant des lois fixes dont la nature est bien déterminée et permanente. C'est pourquoi elle postule l'existence d'un ordre dans les choses, en nous invitant à y suppléer, le cas échéant, par l'introduction d'une hypothèse. A l'exemple des vérités intemporelles de la géométrie, la physique doit rétablir, dans les faits qui se succèdent, l'ordre de la nature. Or, cet ordre est indépendant de l'ordre de la découverte. Ce qui est premier pour nous n'est pas, du même coup, ce qui est premier dans la nature. La loi de la gravitation est antérieure à la loi de la chute des corps qui en est une application ou un cas particulier, bien qu'elle n'ait été découverte que plus tard.

C'est dans la déduction que l'expérience prend sa véritable valeur.

2. **Leur valeur :**
   a) *L'expérience « garantit »-elle la déduction ?*
   Nature de la vérification.
   b) *La déduction, seule, est démonstrative.*
   c) *Liaison interne entre induction et déduction.*

En quoi consiste cette valeur ? L'expérience est-elle, en particulier, une « garantie » de la déduction ? On l'a dit en ces termes : « Contrairement à Descartes, pour qui la science repose sur la déduction mathématique à partir de principes purement rationnels, et *pour qui l'expérience n'apporte qu'une simple garantie à cette déduction,* Pascal prétend qu'il faut tirer des seules expériences l'explication des phénomènes. »[18] La partie que nous soulignons est évidemment inexacte : Cette vue est tout à fait contraire, chez Descartes, à la conception de la preuve. L'expérience n'est pas une « garantie » de la déduction. Les propositions cartésiennes excluent la contingence. Descartes l'a déclaré en écrivant qu'il croirait n'avoir rien fait en établissant la façon dont les choses se passent, s'il n'avait en même temps démontré qu'elles ne peuvent se passer autrement. Or, cette nécessité n'est pas inhérente à l'expérience. Celle-ci ne saurait prouver la nécessité. Elle ne peut nous enseigner que ce qui se passe et même ce qui s'est passé jusqu'ici, sans nous montrer que les phénomènes ne peuvent se passer autrement. Descartes s'en est bien rendu compte puisque, dans les *Regulae* notamment, il considère l'expérience comme incertaine. C'est pourquoi si, pour un physicien de notre temps, la vérification expérimentale est indispensable pour ajouter foi au raisonnement, elle ne l'est pas aux yeux de Descartes qui n'admet pour preuve que la démonstration mathématique. En pratique est-il toujours resté fidèle à cette conception ? Ni dans sa pratique de l'expérience ni dans son opinion pour en justifier l'emploi, l'expérience n'intervient pour « garantir » une déduction. — Quand, à propos de l'expérience, Descartes parle de justification, de confirmation, de vérification, nous devons comprendre, en dehors des distinctions techniques de ces termes, que l'expérience, en sanctionnant un résultat, apporte un concours à la consécration d'une vérité.

La vérification par l'expérience n'est pas une preuve démonstrative. Une expérience qui concorde avec le résultat prévu est une vérification inductive des idées et du raisonnement par lesquels on l'a prévu ; cette vérification est donc incomplète.

---

18. Louis MÉNARD, *Pascal, l'homme et l'œuvre,* p. 174.

Descartes ne peut pas l'ignorer, puisqu'il réserve la vérité ontologique : nous l'avons vu à propos des « vraies causes ». La vérification reste une précaution, additionnelle contre les risques d'erreur. Une erreur peut provenir d'une faute de calcul dans le raisonnement ou d'un raisonnement à partir d'un principe faux. Descartes, qui sait que la conclusion vraie d'un syllogisme peut résulter de prémisses fausses doit savoir aussi que d'une erreur initiale on peut démontrer tout ce qu'on veut, comme en témoignent les paradoxes de l'implication. Ainsi s'expliquent ses efforts pour atteindre la vérité catégorique. Or, l'erreur initiale a pu s'introduire dans les hypothèses. C'est pourquoi Descartes n'a pas négligé la vérification.

La déduction cartésienne porte sa certitude en elle-même. Si les propositions physiques sont nécessaires, elles le doivent à leur insertion dans la chaîne déductive. En passant de l'expérience à la déduction elles changent de modalité : d'assertoriques elles deviennent apodictiques.

Ce point s'explique par le caractère des deux raisonnements. On a souvent observé que les lois inductives ne sont pas éclairantes. Elles nous mettent en présence d'une relation constante, sans que nous sachions pourquoi il en est ainsi. La déduction, seule, est explicative. Par les relations de dépendance qu'elle met en jeu elle fait apparaître la nécessité des propositions. C'est pourquoi elle est démonstrative. A. Lalande a illustré cette différence, en confrontant induction et déduction sur le cas du syllogisme des ἄχολοι. Il montre que, si nous connaissions les relations entre les essences, l'induction, qui est liée à notre expérience, serait superflue, parce que ces relations sont indépendantes des existences. S'il n'existait au monde aucun animal sans fiel, entre l'absence de fiel et la longévité la relation conceptuelle resterait valable mais n'aurait pas d'application. Et il en tire son principe de déductibilité pour justifier l'induction : nous nous croyons en droit d'induire, parce que, si nous en savions assez, nous serions en mesure de déduire. C'est-à-dire que la part de raisonnement qui se trouve dans l'induction est une déduction. — L'induction et la déduction ne sont donc pas, comme on le croit souvent, deux espèces antithétiques du genre raisonnement, mais deux méthodes, l'une ne procédant *que* par raisonnement et qui, par suite, se confond avec le raisonnement, l'autre faisant *aussi* appel à l'expérience. En les opposant comme la chaîne à la bicyclette, à l'exemple d'Al-Bain dans sa Logique, on fausse la vue des réalités logiques. On pourrait opposer à la rigueur, si l'on tient à une opposition, la méthode purement déductive des mathématiques à la méthode hypothético-déductive de la physique. Car ce sont là des conduites générales de raisonnement, mais non des raisonnements. Or, cette opposition s'estompe fortement quand on pense que l'induction intervient parfois en mathématique, par exemple dans la démonstration du théorème sur la somme des angles d'un polygone quelconque. En outre, dans la méthode déductive comme dans la méthode hypothético-déductive, il n'existe aucune différence dans le mécanisme logique : la partie de raisonnement est la même, comme l'a fait justement remarquer Cl. Bernard. On comprend par là que la déduction cartésienne soit le prolongement naturel de l'expérience.

Le rôle et la valeur de l'expérience nous renseignent-ils sur son caractère ?

3. Caractère de l'expérience :

est-elle un échafaudage provisoire ou un élément constitutif de la méthode ?

— *L'expérience s'intègre à la déduction.*
— *Raison de logique.*
— *Raison de doctrine.*

L'expérience est-elle pour Descartes un échafaudage provisoire, analogue à sa morale provisoire ? Est-elle destinée à s'effacer devant la déduction ?

Une déduction pure n'est que la forme vide d'un schématisme, telle qu'on la trouve dans certains manuels. Cette déduction, sans contact avec le réel, conserve un intérêt dans la mesure où elle se prête aux applications. Aussi bien, les mathématiques pures s'appuient sur une matière idéalisée : le nombre en arithmétique ; lignes, surfaces et volumes en géométrie ; masse, force, accélération en mécanique rationnelle. Et, dans les problèmes, la discussion a pour objet de déterminer les conditions de possibilité répondant aux « données », c'est-à-dire les conditions d'existence des solutions réelles. Car, en vertu du principe logique d'homogénéité, on ne peut passer de plano de l'univers des idées au monde sensible. En fait, Malebranche, dans les lois du choc, s'est heurté à une différence entre la forme analytique de la relation et la détermination expérimentale de son contenu.

De même, Descartes s'est appliqué, nous l'avons vu, à délimiter le réel du possible. Il a très bien vu que le domaine de la physique n'était pas coextensif à celui des mathématiques et que le raisonnement ne les distinguait pas. C'est en ce sens qu'il écrit à Dozem : « vous usez d'une façon de raisonner qui est très bonne et très utile en mathématiques, pourvu qu'on s'en serve seulement pour ouvrir les chemins à chercher la vérité, et non pas pour se fier aux pensées qui viennent en cette sorte, comme si elles étaient toutes certaines. »[19] C'est pourquoi l'expérience s'incorpore au raisonnement qui l'organise en système déductif.

A cette raison s'en ajoute une autre. La science cartésienne n'a pas sa fin en elle-même : elle n'est pas une spéculation pure. Elle est dirigée vers l'action, notamment vers la médecine.

Descartes, dans sa connaissance de la nature, vise l'utilité pratique. Il veut connaître le réel dans les détails les plus circonstanciés. Après avoir acquis « quelques notions générales touchant la physique » et après les avoir éprouvées « en diverses occasions particulières » pour voir jusqu'où elles peuvent conduire, il précise leur intérêt dans ce passage du Discours : « Elles m'ont fait voir qu'il est possible de parvenir à des connaissances qui soient fort utiles à la vie, et qu'au lieu de cette philosophie spéculative qu'on enseigne dans les Écoles, on en peut trouver une pratique, par laquelle, connaissant ... les corps qui nous environnent aussi distinctement que nous connaissons les divers métiers de nos artisans, nous les pourrions employer en même façon à tous les usages auxquels ils sont propres, et ainsi nous rendre comme maîtres et possesseurs de la nature. » Au sein des recherches théoriques, Descartes pense à leur valeur monnayable. Il ne s'est pas borné à une déclaration verbale. Il a travaillé effectivement dans le sens des réalisations concrètes. Dans le livre II de sa Géométrie, il fournit une « explication de quatre nouveaux genres d'ovales, qui servent à l'optique » ; il indique « les propriétés de ces ovales, touchant les réflexions et les réfractions ». Après avoir démontré ces propriétés, il passe à une application, en montrant « comment on peut faire un verre autant convexe et concave en l'une de ses superficies qu'on voudra, qui rassemble en un point donné tous les rayons qui viennent d'un autre point donné. » La Dioptrique apparaît ainsi comme une technique des questions qui lui correspondent en Géométrie. On peut s'en convaincre en lisant les quatre derniers Discours, qui sont un acheminement progressif vers le concret dans ses déterminations les plus précises. Le Discours septième traite « des moyens de perfectionner la vision » ; le Discours huitième, « des figures que doivent avoir les corps transparents pour détourner les rayons par réfraction en toutes les façons qui servent à la vue » ; le Discours neuvième, « de la description des

---

19. 25 mars 1642.

lunettes » ; et le Discours dixième, « de la façon de tailler les verres ». Descartes ne perd donc de vue ni l'expérience ni son utilisation. Sa correspondance nous apprend encore qu'il avait commandé des verres à Ferrier, en donnant à cet ouvrier des instructions précises pour l'exécution de ces verres.

Parmi les différentes applications de la science, Descartes s'est intéressé plus particulièrement à la médecine. En terminant le Discours, il exprime le désir de consacrer sa vie à une connaissance de la nature « qui soit telle qu'on en puisse tirer des règles pour la médecine ». Et, dans la Préface des Principes, il déclare que « la principale utilité de la philosophie dépend de celles de ses parties qu'on ne peut apprendre que les dernières ». Cette déclaration conduit à la morale. Dans l'ordre hiérarchique du savoir, tel que le conçoit Descartes, la morale, « la plus parfaite morale » est le couronnement de toutes les connaissances. La science cartésienne est destinée à orienter l'action. On comprend qu'elle n'y parvienne qu'en serrant de près la nature par la réalisation des expériences.

L'existence de l'expérience pour maintenir le contact avec le réel est donc, pour Descartes, une nécessité permanente en même temps qu'un fondement de vérité. Cette situation de fait repose sur la nécessité de l'intuition. Sans la connaissance intuitive de certaines vérités, le raisonnement ne servirait à rien. Car il peut seulement prouver que si telles propositions sont admises telles autres en résultent. C'est pourquoi, pour des raisons de logique et de doctrine, l'expérience, chez Descartes, s'intègre bien à la constitution de la science. Mais, en raison des exigences de la déduction mathématique, elle n'entre dans la science constituée que par ses seuls résultats.

Nécessaire, l'expérience n'est pas suffisante parce qu'elle est incertaine. Elle fournit des généralisations inductives, exposées au démenti d'une nouvelle observation.

De plus l'expérience est confuse. L'intuition sensible ne fournit qu'une connaissance imprécise, parfois trompeuse. Aussi bien, Descartes ignore le problème de la composition des forces, en

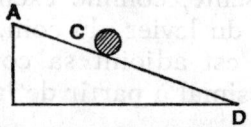

croyant que les deux composantes du poids placé sur un plan incliné sont la somme algébrique de ce poids. Nous trouvons cette erreur dans le texte suivant. « Il est certain que le poids C ne pèse, sur le plan AD, que la différence qui est entre la force qu'il faut à le soutenir sur ce plan et celle qu'il faut pour le soutenir en l'air. Comme s'il pèse cent livres et qu'il n'en faille que quarante pour le soutenir sur AD, ce plan AD en porte soixante seulement. » [20] L'insuffisance de l'expérience appelle une démonstration des lois expérimentales. Aussi, en appliquant la méthode mathématique à la physique, Descartes, bien loin de sacrifier la connaissance de la nature, vise-t-il à lui donner une expression plus exacte. Par là se justifie la méthode déductive qui trouve sa perfection dans l'Analyse.

***

Des rapports de l'expérience et de la déduction dans la science cartésienne se dégagent deux caractères, l'un sur la matière, l'autre sur la forme. Dans une enquête, dont la profondeur et l'étendue ne le cèdent en rien à celles des savants modernes, Descartes consulte l'expérience pour y puiser l'information suffisante à l'établissement des principes. Et, dans chaque ordre de réalité, il vise à unifier les phénomènes pour faire apparaître leur enchaînement. A cet égard un exemple topique nous est offert dans la systématisation de la Statique par le principe des travaux virtuels.

La Mécanique de Descartes, considérée dans sa matière, embrasse à peu près les travaux de ses prédécesseurs ou de ses contemporains sans les enrichir. Son originalité réside dans la forme seule. Descartes formule, avec une clarté totale, le principe qui éclaire toutes les propositions de la Statique : la force nécessaire pour élever des poids différents à des hauteurs différentes garde même valeur quand le produit du poids par l'ascension ne change pas. Ce principe implique ce postulat : l'effet doit toujours être proportionné à l'action nécessaire pour le produire. Il fournit l' « Explication des engins à l'aide desquels on peut, avec une petite force, lever un fardeau fort pesant » [21]. Le traité qui porte ce titre présente, comme exemples, la théorie de la poulie, du plan incliné, du levier, du coin, de la roue ou tour, de la vis. — Au principe est adjoint sa condition d'application : un déplacement infinitésimal à partir de la position d'équilibre [22].

---

20. *Lettre à Mersenne*, 18 novembre 1640 ; A. et T., t. III, p. 243.
21. Lettre du 5 octobre 1637 à Constantin Huygens, A. et T., t. I, p. 435. Lettre du 13 juillet 1638 à Mersenne ; A. et T., t. II, p. 222.
22. Lettre du 15 novembre 1638 à Mersenne ; A. et T., t. II, p. 433.

C'est dire qu'un poids placé sur une surface courbe peut être traité comme s'il glissait sur le plan tangent à cette surface au point de contact. — Le principe des travaux virtuels, qui unifie la statique, lui confère en même temps l'autonomie. Cet avantage est dû à la définition de la force : grandeur « à deux dimensions » c'est-à-dire qui dépend de deux variables, le poids et une longueur, laquelle est la projection sur la force de la distance parcourue par le mobile [23]. Cette notion de *force*, qui correspond à la notion moderne de *travail*, se distingue du *moment* de Galilée : produit d'un poids par une vitesse. Or, c'est de parti-pris que Descartes exclut, dans l'explication des lois de l'équilibre, la considération de la vitesse, qui a valeur de simple concomitance. Dans la critique, dirigée contre « ceux qui se servent de la vitesse pour expliquer la force du levier », il reconnaît que « la même proportion de vitesse s'y rencontre toujours », tout en niant que la vitesse soit « la raison pour laquelle la force augmente ou diminue, comme fait la quantité de l'espace » [24]. Pour prévenir un malentendu il confirme ainsi sa position : « Je ne nie pas la vérité matérielle de ce que les mécaniciens ont coutume de dire, à savoir que plus la vitesse de l'extrémité du long bras de levier est grande par rapport à la vitesse de l'autre extrémité, moins elle a besoin de force pour se mouvoir : mais je nie que la vitesse ou la lenteur soit la cause de cet effet. » [25] Voici la raison : « bien qu'il soit évident qu'il faut plus de force pour lever un corps plus vite que pour le lever lentement », il est faux de dire « que la force doit être justement double pour doubler la vitesse ; et il est aisé de prouver le contraire » [26]. Bref, en évitant de faire appel à la notion de vitesse pour définir la notion de force, Descartes constitue la statique en discipline indépendante.

La systématisation d'une science par un principe unique, telle qu'elle est esquissée dans sa Statique, répond à la création de sa Géométrie Analytique qui prélude à la naissance des Mécaniques Analytiques d'Euler, de d'Alembert et de Lagrange.

La construction déductive de la science et l'emploi de l'expérience sont, chez Descartes, des démarches concurrentes. Elles s'intègrent à la Méthode selon leurs rôles respectifs. Cette attitude trouve son explication dans l'histoire des mathématiques. Celle-ci montre l'apparition de la méthode déductive au terme d'une laborieuse gestation où interviennent, selon les cas, l'obser-

---

23. Lettre du 12 septembre 1638 à Mersenne ; A. et T., t. II, p. 352.
24. Lettre du 2 février 1643 à Mersenne ; A. et T., t. III, p. 613.
25. A. et T., t. IV. Additions, p. 685.
26. A. et T., t. II, p. 433.

vation, l'expérience, l'induction ou même les recherches physiques. On peut s'en convaincre par un examen rapide des principales branches des mathématiques.

IV. — Justification de la doctrine de déduction universelle : rôle de la méthode expérimentale dans la formation des mathématiques

A. En arithmétique :

1. *Dans l'invention, les observations astronomiques ; l'intuition spatiale.* — 2. *Dans le raisonnement, exemples d'observation dans la théorie des nombres.*

Plusieurs notions d'arithmétique doivent leur invention à des observations astronomiques.

La numération sexagésimale, en usage chez les Chaldéens, se trouve dans ce cas. Ayant remarqué que la révolution du soleil s'accomplit approximativement en 360 jours, les Chaldéens avaient divisé la circonférence en 360 degrés, groupés en 6 parties égales. Et, en choisissant le nombre 60, comme base d'un système de numération, parallèlement au système décimal, ils découvraient inductivement l'égalité au rayon du côté de l'hexagone régulier. Les premiers concepts mathématiques doivent leur existence à une adaptation aux événements.

Autre exemple de cet empirisme : la mise en évidence de certaines propriétés des nombres, par recours à l'intuition spatiale. Les Pythagoriciens caractérisaient les constellations par le nombre et la configuration des étoiles. Ces deux caractères les ont conduits à la création des « nombres géométriques » : les « nombres carrés », les « nombres triangulaires » et les « nombres rectangulaires » ou hétéromèques.

Les nombres carrés doivent leur dénomination à la formule suivante :

$$1 + 3 + 5 + ... + (2n - 1) = n^2,$$

exprimant que les sommes des nombres impairs consécutifs sont des carrés. Les Pythagoriciens l'établissaient par une construction de points, en forme de gnomons, c'est-à-dire de figures à angles droits.

1 représente le carré figuré par un point.

$2^2 = 4$, le carré suivant, est formé d'un gnomon de trois points, entourant le précédent : il résulte de la somme $3 + 1$.

$3^2 = 9$, le carré suivant, est figuré par un gnomon de cinq points, entourant le précédent : il résulte de la somme $1 + 3 + 5$.

$4^2 = 16$, le carré suivant, gnomon de sept points, entourant le précédent, résulte de la somme $1 + 3 + 5 + 7$, etc.

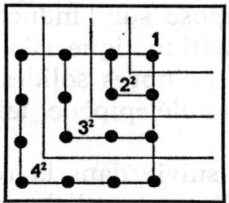
Fig. 1

L'inspection de la figure (1) montre que chaque nombre élevé au carré est représenté par un carré, formé d'un nombre de points dont la somme est égale aux points du carré lui-même, augmenté des points qui lui sont intérieurs : chaque carré enveloppe les carrés précédents.

La dénomination de « nombres triangulaires » s'explique par la formule :

$$1 + 2 + 3 \ldots + n = \frac{n\,(n+1)}{2}$$

exprimant les sommes des nombres entiers consécutifs.

Les Pythagoriciens l'établissaient par deux figures, illustrant respectivement les deux membres de l'égalité.

La première (fig. 2) est formée de triangles représentant les sommes $1, 1 + 2, 1 + 2 + 3, 1 + 2 + 3 + 4$, etc. — La seconde (fig. 3) montre que le triangle dont la base a n points est égal à la moitié du rectangle de $n\,(n + 1)$ points.

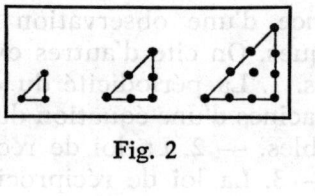
Fig. 2

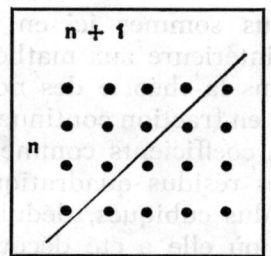
Fig. 3

Les « nombres rectangulaires » ou hétéromèques, doivent leur nom à l'illustration de la formule :

$$2 + 4 + 6 + \ldots + 2n = n\,(n + 1),$$

exprimant les sommes des nombres pairs consécutifs. Cette formule résulte de la précédente, les nombres pairs consécutifs étant doubles des nombres entiers consécutifs. Elle peut se représenter par le rectangle de la figure 3.

Dans ces trois exemples, la connexion du nombre et de la figure procède d'une représentation sensible. En outre, l'établissement des formules repose sur l'induction et le recours à l'intuition spatiale. Cette arithmétique géométrique s'est étendue à l'espace. Il existe des « nombres solides », produit de trois facteurs, figurés par un parallélépipède, tels les nombres cubiques ou pyramidaux.

En général la voie suivie dans la recherche n'apparaît pas dans la démonstration. Cependant l'observation intervient parfois sous une forme spéciale dans la démonstration de certains théorèmes. Hermitte en rapporte l'exemple suivant : « En analysant
» les procédés de démonstration de quelques théorèmes, on peut
» se rendre compte du rôle de l'observation. Considérons cette
» proposition : la suite des nombres premiers est illimitée. On
» commence la démonstration en supposant qu'il n'en existe
» qu'un nombre fini et limité. Or, en formant leur produit et en
» y ajoutant une unité, on obtient un nouveau nombre premier,
» supérieur aux précédents, d'où résulte que l'hypothèse admise
» doit être rejetée puisqu'elle amène contradiction.

» Le point essentiel ici consiste évidemment dans la considé-
» ration de ce produit de tous les nombres premiers admis,
» auquel on ajoute l'unité. On accordera que cette considération
» ne résulte pas du seul raisonnement, mais qu'on y doit recon-
» naître le fruit de l'observation d'un fait très simple, relatif à
» la divisibilité, fait déjà acquis et utilisé par le raisonnement,
» auquel il sert de point d'appui pour arriver à la démonstra-
» tion. »[27]

Nous sommes ici en présence d'une observation intellectuelle, intérieure aux mathématiques. On cite d'autres exemples, pris dans la théorie des nombres. 1. La périodicité du développement en fraction continue des racines d'une équation du second degré à coefficients commensurables. — 2. La loi de réciprocité pour les résidus quadratiques. — 3. La loi de réciprocité pour les résidus cubiques, déduite par l'observation dans les termes mêmes où elle a été découverte et démontrée par Jacobi. Elle est rapportée par Euler dans le recueil de ses Mémoires. (Cf. œuvres posthumes). — 4. L'expression approchée du nombre des

---

27. Note d'Hermitte, insérée dans un Mémoire de Chevreul, *Mémoires de l'Académie des Sciences*, 2ᵉ série, t. XXXV, 1866, p. 528.

nombres premiers jusqu'à une limite donnée. — 5. Enfin c'est par l'observation que Jacobi révèle la loi de la représentation des nombres par une somme de cubes, en faisant construire les Tables qui ont été publiées sur cette question dans le Journal de Crelle.

B. **En géométrie :**

a) *En géométrie euclidienne :* 1. *Dans la démonstration, emploi du raisonnement inductif.* — 2. *Dans la découverte, emploi de l'expérience intellectuelle et de l'expérience physique.* — b) *Dans les géométries non-euclidiennes :* 1. *A l'origine de leur création, le raisonnement inductif.* — 2. *Dans la découverte, le rôle des recherches physiques.*

Ces procédés empiriques ne sont pas particuliers à l'arithmétique. On les rencontre sous des formes diverses dans la formation de la géométrie.

Le théorème de Pythagore, avant d'être démontré, a été représenté par une construction, à l'aide de cas particuliers.

Considérant le triangle rectangle ABC (figure 4) comme la moitié du carré ABCD, les Anciens traçaient le carré AEFG et prolongeaient les côtés BD et CD respectivement jusqu'à I et H, de manière à faire apparaître que la surface du carré AEFG est quadruple de celle du carré initial. En menant les diagonales BH, HI et CI, ils obtenaient le carré BCIH. Ils constataient alors que ce carré, construit sur l'hypoténuse du triangle ABC, est double du carré ABCD, égal au carré construit sur l'un des deux autres

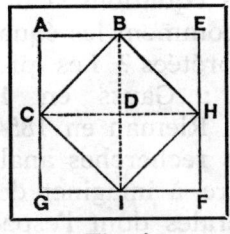

Fig. 4

côtés. — Ils vérifiaient cette relation par une application numérique sur un triangle ABC dont les côtés sont mesurés par les nombres 3, 4, 5, en remarquant que la somme des carrés 3 et 4 est égale au carré de 5. La démonstration théorique du théorème, qui permet de généraliser la relation, est une démarche ultérieure.

L'emploi de l'intuition et du raisonnement inductif apparaît dans d'autres découvertes. Archimède a déterminé le rapport de la circonférence au diamètre en inscrivant et en circonscrivant deux polygones de quatre vingt-seize côtés chacun. Il calcula leurs longueurs et, pour prévenir toute objection, présenta le résultat de son calcul sous la forme d'un nombre compris entre deux limites : $3\frac{10}{71} < \pi < 3\frac{1}{7}$.

Parallèlement à l'expérience intellectuelle on rencontre, dans d'autres découvertes, le recours à l'expérience physique. La quadrature de la parabole est due à des considérations statiques. En pesant la surface comprise entre une droite et la conique, Archimède constate qu'un segment est égal au $\frac{4}{3}$ du triangle inscrit de même base et de même hauteur que le segment. La démonstration est consécutive. — Au même ordre de recherches appartient la découverte de l'aire de la cycloïde. Galilée, supposant l'existence d'un rapport entre l'aire de cette courbe et celle du cercle générateur, détermine ce rapport en pesant deux lames de même métal et de même épaisseur et conclut du rapport des poids au rapport des surfaces. La démonstration fut donnée plus tard par Roberval.

En passant aux géométries non euclidiennes on constate, au point de départ, une induction fondée sur une considération de cinématique. Le mouvement par lequel la droite résulte du point ; le plan, de la droite ; et l'espace du plan, implique, chaque fois, l'existence d'une dimension de plus. On s'est alors avisé de continuer indéfiniment par la pensée ce mode de génération, bien que l'intuition des figures cessât d'être possible. La notion trouva un appui dans la géométrie analytique. La représentation des lignes et des surfaces par des équations à deux et à trois variables conduit à la question : comment les équations à quatre variables doivent-elles être interprétées ? Les promoteurs d'une géométrie à n dimensions : Gauss en 1792, Bolyai en 1832, Lobatschewsky en 1840, Rieman en 1854 et Helmholtz en 1868 furent conduits, par des recherches analytiques, sur la différentielle de l'élément linéaire, à imaginer des espaces satisfaisant à certaines formules générales dont l'espace euclidien est un cas particulier. L'introduction de la notion de courbure permet de caractériser avec précision le domaine de la géométrie non-euclidienne. Beltrami, en 1868, montre que la surface à courbure négative constante réalise la géométrie de Lobatschewsky, et que la surface sphérique à courbure positive constante répond à la géométrie de Riemann. Il en résulte, en particulier, que la somme des angles d'un triangle est inférieure à deux droits dans la première, supérieure à deux droits dans la seconde.

Enfin, indépendamment des recherches de mathématiques pures, entreprises pour elles-mêmes, les recherches de physique viennent de l'extérieur favoriser et provoquer la mise au jour de certaines vérités géométriques. Ainsi, l'isochronisme des oscillations d'un pendule de faible amplitude conduit Huygens à exhumer, en géométrie, les deux propositions suivantes :

1. Pour un rectangle homogène de hauteur h, oscillant autour de sa base supérieure, le centre de gravité se trouve à la hauteur $\frac{h}{2}$ de l'axe et le centre d'oscillation à la distance $\frac{2h}{3}$

2. Dans un triangle homogène de hauteur h, dont l'axe de rotation passe par le sommet et est parallèle à la base, les distances à l'axe des centres de gravité et d'oscillation sont respectivement $\frac{2}{3}$ h et $\frac{3}{4}$ h.

Tels sont quelques procédés empiriques qu'on relève dans l'histoire de l'arithmétique et dans l'histoire de la géométrie.

C. En algèbre :

Les valeurs d'essais, assimilables à l'hypothèse conjecturale du physicien.

Nous en trouvons un autre, d'une espèce différente, dans l'histoire de l'algèbre. Avant d'atteindre la rigueur d'exposition qui caractérise la résolution immédiate par mise en équation on utilisa d'abord un procédé de physicien, la méthode de fausse position. On introduit dans le calcul une valeur d'essai afin de déterminer les modifications qu'elle doit subir pour devenir acceptable. Cette procédure se présente sous deux formes, selon qu'on prend une ou deux valeurs d'essai.

La première consiste à poser arbitrairement une valeur x_1. On obtient par vérification le résultat d_1 au lieu de d. On établit alors une proportion entre le rapport du nombre de la vérification d_1 au nombre des conditions du problème d et le rapport du nombre de l'essai x_1 au nombre inconnu cherché x, selon la formule $\frac{x}{x_1} = \frac{d}{d_1}$; d'où l'on tire $x = x_1 \frac{d}{d_1}$. Voici un exemple de cette méthode, emprunté à Léonard de Pise et cité par Bobynin dans son article : *Méthode expérimentale dans la science des nombres*[28]. Déterminer la hauteur d'un arbre, sachant que la partie souterraine, égale à 21 empans, constitue le $\frac{1}{4}+\frac{1}{3}$ de sa hauteur.

---

28. In *L'Enseignement mathématique*, mai 1906.

On essaie le nombre 12, multiple de 3 et de 4. Le calcul $\frac{1}{4} \times 12 + \frac{1}{3} \times 12$ conduit au nombre 7. Le nombre d'essai 12 est donc inexact. Mais le rapport $\frac{7}{21}$ ou $\frac{1}{3}$ montre que le nombre cherché est 12×3, soit 36. On utilise la proportionnalité des grandeurs en écrivant :

$$\frac{7}{21} = \frac{12}{x}, \text{ d'où } x = \frac{12 \times 21}{7}.$$

Voici, tel qu'il est rapporté dans le même article, un exemple de la seconde forme de cette méthode. Trouver un nombre tel que si on le multiplie par 14 et si on divise le produit par $4\frac{2}{3}$ on obtient 18.

En essayant les nombres 10, 9, 8, 7, 6, et en notant les erreurs correspondantes, qui sont respectivement 12, 9, 6, 3, 0 on trouve que le nombre cherché est 6.

En prenant la différence entre ce nombre et chacun des essais on trouve 4, 3, 2, 1, 0. En comparant ces nombres aux erreurs correspondantes on obtient les rapport égaux $\frac{12}{4} \frac{9}{3} \frac{6}{2} \frac{3}{1}$. Il existe donc une proportionnalité entre les différences et les erreurs. On utilise cette constatation en prenant la proportion formée par les deux derniers rapports $\frac{6}{2}$ et $\frac{3}{1}$ qu'on écrit sous la forme $\frac{6}{8 - \boxed{6}} = \frac{3}{7 - \boxed{6}}$ $\boxed{6}$ désignant l'inconnue cherchée. D'où $\boxed{6} = \frac{(6 \times 7) - (3 \times 8)}{6 - 3}$.

Pour généraliser désignons par Z_1 et par Z_2 deux essais, par r_1 et par r_2 les erreurs corrélatives obtenues par vérification. L'inconnue x est donnée par la formule

$$\frac{r_1}{z_1 - x} = \frac{r_2}{z_2 - x}; \text{ d'où } x = \frac{r_1 z_2 - r_2 z_1}{r_1 - r_2}$$

D'autres exemples de la méthode de fausses positions sont donnés par Rohault (1).

L'emploi, par l'algèbre moderne, des essais indéterminés, au lieu des essais numériques, facilite la généralisation et l'extension du procédé à la résolution des équations du second et du troisième degré. — Dans les procédés précédents, on reconnaît la méthode expérimentale au choix d'une hypothèse chiffrée

---

1. *Œuvres posthumes*, Paris, 1682. *Traité d'arithmétique*, art. VIII et IX, p. 719.

à laquelle on applique les données du problème. L'écart qui se révèle entre le résultat obtenu et le résultat cherché permet la correction. Ce procédé s'apparente à l'hypothèse conjecturale par laquelle le physicien juge de la vérité ou de l'utilité de son hypothèse d'après les conséquences.

D. **L'analyse infinitésimale :**

L'empirisme apparaît :
  a) *Dans sa formation.*
   1. *Le principe de la structure interne du calcul.*
   2. *Le progrès des méthodes : méthode d'exhaustion, méthode des indivisibles, méthode des indéterminées de Descartes, méthode des limites.*
  b) *Dans son développement. Explication historique : le progrès des recherches physiques.*
   1. *L'expression des lois physiques exige une langue appropriée.*
   2. *Obstacles rencontrés par Léonard de Vinci, par Galilée, par Euler, par d'Alembert.*
   3. *D'où les innovations dues à l'avènement des nouvelles mécaniques.*

L'Analyse des Fonctions :

Exemples signalés par Hermitte.
La procédure empirique, utilisée dans la formation de l'arithmétique, de la géométrie et de l'algèbre, se rencontre aussi dans la formation et dans le développement de l'Analyse infinitésimale.

Quand on examine la formation de cette Analyse on y décèle l'empirisme dans la structure interne calcul et dans la diversité des formes.

Considérons la structure interne du calcul. Les quantités infinitésimales, posées décisoirement, concourent à l'expression des conditions d'un problème, comme terme de comparaison, pour favoriser la découverte de la solution. Elles remplissent la fonction de valeurs auxiliaires. Essentiellement provisoires elles ne figurent pas dans le résultat final.

On peut se rendre compte de cette situation sur cet exemple classique : tracer une tangente au point M d'une circonférence de centre C et de rayon CM.

Soit a le rayon du cercle. Prenons sur l'axe BD l'abscisse DP = x. Soient PM = y l'ordonnée correspondante et TP la soustangente cherchée.

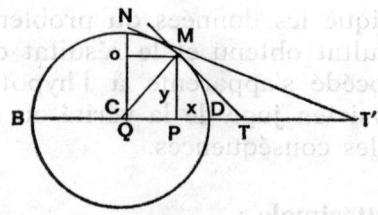

On considère le cercle comme polygone d'un grand nombre côtés. Soit MN un de ces côtés qu'on peut prolonger jusqu'à l'axe. MT ne pénétrant pas à l'intérieur du polygone est la tangente en question.

Menons NQ parallèle à MP et abaissons la perpendiculaire MO sur NQ. Nous pouvons écrire : $\dfrac{MO}{NO} = \dfrac{TP}{y}$ [29].

D'autre part l'équation de la courbe est, au point M : $y^2 = 2a\,x - x^2$ (2), et au point N : $(y + NO)^2 = 2a\,(x + MO) - (x + MO)^2$ (3). En retranchant l'équation (2) de l'équation (3), il vient :

$$\frac{MO}{NO} = \frac{2y + NO}{2a - 2x - MO}$$

Égalons cette valeur à celle de la proportion (1). Nous obtenons :

$$TP = \frac{y\,(2y + NO)}{2a - 2x - MO}$$

Or les quantités MO et NO sont infimes, puisqu'elles sont inférieures au côté MN qui, par hypothèse, est lui-même très petit. On peut donc négliger ces quantités par rapport à y et à x auxquelles elles sont ajoutées. L'équation devient : $TP = \dfrac{y^2}{a - x}$ résultat rigoureusement exact, comme on peut s'en assurer en calculant TP par la considération des triangles semblables CPM et MPT. Nous pouvons écrire la relation :

$$\frac{CP}{MP} = \frac{MP}{TP}\ ;\ \text{d'où}\ TP = \frac{MP^2}{CP} = \frac{y^2}{a - x}$$

La suppression de MO et de NO n'altère pas l'exactitude du résultat, par suite d'une compensation d'erreurs. On part d'une hypothèse fausse en considérant le cercle comme polygone. Cette considération inexacte entraîne une erreur dans l'équation

$$TP = \frac{y\,(2y + NO)}{2a - 2x - MO}$$

29. *Œuvres posthumes,* Paris 1682. Traité d'arithmétique, art. VIII et IX, p. 719.

Aussi, en négligeant MO et NO dans cette équation, corrige-t-on l'erreur à laquelle donne lieu la fausse hypothèse de départ.

On peut accentuer cette situation en considérant le cercle en lui-même, comme figure curviligne. Par un point R, voisin de M, menons RS parallèle à MP, MZ parallèle à l'axe et la sécante RM qui rencontre l'axe en T'. Nous avons la relation

$\dfrac{T'P}{MP} = \dfrac{MZ}{RZ}$ (1), d'où T'P ou TP + TT' = MP $\dfrac{MZ}{RZ}$ (2).

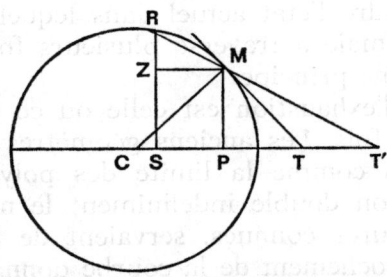

Lorsque R se rapproche de M le point T' se rapproche du point T. On peut donc réduire la distance T'T tout en conservant l'exactitude de la proportion (1). Si on néglige TT' dans l'équation (2) il en résulte une erreur dans l'équation

TP = MP $\dfrac{MZ}{RZ}$. Mais cette erreur peut être minimisée par la réduction de la distance RM. — De même nous avons la relation : $\dfrac{MZ}{RZ} = \dfrac{2y + RZ}{2a - 2x - MZ}$ (3), équation toujours exacte, quelle que soit la position du point R. Mais plus R se rapproche de M, plus MZ et RZ diminuent ; et si on les néglige dans l'équation (3) l'erreur résultante dans l'équation

$\dfrac{MZ}{RZ} = \dfrac{y}{a - x}$ pourra être moindre que toute quantité. C'est pourquoi sans avoir égard à ces erreurs on traite les deux équations TP = MP $\dfrac{MZ}{RZ}$ et $\dfrac{MZ}{RZ} = \dfrac{y}{a - x}$. En tirant de la première la valeur de $\dfrac{MZ}{RZ}$ et en portant cette valeur dans la seconde on obtient TP = $\dfrac{y^2}{a - x}$, résultat rigoureusement exact puisqu'il est identique à celui que fournit la comparaison des triangles CPM et MPT. Ici encore l'erreur attachée aux équations

$TP = y \dfrac{MZ}{RZ}$ et $\dfrac{MZ}{RZ} = \dfrac{y}{a-x}$ n'a pas passé dans le résultat puisque la formule $TP = \dfrac{y^2}{a-x}$ ne contient pas de quantité auxiliaire.

Les quantités infinitésimales, en tant que valeurs auxiliaires, jouent le rôle d'échafaudage provisoire. Or elles constituent la pièce essentielle de la méthode. L'Analyse infinitésimale repose essentiellement sur un artifice de calcul qui se retrouve dans ses diverses formes.

Avant d'atteindre l'état actuel dans lequel Leibniz l'a fixée, l'Analyse infinitésimale a traversé plusieurs formes qui, toutes, s'inspirent du même principe.

La méthode d'exhaustion est celle où ce principe apparaît pour la première fois. Les anciens géomètres considéraient les figures curvilignes comme la limite des polygones inscrits et circonscrits dont on double indéfiniment le nombre des côtés. Les polygones, figures connues, servaient de terme de comparaison. Leur rapprochement de la courbe donnait de celle-ci une idée de plus en plus précise et permettait, à la limite, d'atteindre ses propriétés. Euclide utilise ce principe dans la seconde proposition du XIIe livre. Il s'appuie sur la propriété des polygones semblables, selon laquelle les aires sont proportionnelles aux carrés des lignes homologues pour établir que les cercles de rayons différents sont proportionnels aux carrés de ces rayons. — Archimède calcule, selon le même procédé de comparaison, les aires et les volumes de plusieurs figures curvilignes.

La méthode d'exhaustion repose sur l'emploi auxiliaire de quantités connues auxquelles on rapporte les quantités cherchées. Celles-ci sont considérées comme la limite dont celles-là s'approchent continuellement. Par la loi de continuité on passe des propriétés connues des quantités auxiliaires aux propriétés inconnues des quantités cherchées. De ce principe l'Analyse infinitésimale tire sa fécondité. On le retrouve dans les méthodes ultérieures qui, perfectionnant la méthode d'exhaustion, répondent au même besoin.

La méthode des indivisibles considère une ligne comme une somme de points, une surface comme une somme de lignes, un volume comme une somme de surfaces. Ces parties élémentaires, purement fictives, sont assimilables aux quantités auxiliaires de la méthode d'exhaustion. — Elles facilitent, par leur expression, l'établissement des formules et disparaissent devant les quantités finies. — On peut, par cette méthode, évaluer l'aire ou le volume de figures rectilignes en s'appuyant sur l'algèbre, qui permet de calculer la somme d'une suite de termes pris dans la série des nombres réels, la somme de leurs carrés, celle de leurs cubes, etc. Soit à chercher, par exemple, l'aire du triangle. On abaisse du sommet sur la base la hauteur, partagée en une infinité de parties égales. Par chaque point de division on mène une droite parallèle à la base qui relie les deux autres côtés. Selon le principe de la méthode des indivisibles on peut considérer l'aire du triangle comme la somme de toutes les parallèles qui en sont les éléments. Ces droites sont proportionnelles à leur distance au sommet. Donc la hauteur étant supposée divisée en parties égales, ces parallèles croissent en progression arithmétique dont le premier terme est zéro. Or, on sait que dans une progression arithmétique dont le premier terme est zéro la somme de tous les termes est égale au dernier multiplié par la moitié du nombre de ces termes. Ici la somme des termes est représentée par l'aire du triangle, le dernier terme par la base et le nombre des termes par la moitié de la hauteur. Donc l'aire du triangle est égale au produit de sa base par la moitié de sa hauteur.

Cette méthode répond à l'intégration des monomes. Elle est appliquée dans toute son étendue par Cavalieri, dans sa *Géométrie des indivisibles*. Elle est utilisée avec succès par Pascal et par Roberval qui lui doivent certaines découvertes sur la cycloïde. Elle a contribué à la formation de l'Analyse infinitésimale, qui lui emprunte sa conception des éléments de lignes, de surfaces ou de volumes pour matérialiser ces être fictifs dans une notation particulière.

La méthode des indivisibles, par la simplification de ses formules, marque un progrès sur la méthode d'exhaustion. Ce progrès s'affirme aussi nettement dans la méthode des indéterminées de Descartes.

Celle-ci consiste à grouper dans le premier membre d'une équation, dont le second est égal à zéro, deux termes dont l'un exprime des quantités auxiliaires, les indéterminées, et l'autre des quantités données. L'intérêt de cette méthode réside dans la séparation des quantités auxiliaires. Reprenons le second exemple d'application du principe de l'Analyse infinitésimale. Nous avons les relations :

$TP + TT' = y \dfrac{MZ}{RZ}$ et $\dfrac{MZ}{RZ} = \dfrac{2y + RZ}{2a - 2x - MZ}$. Tirons de la première la valeur de $\dfrac{MZ}{RZ}$ et portons-la dans la seconde. Il vient $\dfrac{TP + TT'}{y} = \dfrac{2y + RZ}{2a - 2x - MZ}$. Or, en isolant toutes les quantités auxiliaires et en égalant l'équation à zéro nous obtenons une équation de la forme :

$$\left(\frac{TP}{y} - \frac{y}{a-x}\right) + \left(\frac{TT'}{y} - \frac{yMZ + aRZ - xRZ}{(a-x)(2a-2x-MZ)}\right) = 0.$$

Chaque terme, pris séparément, est égal à zéro. Or, dans le calcul de TP, le premier terme, seul, nous intéresse.

A l'exemple de cette méthode, l'Analyse infinitésimale néglige les quantités auxiliaires qui, dans le résultat du calcul, sont extérieures aux données du problème.

On se rapproche encore de l'Analyse infinitésimale quand on passe de la méthode des indéterminées à la méthode des limites. Celle-ci prend ses valeurs auxiliaires sous forme d'un rapport dont elle considère exclusivement la dernière valeur, la limite, quand les termes tendent vers zéro. Dans l'exemple précédent $\frac{MZ}{RZ}$ et $\frac{TP}{MP}$ sont des rapports différents. Mais leur différence est d'autant moindre que R se rapproche davantage de M. Si l'on désigne par L la dernière valeur de $\frac{MZ}{RZ}$, c'est-à-dire sa limite, nous pouvons écrire $L\frac{MZ}{RZ} = \frac{TP}{MP}$, qui est une relation exacte. La même exactitude caractérise la relation $L\frac{MZ}{RZ} = \frac{y}{a-x}$. En égalant les deux valeurs de $L\frac{MZ}{RZ}$, nous obtenons $\frac{TP}{MP} = \frac{y}{a-x}$ d'où $TP = \frac{y^2}{a-x}$.

On doit à Newton l'apport des particularités inhérentes à cette méthode ; à Lagrange, les perfectionnements et l'algorithme proposés dans sa théorie des fonctions dérivées. — La méthode des limites rejoint l'Analyse infinitésimale. Mais, dans la première on introduit dans les calculs la limite du rapport de deux quantités auxiliaires. Dans l'autre les termes du rapport sont dissociés et fixés par une notation particulière. Cette disposition, qui sépare les quantités différentielles, permet de les utiliser plus librement.

L'Analyse infinitésimale s'est formée par voie de perfectionnements. Elle apparaît au terme d'une longue préparation, caractérisée par une diversité de méthodes, qui sont autant d'expériences successives. De ces méthodes chacune perfectionne la précédente en s'orientant vers la simplification, pour fournir la solution d'un problème par la voie la plus directe.

L'empirisme apparaît sur deux points. Dans le mécanisme du fonctionnement du calcul, les quantités infinitésimales, en tant que valeurs auxiliaires, sont provisoires comme l'expérience dans la science cartésienne. En second lieu les diverses formes que traverse l'Analyse avant de se fixer définitivement sont autant d'étapes vers son achèvement. Ces deux formes d'empirisme caractérisent la formation de l'Analyse. En considérant son développement, on peut constater qu'elle est liée parfois aux recherches physiques.

En physique l'expression des lois exige une langue appropriée. On représente les oscillations d'un pendule par une fonction sinusoïdale, la loi des espaces de la chute des corps par une parabole. On rapporte ainsi les relations de certains phénomènes à des fonctions mathématiques, traduites par des courbes connues. Lorsqu'on ne peut opérer cette liaison le phénomène est moins facilement représentable. On ne peut vaincre la difficulté que par un nouveau progrès des mathématiques. — Cette situation s'est produite. L'histoire montre que le progrès de la physique a souffert de l'insuffisance de la langue mathématique. Léonard de Vinci énonce correctement la loi quantitative de l'accélération d'un corps qui tombe. Faute de la notion de dérivée il ne peut donner de la loi des espaces une formule mathématique exacte. — Galilée déduit la loi des espaces de la loi des vitesses en suppléant à l'intégration par un procédé géométrique, consistant à porter les temps en ordonnées et à représenter la vitesse à chaque instant par une droite parallèle aux abscisses. Cette droite balaie un triangle dont l'aire mesure l'espace parcouru. Euler impute à la déficience de l'Analyse l'impossibilité d'obtenir « une connaissance complète sur le mouvement des fluides ». Ses travaux de mécanique l'ont conduit à perfectionner le calcul infinitésimal en introduisant en hydrodynamique les équations aux dérivées partielles. Il a consigné ses découvertes mathématiques dans un *Traité de calcul intégral* et dans une *Introduction à l'Analyse des Infinis*. — On rencontre une situation semblable dans les travaux de d'Alembert. Son *Traité de Dynamique*, paru en 1743, et son *Traité de l'Équilibre et du mouvement des fluides*, paru en 1744, sont suivis d'un *Mémoire sur le Calcul Intégral*[30].

On conçoit, dès lors, que sous l'impulsion des recherches ou des découvertes physiques on enregistre certaines innovations dans l'Analyse ou dans les autres branches des mathématiques.

---

30. *Opuscules mathématiques*, t. VI, éd. de 1778.

La notion de variété à n dimensions, due à Gauss et à Riemann, est à l'origine du développement, par Ricci et Levi-Civita, du Calcul différentiel absolu qui permet de formuler la théorie générale de la Relativité. — Le Calcul des « matrices », qui permet l'expression des relations de la mécanique quantique, a été élaboré en 1926 par Heisenberg avec le concours des deux mathématiciens Born et Jordan. L'impulsion est d'origine physique : elle part du premier Mémoire d'Heisenberg, paru en 1925, sur la signification de la théorie des Quanta. — Et, dans sa Mécanique, Mach signale que Möbius, Hamilton et Grassmann ont développé des concepts mathématiques appropriés à certaines représentations géométriques.

Des formes empiriques ou des recherches physiques qui président à la formation du Calcul infinitésimal on peut rapprocher l'intervention du réel dans l'Analyse des Fonctions. Hermitte signale, que, dans ce domaine, les plus belles questions prennent leur source dans l'étude de la nature. Il en cite comme exemples la série de Fourier, les polynomes de Legendre, les fonctions de Bessel, les fonctions de Lamé. Parmi les recherches physiques qui ont conduit à l'invention de fonctions nouvelles on cite l'étude des surfaces isothermes dans les corps solides homogènes en équilibre de température. Cette étude est à l'origine d'une équation aux dérivées partielles, dont l'intégration, dans le cas de l'ellipsoïde, fut une découverte. Son auteur, Lamé, était ingénieur et physicien. Son mémoire sur la théorie analytique de la chaleur, où il expose, passe pour un chef-d'œuvre d'invention.

On ne peut donc que rejeter, comme attitude arbitraire, l'intuitionnisme de Brouwer-Heyting, selon qui « la mathématique pure est une libre création de l'entendement et n'a aucune espèce de relation aux faits d'expérience »[31], pour affirmer que « l'ordre mathématique est imparfait et s'établit laborieusement après coup » et que « ce sont les schémas abstraits qui s'adaptent à la nature »[32].

Conclusion

Explication du rôle de l'empirisme dans la formation des mathématiques

Toutes les branches des mathématiques, dans leur période de formation, sont tributaires à quelque égard de l'expérience

---

31. Cité par M. René Poirier, *Le nombre*, Alcan, 1938, p. 85.
32. *Ibid.*, p. 182.

ou des recherches physiques. Cette sujétion s'explique par la nature même de la science. La pensée discursive présuppose l'intuition. Si la science consiste en déductions logiques, les objets sur lesquels elle opère et les principes d'où elle part sont nécessairement extérieurs à ces déductions. Empruntés à la réalité, ils ont donné naissance aux mathématiques et les ont alimentées au cours des siècles. Dans une conférence, donnée au Congrès international des mathématiciens, au mois d'août 1900, Hilbert, posant la question de l'origine des mathématiques, répond : « c'est l'expérience qui, dans chaque domaine, pose devant nous les problèmes primaires... Dans le développement de la science, l'esprit, par des raisonnements logiques, par combinaisons, par généralisation, par spécialisations, crée lui-même des problèmes nouveaux ». Ce jugement exprime une constatation historique. Les mathématiques ont été expérimentales avant de devenir déductives. Par là s'explique, chez Descartes, l'extension de la méthode déductive à toutes les sciences du réel. Reste à étudier l'influence de cette conception sur le développement ultérieur des sciences de la nature.

SECONDE SECTION

L'EXPÉRIENCE ET L'EXPÉRIMENTATION CHEZ LES CARTÉSIENS

La conception cartésienne de la déduction universelle pose ce problème : quels sont les rapports de l'expérience et de la déduction dans les sciences ? Avant de l'examiner dans la science moderne, nous suivrons les solutions apportées par quelques cartésiens, Rohault, Régis, Malebranche et Fontenelle.

CHAPITRE PREMIER

LES RÔLES RESPECTIFS DE L'EXPÉRIENCE ET DE LA DÉDUCTION DANS LA PHYSIQUE DE ROHAULT

Rohault, l'un des premiers, est entré dans la voie que Descartes avait signalée. Lui-même reconnaît expressément l'impulsion qu'il a reçue du Maître. Parlant, dans la Préface de son *Traité de physique* [1], des philosophes modernes, dont il a recueilli plusieurs vérités, il écrit : « celui qui a le plus contribué à la composition de cet ouvrage, duquel cependant le nom ne se trouvera nulle part parce qu'il l'eût fallu trop souvent répéter, est le célèbre Monsieur Descartes. »

Son Traité de Physique est effectivement d'inspiration cartésienne. L'influence de Descartes sur Rohault porte sur la conception des rapports de l'expérience et de la déduction en physique. Quels sont ces rapports ? Avant d'en dégager les traits essentiels, attachons-nous à sa conception de la science et de la méthode.

I. — CONCEPTION DE LA SCIENCE

A. — Le but de la physique

Connaissance des causes et des raisons.

La conception de la science, chez Rohault, tient toute entière dans sa théorie de l'hypothèse qui, elle-même, résulte de sa définition de la physique : « la science qui nous enseigne les raisons et les causes de tous les effets que la nature produit. » Une telle

1. Paru en 1671.

définition ne préjuge pas de la réalité effective de la physique. « Ce n'est qu'après avoir étudié la physique qu'on peut s'assurer s'il y a une physique ou non. » L'existence de la physique reste pendante jusqu'au terme de la recherche.

B. — L'expression des causes

La connaissance des causes étant le premier but de la physique, arrêtons-nous à la notion de cause. Comment sommes-nous conduit à l'exprimer ?

La notion de cause, n'est pas univoque. Appliquée à un corps pris isolément, elle fournit l'explication des manifestations de ce corps. Par là elle se confond avec sa nature, c'est-à-dire avec son mode d'action. En ce sens on peut parler, quoiqu'improprement, de la cause de l'aimant, du poids d'un corps, etc. La notion de cause s'applique aussi à un phénomène qui en détermine un autre. C'est en ce sens qu'on parle de la cause de l'élévation d'un liquide dans un corps de pompe. Ici la cause n'est autre que la loi. La notion la plus pure nous est fournie par la mécanique, où l'action de la cause est assimilée à l'action d'une force [2].

Dans tous les cas, la cause n'apparaît pas d'emblée. Elle est le plus souvent invisible. Pour l'atteindre, nous devons recourir à l'hypothèse, qui en est l'expression.

1. *Définition*. — L'hypothèse est une conjecture sur la cause pour rendre raison de tous les faits d'observation et d'expérience. Par exemple, si nous voulons connaître la nature particulière du feu, nous devons trouver la propriété qui explique comment il est capable de produire la chaleur, la douleur, la raréfaction de certains corps, la condensation ou la dissolution de certains autres. — De même, pour découvrir la nature de l'aimant, il faut trouver une formule qui rende compte des proporiétés de l'aimant par rapport à la terre et des propriétés de deux aimants groupés.

2. *Rôle*. — La définition de l'hypothèse nous laisse apercevoir son rôle. Principe de déduction, elle permet, par le développement de ses conséquences, de rejoindre le réel dans ses effets les plus éloignés. Elle est une systématisation du donné.

3. *Exemples*. — Voici, conformément à cette exigence, quelques hypothèses particulières. On peut en distinguer deux sortes, selon qu'elles portent sur la nature des corps ou sur la relation entre phénomènes.

---

2. *Traité de Physique*, Paris, Savreux, 1671. 1ʳᵉ part., ch. XIV, 1.

a) Des hypothèses sur la nature des corps, nous avons deux exemples typiques : l'essence de la matière et la nature de l'aimant.

L'essence de la matière est l'étendue en longueur, largeur et profondeur. C'est là « l'élément commun à tous les êtres de la nature ». Une matière sans étendue est inconcevable. L'étendue comporte trois propriétés : divisibilité, figure, impénétrabilité. Ces propriétés sont essentielles à la matière dont elles sont inséparables, tout autant que l'étendue. Mais l'étendue est conçue avant les trois autres qui la présupposent. C'est pourquoi on doit assigner à l'essence de la matière l'étendue, identifiée à l'espace.
— De cette définition de l'étendue résultent plusieurs conséquences. Tout d'abord le vide est impossible, si on entend par vide un espace sans matière. Car la matière n'est autre que l'espace, qui s'identifie à l'étendue. Seconde conséquence : la raréfaction et la condensation s'expliquent, la première par la pénétration de l'éther, matière subtile qui remplit l'univers ; la seconde, par la sortie de cette matière subtile. Enfin, troisième conséquence, l'univers est infini. Car nous ne pouvons lui assigner aucune limite.

A ces trois conséquences, issues de la notion d'étendue, ajoutons celles qui résultent de la divisibilité. Cette propriété de la matière est, parmi les trois autres, la plus féconde, parce qu'elle est à l'origine de toutes les figures imaginables. Une quantité déterminée de matière est divisible en une infinité de points. Nous en avons deux démonstrations géométriques. La première se tire de deux parallèles AB et CD, coupées par une perpendiculaire EF. Si d'un point A, pris sur une parallèle, on mène sur l'autre une

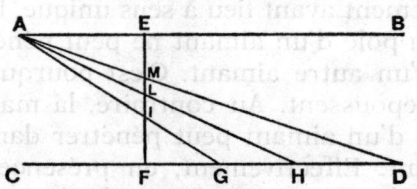

sécante AD, cette sécante coupe la perpendiculaire en un point M. Les sécantes AH et AG coupent la perpendiculaire respectivement en L et en I. Comme on peut mener ainsi une infinité de sécantes, leurs points d'intersection avec la perpendiculaire sont en nombre infini. — La seconde démonstration se tire de l'incommensurabilité de la diagonale du carré avec le côté. — Enfin la divisibilité de la matière nous permet d'introduire le mouvement, parce qu'elle le suppose.

Voici une seconde hypothèse. Elle exprime la nature de l'aimant. On peut se représenter l'aimant comme une pierre, perforée d'un grand nombre de pores parallèles, en forme d'écrous, qui donnent passage aux vis de la matière magnétique issue des deux pôles de la Terre. De cette hypothèse se déduisent un grand nombre de propriétés. Par elle s'explique *la situation de l'aimant et de l'aigille aimantée.* Le pôle Nord penche vers la Terre et le pôle Sud s'élève vers le ciel. Cette situation se produit nécessairement. Dans toute autre position la matière magnétique heurterait vainement contre la surface sans la pouvoir pénétrer. C'est pourquoi elle l'oblige à se disposer de telle sorte que la longueur de ses pores convienne aux lignes que décrit la matière magnétique. C'est-à-dire que la situation nord-sud prise par l'aimant est la seule qui livre passage au mouvement de la matière magnétique. — Cette hypothèse explique aussi *le mouvement de l'aimant vers le fer et le mouvement inverse.* Ces deux mouvements sont dus, non pas à une attraction, comme on le dit couramment, mais à une impulsion : l'un des corps est poussé vers l'autre par un troisième, la matière magnétique. — Autre propriété qu'explique l'hypothèse sur l'aimant : *l'action des aiguilles aimantées par rapport à la Terre.* La matière magnétique est diversement inclinée aux divers endroits de la superficie de la Terre. Sur la ligne équinoxiale, elle est parallèle à l'horizon. Or l'aiguille aimantée n'a aucune inclinaison sur cette ligne. Par contre, aux pôles, l'aiguille aimantée de la boussole est indifférente aux directions, parce que le mouvement de la matière magnétique a lieu selon des lignes perpendiculaires à la surface de la Terre. — Indiquons enfin comment l'hypothèse sur l'aimant explique *l'action de deux aimants groupés.* La matière magnétique entre par un pôle et sort par l'autre. Le mouvement ayant lieu à sens unique, la matière magnétique qui sort du pôle d'un aimant ne peut pénétrer dans le pôle correspondant d'un autre aimant. C'est pourquoi deux pôles de même nom se repoussent. Au contraire, la matière magnétique qui sort du pôle d'un aimant peut pénétrer dans le pôle opposé d'un autre aimant. Effectivement, en présence d'aimants différents, deux pôles de noms contraires « s'attirent », selon un terme impropre. Nous n'avons rapporté que quelques propriétés de l'aimant, celles qui furent mises en évidence par des expériences qui, au rapport de Clerselier, soulevaient l'admiration des auditeurs dans les conférences de Rohault. En fait, l'hypothèse proposée sur la nature de l'aimant explique toutes ses vertus directrices et prétendues « attractrices ».

Ces deux exemples, accompagnés de leurs conséquences,

concernent l'hypothèse sur la nature ou sur l'essence des corps, envisagés isolément. Ils veulent montrer que la déductibilité est le caractère essentiel à l'hypothèse.

b) Nous retrouvons ce rôle dans les hypothèses sur la relation entre phénomènes. Nous verrons plus loin les conséquences qu'on peut tirer de la pesanteur de l'air.

De ces exemples se dégage le rôle de l'hypothèse.

Nous avons distingué deux sortes d'hypothèses, selon qu'elles portent sur un corps isolé ou sur des relations entre phénomènes. La difficulté d'isoler un corps ou un phénomène réduit la portée de cette distinction. Celle-ci est surtout théorique. Elle s'efface plus ou moins dans certains cas, par exemple dans l'énumération des propriétés de l'aimant. — Dans tous les cas la déductibilité est la fonction propre à l'hypothèse.

4. *Nature des hypothèses.* — Le rôle des hypothèses nous renseigne sur leur nature. Les hypothèses permettent de déduire toutes les propriétés essentielles d'un corps ou l'apparition des phénomènes. Elles sont donc l'expression de l'essence. Car « il n'y a que les propriétés essentielles d'un sujet qui puissent se déduire de son essence »[3]. Les hypothèses particulières constituent la connaissance de la nature « par les causes ». Elles sont assimilables à des définitions essentielles.

C. — L'expression des raisons : l'hypothèse générale

L'Hypothèse Générale. — Les hypothèses particulières sont des explications juxtaposées et fragmentaires. Elles n'apportent à l'esprit qu'une satisfaction partielle. Pour obtenir une connaissance plus complète, nous devons relier les notions par un principe qui, en les coordonnant, permet de les déduire. Tel est l'objet de l'hypothèse générale qui joue, par rapport aux hypothèses spéciales, le même rôle que l'hypothèse spéciale par rapport aux phénomènes. Tandis que les hypothèses spéciales sont la « science des causes », l'hypothèse générale est la « science des raisons ». Elle unifie le savoir et contribue par là à « l'éclaircissement de la vérité ».

Définition. — L'hypothèse générale embrasse l'ensemble des phénomènes et, en tant que telle, éclaire l'esprit par une intelligibilité plus complète.

Principe. — Or, l'intelligibilité résulte de l'enchaînement des

---

3. 1ʳᵉ part., ch. X, 12.

phénomènes : elle fait apparaître la nécessité de leur liaison. Pour atteindre ce résultat, il faut donc considérer les phénomènes dans leurs rapports immédiats, selon le principe : « un corps ne commence jamais à se mouvoir s'il n'est poussé par un autre qui le touche immédiatement » [4].

Conséquences. — Ce principe entraîne un certain nombre de conséquences sur les spéculations métaphysiques, sur la cause finale et sur la notion d'attraction.

1. *Spéculations métaphysiques*. — L'introduction de spéculations métaphysiques en physique est une transgression du principe d'homogénéité. La physique a son objet propre, limité à la considération des choses « dans leur état ordinaire et naturel, non dans un état extraordinaire et surnaturel » [5]. C'est dire qu'un phénomène doit être expliqué par un autre phénomène de même ordre. L'appel à la métaphysique est une μετάβασις εἰς ἄλλο γένος qui brise la continuité de l'explication physique. — Parallèlement à cette faute de logique, les questions de métaphysique sont inutiles et insolubles. Elles sont inutiles ; car, ce qui nous importe n'est pas de savoir comment les choses naturelles ont pu être ordonnées à l'origine, mais quelles elles sont dans leur état *actuel* [6]. Il faut donc dénier toute valeur aux questons d'origine, sur la cause première ou sur la puissance de Dieu. — Ces questions, inutiles, sont aussi insolubles. On ne saurait invoquer la puissance de Dieu pour soulever des objections sur l'essence de la matière, en imaginant des possibilités vaporeuses dont on n'a aucune idée. Rohault dirime la question de l'inconnaissable, en répondant que « Dieu, étant le Maître, a pu faire les choses comme il lui a plu » et que l'on ne saurait « entreprendre de décider par notre raison ce que notre raison ne peut atteindre » [7]. C'est en ce sens que, tout en réservant les droits de la foi, il jette par dessus bord l'argument d'autorité, qui n'a aucun poids « lorsqu'il s'agit d'établir les choses par la raison » [8]. Et il exalte l'esprit critique, en insistant sur la nécessité de s'affranchir des préjugés et de soumettre à l'examen les connaissances acquises. Lui-même a usé largement de ce droit, par sa libre imitation d'Aristote et dans sa correction de Descartes. Tout en reconnaissant qu'il doit à ces auteurs ses « premières lumières » et que Descartes a contribué plus que tout autre à la

4. 1ʳᵉ part., ch. XII, X.
5. 1ʳᵉ part., ch. V, 12.
6. 1ʳᵉ part., ch. XXI, 12.
7. 1ʳᵉ part., ch. VII, 9.
8. 1ʳᵉ part., ch. VII, 13.

composition de sa physique, il ne laisse pas de se séparer de Descartes sur les rapports de la physique et de la métaphysique, Sans doute rencontrons-nous des affirmations sur l'étendue de la puissance de Dieu ou sur le premier Moteur [9]. Mais, ces indications, incidentes et surérogatoires, sont des protestations de soumission à la foi, pour apaiser les susceptibilités, en prévision d'interprétations tendancieuses. Ces réminiscences cartésiennes sont des concessions de pure forme, sans influence sur l'explication scientifique : elles ne sont mentionnées que pour être écartées. Bien loin de se mêler de questions qui passent « la portée de l'esprit humain », Rohault blâme l'outrecuidance « d'entreprendre de déterminer jusqu'où s'étend la puissance de Dieu » [10].

Les questions d'origine et les causes premières sont déplacées en physique, où nous devons chercher seulement les causes secondes, c'est-à-dire les causes naturelles [11]. D'une façon plus générale les considérations métaphysiques n'apportent aucune clarté dans l'explication physique. Elles ne peuvent expliquer le moindre effet de la nature.

2. L'explication finaliste. — L'explication finaliste est-elle plus éclairante ? Elle a contre elle la raison et l'expérience, comme le montre l'examen de l'hypothèse de la crainte du vide. Quand on fait appel à la cause finale, on se met dans la situation d'un homme qui, « interrogé comment le bois vient à Paris des Provinces éloignées, répondrait qu'il y vient par la crainte du froid » [12].

Inintelligible, l'hypothèse de la crainte du vide est encore infirmée par l'expérience, qu'elle prétend expliquer. Non seulement elle ne fait pas comprendre comment l'eau monte dans une seringue dont on tire le piston, mais elle ne prouve même pas que l'eau doit monter. Car si la montée de l'eau avait pour cause la seule nécessité de remplir un espace pour qu'il n'y ait pas de vide dans la nature, l'eau monterait toujours lorsqu'on tire le piston de la seringue, si longue soit-elle. Et les pompes aspirantes, qui sont de longues seringues, pourraient servir à élever l'eau à toute hauteur. Or l'expérience s'inscrit au faux contre cette conséquence.

3. L'attraction. — Peut-on, à défaut de l'explication finaliste, utiliser la notion d'attraction ? L'attraction, qu'on assigne comme

---

9. 1re part., ch. V, 13 et 14 ; ch. X, 12 et 13.
10. 1re part., ch. V, 12 *ad finem*.
11. 1re part., ch. X, *ad finem*.
12. 1re part., ch. XII, 3.

cause au mouvement, est une notion « dont on n'a aucune idée ». On ne lui trouve une valeur explicative que parce qu'on la confond avec l'impulsion. « Ainsi, quand on dit qu'un cheval tire une charette à laquelle il est attelé, c'est en effet parce qu'il est tellement appliqué à son collier qu'il le pousse en avant et meut par conséquent les traits et la charette qui ont liaison avec le collier »[13]. La notion d'attraction n'est pas plus claire que l'hypothèse de la crainte du vide. Elle s'apparente aux qualités occultes, qui ne sont qu'affectations verbales.

Seule l'impulsion est une notion que l'on conçoit distinctement. Elle explique la montée des liquides dans les seringues, dans les pompes et dans les syphons. Elle fait comprendre les propriétés de l'aimant et la corrélation entre les marées et les mouvements de la lune. L'impulsion est la seule voie, par laquelle on puisse concevoir clairement comment un corps peut en mouvoir un autre. Elle se déduit de l'impénétrabilité de la matière[14]. Or l'impulsion n'est autre que la cause efficiente.

L'abandon de l'attraction, de la finalité et de la métaphysique d'une part ; l'emploi de la cause efficiente d'autre part sont les conditions de l'intelligibilité dans les sciences de la nature. Ces conditions sont remplies par la grande hypothèse mécaniste.

L'hypothèse mécaniste. — L'hypothèse mécaniste repose sur le postulat suivant. « Les parties de la matière sont impénétrables les unes aux autres... un corps ne saurait se mouvoir vers un certain endroit, qu'il ne pousse et ne déplace les autres corps qui sont dans son chemin »[15]. La notion d'impulsion, qui en résulte, est la seule qui soit claire, à l'exclusion de toute autre, de l'attraction en particulier, « pour rendre raison de tous les mouvements que nous voyons dans la nature »[16]. Comme nous l'avons noté précédemment, il n'existe pas d'autre voie pour expliquer comment un corps peut en mouvoir un autre[17]. L'impulsion, ou cause efficiente, s'exerce par la contiguïté, c'est-à-dire par *l'application immédiate* d'un corps à un autre. C'est pourquoi « on ne doit pas se mettre en peine de la correspondance que peut avoir un corps avec des choses éloignées, si ce n'est qu'on veuille prendre cette sorte de correspondance pour une dénomination extérieure, qui ne change rien en la chose, et qui ne dit rien de réel dans le sujet où on la considère »[18]. Or, précisément, « le mouvement consiste

---

13. 3ᵉ part., ch. VIII, 13.
14. 1ʳᵉ part., ch. XI, 14.
15. 3ᵉ part., ch. VIII, 12.
16. 1ʳᵉ part., ch. XI, 14.
17. *Ibid.*
18. 1ʳᵉ part., ch. X, 3.

dans cette application successive d'un corps aux diverses parties de ceux qui l'avoisinent et qui le touchent immédiatement »[19]. « C'est ce qui rend le mouvement si nécessaire, et sa connaissance d'un si grand usage... »[20]. Les lois du mouvement sont à l'origine de toute explication physique. Leur connaissance doit précéder toute étude particulière. Rohault s'y arrête longuement en y consacrant cinq chapitres. Bornons-nous à mentionner les lois essentielles.

La première loi définit la quantité de mouvement par la masse du mobile et par la distance parcourue[21]. Elle définit ainsi l'égalité de cette notion : afin que deux corps inégaux aient des quantités égales de mouvement, il faut que leurs distances soient inversement proportionnelles à leurs masses. « Si un corps est le triple d'un autre, il faut que la ligne qu'il parcourt ne soit que le tiers de celle de l'autre »[22].

Voici une application à l'équilibre. Quand deux corps appliqués aux extrémités d'un levier sont entre eux en raison inverse de leurs distances au point fixe, il est nécessaire que, dans leur mouvement, ils décrivent des lignes qui soient entre elles en rai-

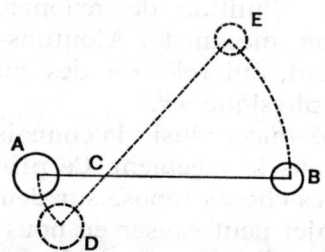

son inverse de leurs masses. Par exemple, si le corps A étant le triple du corps B, l'application de ces corps aux extrémités du levier AB, dont le point fixe est C, est telle que la distance BC soit triple de la distance AC, ce levier ne pourra s'incliner sans que la ligne BE décrite par le petit corps ne soit le triple de la ligne AD décrite par le plus grand. Le mouvement de l'un sera égal au mouvement de l'autre. Ils seront en parfait équilibre. Cette loi est le fondement de la mécanique[23].

---

19. 1ʳᵉ part., ch. X, 2.
20. 1ʳᵉ part., ch. IX, 13 *ad finem*.
21. 1ʳᵉ part., ch. X, 7 et 8.
22. *Ibid.*, 9.
23. 1ʳᵉ part., ch. X, 10.

Parmi les autres, signalons le principe de l'inertie et celui de l'égalité de l'action à la réaction.

Le premier énonce qu'un corps reste dans l'état où il se trouve si quelque cause extérieure ne le change. S'il est en repos, il ne peut de soi commencer à se mouvoir. S'il est en mouvement, il ne peut de soi cesser de se mouvoir [24].

Selon le principe de l'égalité de l'action et de la réaction, si un corps qui se meut en rencontre un autre, il perd autant de son mouvement qu'il lui en communique. Ainsi, un corps qui, ayant une quantité de mouvement de 12 degrés, en rencontrerait un autre en repos d'une masse double, il lui communiquerait 4 degrés de mouvement pour n'en retenir pour lui que 8 [25].

Ces deux principes sont reconnaissables dans les axiomes 6 et 8 des « principaux axiomes de la physique » [26], auxquels ils apportent quelques déterminations. Mentionnons enfin le principe le plus fécond, qui « nous porte à rechercher les effets de la nature », le principe de causalité, qui figure sous l'axiome 4. A l'origine d'un changement, il faut placer une cause, c'est-à-dire une cause efficiente, entendue au sens d'impulsion ou de force, comme l'indique le contexte.

Un postulat, une définition, des axiomes : tels sont les principes de l'explication mécaniste. Ajoutons-y un principe d'un ordre un peu différent, qui relève « des connaissances qui précèdent l'étude de la physique » [27].

Nous pouvons l'énoncer ainsi : la connaissance n'est pas dans la sensation, mais dans le jugement. Ce principe sur la connaissance de la nature des choses repose sur deux observations. Tout d'abord un même objet peut causer en nous des sensations différentes, en agissant sur divers organes. Le feu excite en nous une sensation de lumière en agissant sur nos yeux, une sensation de chaleur en agissant sur nos mains. Nous concluons seulement à l'existence d'un seul objet. — En second lieu les objets ne sont pas en eux-mêmes ce qu'ils sont par rapport à nous. C'est pourquoi nous ne devons pas leur attribuer l'impression qu'ils nous causent. Par exemple, nous ne pouvons assurer que le feu a en lui quelque chose de semblable à la chaleur que nous ressentons en sa présence, pas plus que nous ne pouvons attribuer à une épingle la douleur que nous ressentons quand on nous pique. La sensation est en nous, non dans les choses. Les chimistes, pour

---

24. 1ʳᵉ part., ch. XI, 1.
25. 1ʳᵉ part., ch. XI, 5 et 6.
26. 1ʳᵉ part., ch. V.
27. 1ʳᵉ part., ch. II.

n'avoir pas tenu compte de ce principe, se sont engagés dans une voie fausse. Ils n'ont retenu que le seul mode d'action des corps, « c'est-à-dire les sentiments qu'ils excitent en nous »[28]. Et, pensant connaître par là le résultat de leur mélange, ils ont établi deux règles. Selon la première, si deux corps, pris séparément, sont capables d'un même effet, ils en seront capables à l'état de combinaison. Selon la seconde règle, si deux corps, pris séparément, produisent des effets contraires, en se combinant ils produiront un effet moyen. Or, ces règles sont souvent démenties par l'expérience. Certains corps qui, séparément, sont froids, peuvent former un composé chaud : tel est le cas de la chaux froide arrosée d'eau froide. De même, l'huile de vitriol et l'huile de tartre qui, séparément, sont froides, produisent par leur mélange une chaleur sensible. — Des liquides transparents peuvent former un mélange opaque. Nous en avons un exemple dans l'usage de l'encre sympathique. Enfin, contre la seconde règle, l'esprit de nitre et l'huile de vitriol, pris séparément, à faible dose et à propos, sont des remèdes. Pris ensemble, ils deviennent un poison. Rohault observe que, sur un tel fondement, on ne peut rien élever de solide : on n'enfante que des chimères[29].

Ces principes, distincts des pures données empiriques, impliquent que nous avons dans notre structure intellectuelle une règle de pensée conditionnant l'expérience et faisant consister celle-ci, non pas dans l'impression brute faite sur l'esprit, mais dans la possibilité d'en tirer un savoir. — L'expérience repose sur des sensations et des perceptions. Or celles-ci peuvent être illusoires ou hallucinatoires. Il faut donc examiner, d'après des règles de logique et de méthode, si elles ne nous trompent pas. Autrement dit, l'observation pure et simple ne peut être admise sans critique.

Telle est l'axiomatique de Rohault, sa « doctrine du mouvement », qui précède les lois empiriques dont elle fonde l'explication[30]. Elle constitue l'essentiel de l'hypothèse mécaniste, dont les hypothèses spéciales sont autant de déterminations diverses. Nous en avons rencontré des exemples dans la définition de l'essence de la matière, dans l'expression de la nature de l'aimant. Nous en verrons plus loin un autre exemple dans les conséquences de la pesanteur de l'air.

---

28. 1ʳᵉ part., ch. XX, 11, 12, 19, 22, 25.
29. 1ʳᵉ part., ch. III, 1 *ad finem*.
30. 1ʳᵉ part., ch. XIII et XIV.

Portée de l'hypothèse mécaniste. Son extension à la zoologie. Établissement de la théorie des bêtes-machines.

    a) énoncé ;
    b) méthode ;
    c) application ;
    d) conclusion sur la méthode.

L'hypothèse mécaniste embrasse la totalité des corps et des phénomènes de l'Univers. En physique Rohault présente les lois de la réflexion et de la réfraction comme des applications immédiates des lois de la mécanique. Il explique, par la diversité de figures et de mouvements de figures, non seulement l'optique et l'acoustique, mais aussi les propriétés chimiques des corps, le rayonnement calorifique assimilé à un mouvement, les mouvements des astres et des mers. — En hydrostatique, par l'exemple des lois des corps durs plongés dans les liquides, il fait apparaître l'explication comme une différence de forces [31]. La position d'un corps dur au fond, au milieu ou à la surface d'une cuve pleine d'eau dépend de sa densité. Si celle-ci est inférieure à celle de l'eau le corps surnage. Si sa densité est égale à celle de l'eau il demeure immobile à l'endroit où on le place. Enfin si sa densité est supérieure à celle de l'eau il tombe au fond de la cuve avec une force égale à l'excès de poids entre sa densité et celle de l'eau. Telle est aussi la sensation que nous éprouvons si nous tenons ce corps par le fil auquel il est attaché. — Dans son champ d'application le mécanisme ne se limite pas à la physique. Les corps animés, en tant que partie de la nature, sont justiciables du même principe d'explication. Rohault étend la validité du mécanisme à la zoologie en prenant à son compte la théorie des bêtes machines.

A l'exemple de Descartes il soutient que les bêtes sont dépourvues de sensibilité et n'agissent ni par raison ni par volonté, mais par un instinct mécanisé, à la façon d'« une horloge qui marque l'heure et qui la sonne en vertu de la disposition de ses roues et de la force de ses contrepoids » [32].

Il établit cette thèse par l'observance de cette règle de méthode : ne considérer que les données sensibles, immédiatement saisissables, en s'abstenant de tout raisonnement incertain, tel que l'analogie. — Il applique cette règle à l'examen de quel-

---

31. Part. I, chap. XVI.
32. *Entretiens sur la philosophie*, 1671, second entretien.

ques cas déterminés, dans un entretien avec un interlocuteur imaginaire. Et, par l'observation extérieure la plus superficielle, il constate que les apparences se réduisent à certaines dispositions du corps, c'est-à-dire à des mouvements. Envisageant l'exemple des prétendues passions, il ne retient que leurs manifestations dans les muscles de la face. « Ainsi, lorsqu'un chien semble entrer en colère sans bouger de sa place, le changement que vous remarquez en lui consiste en ce que les muscles de ses yeux et des parties voisines sont mûs et leur ont fait prendre une situation différente de celle qu'ils avaient auparavant. » De même on ne peut parler de joie dans un chien qu'on caresse. Car ce sentiment n'est pas sensible. Aussi bien les peintres étudient les passions de l'homme par les différentes dispositions des muscles de la face et des autres organes, en déterminant dans la colère, par exemple, ceux qui s'étendent ou qui se relâchent.

L'interlocuteur oppose une objection : si tout ce qui paraît dans les bêtes se réduit à des mouvements, comment la diversité de ces mouvements peut-elle se rencontrer dans une pure machine ?

A la réponse par prétérition, invoquant les automates « qui représentent distinctement divers animaux et en imitent aussi plusieurs mouvements », Rohault ajoute l'exemple des horloges publiques qui « sans être construites de plus de dix pièces », sonnent non seulement les vingt-quatre heures, mais même les demis et les quarts, en l'absence de toute connaissance. Il ne faut donc pas s'étonner de la multiplicité des mouvements d'une bête, dont la machine comprend des pièces incomparablement plus nombreuses que celle qu'un ouvrier peut construire.

L'interlocuteur objecte qu'à la différence d'une horloge qu'on remonte chaque jour on ne remonte pas la machine d'un chien ; et que, dès lors, les deux machines ne sont pas assimilables. — A cette instance, Rohault répond en distinguant différentes espèces de ressorts. « Toutes les machines ne se remontent pas d'une même façon et n'ont pas toutes des contrepoids pour principe de leurs mouvements. Les montres de poche ont des ressorts ; certains tourne-broches, la fumée de la cheminée ; les moulins, l'eau ou le vent ; les thermomètres, la température ; les hygromètres, les divers degrés d'humidité ; et les bêtes, leurs aliments, si bien que nous pouvons dire qu'on remonte leur machine toutes les fois qu'on leur donne à manger ou à boire. »

L'interlocuteur revient à la charge en excipant du choix des aliments par l'animal. Un chien pourrait-il, s'il n'avait pas de connaissance, se porter vers un morceau de pain et dédaigner la pierre qu'on lui présente ?

Rohault, rappelant la règle de méthode, relève l'inexactitude du terme *dédaigner* pour y substituer l'expression *ne se pas mouvoir*. Puis, passant à l'explication, il écarte la nécessité d'attribuer la connaissance au morceau de fer qui se meut vers l'aimant et qui reste immobile devant un caillou. A l'interlocuteur qui insiste, en demandant si on ne doit pas admettre une connaissance dans le chien qui fuit à la vue du bâton dont on le menace, Rohault répond en reprenant la comparaison de l'aimant, précisée par la répulsion des pôles de noms contraires. — L'interlocuteur soulève une autre objection : le cri du chien qu'on frappe n'est-il pas au moins le signe d'une douleur ? Rohault nie qu'il en soit ainsi, en observant que les orgues aussi rendent des sons qui ne sont pas des marques de douleur. Et il défie son interlocuteur de rapporter la moindre action des animaux qui ne puisse se produire dans d'autres sujets qu'on ne peut soupçonner de quelque connaissance. En manière d'explication il ajoute qu'on peut voir et toucher du doigt diverses dispositions d'organes, permettant de « comprendre comment la plupart de ces actions peuvent être produites sans connaissance... et de reconnaître qu'il peut en être de même de toutes les autres ».

L'interlocuteur n'est pas convaincu. Il ne peut supposer qu'on puisse exclure la connaissance de certaines actions, telles que la nidification des hirondelles ou l'accouplement des insectes. — Rohault répond que des êtres dépourvus de connaissance « font des choses beaucoup plus justement que des hommes ne le pourraient avec tout leur esprit ». Il cite certains phénomènes physiques : le fil à plomb qui indique le centre de la Terre, l'aiguille de boussole qui se dirige vers le nord, l'horloge qui marque les heures; la pierre d'aimant qui, appliquée à un mélange de limaille de fer et de limaille d'or, opère la séparation instantanément et sans lumière, alors qu'un orfèvre n'en viendrait à bout en plein jour qu'avec beaucoup de temps et n'y parviendrait jamais dans l'obscurité. Il en infère que la justesse et la précision dans certaines actions des bêtes ne sont pas un signe infaillible de connaissance. Il renforce son affirmation en l'appuyant sur l'embryogénie ou sur l'ontogenèse en botanique et en zoologie. Il remarque que, quelle que soit la justesse avec laquelle les bêtes puissent agir, cette justesse n'atteint pas celle de la formation d'une tige, des feuilles et des fleurs. Et la machine animale est bien plus étonnante dans sa construction que dans son fonctionnement quand elle est construite. Cependant ni dans un cas ni dans l'autre nous ne parlons de connaissance.

Ces arguments sont complétés par deux autres, empruntés

au Discours de la Méthode. La perfection de certains actes, chez les animaux, ne prouve pas quelque connaissance de leur part ; car, à ce compte, ils en auraient plus que nous, ce que personne n'admettra. En outre les bêtes ne parlent pas. Rohault conclut que la construction de la machine résulte du mouvement seul et de la disposition des parties de la matière.

L'interlocuteur, rendant les armes, accepte cette hypothèse parce qu'elle s'accorde avec toutes les apparences et qu'aucune ne s'inscrit en faux contre elle. La croyance à l'âme des bêtes repose sur la ressemblance de certaines de leurs actions aux nôtres. Elle procède d'un passage illégitime de ce qu'on voit à ce qu'on ne voit pas. Cette inférence ne fournit qu'une conjecture inutile à l'explication.

Telle est, sur un cas précis, l'application d'une méthode positive dont la rigueur ne le cède en rien aux procédés modernes d'investigation. Elle sera reprise pour être étendue à la psychologie humaine. — En droit la portée du mécanisme n'admet aucune limitation. Rohault souscrit à la thèse selon laquelle on peut trouver une explication mécanique de tous les phénomènes physiques, y compris les phénomènes biologiques. Il considère, comme Bacon, l'hypothèse mécaniste comme la clef de l'interprétation de la nature.

D. — Conclusions sur la conception de la science

1. *La physique constituée a*
   — pour objet des définitions essentielles ;
   — pour méthode, la déduction mathématique.

2. *La physique parfaite est une mécanique rationnelle.*

Telle est, dans l'application de la méthode déductive, la pratique effective de Rohault. Cette pratique répond à son opinion, qui nous est connue par ses propres déclarations et par le témoignage des contemporains. L'indication sur la méthode de la physique se complète par une indication sur l'objet.

Rohault, avouant humblement que ce qu'il a fait n'est presque rien en comparaison de ce qu'il reste à faire, reconnaît qu'il reste bien des points à éclaircir. Mais, dans la fécondité de la méthode sa confiance reste entière. Il l'exprime en ces termes : « Je croirai néanmoins avoir assez fait si les principes dont je me suis servi et que j'ai établis sont tels que, sans les changer, l'on puisse continuer et avancer chemin dans la découverte de la vérité. »[33] Il entend ici par « principes » son axiomatique, point d'appui pour la déduction des conséquences.

Voici maintenant la déclaration de Clerselier, qui apporte une précision. « La méthode que Monsieur Rohault gardait dans ses conférences était d'y expliquer l'une après l'autre toutes les questions de Physique, en commençant par l'établissement de ses principes et descendant ensuite à la preuve de ses effets les plus particuliers et les plus rares. » Clerselier, dans un autre passage, confirme cette indication en signalant que le succès des conférences de Rohault était dû à la manière dont il présentait ses exposés : « en proposant les choses simplement et dans un ordre mathématique. » Ces affirmations générales sont appuyées d'exemples. Voici le plus net, celui qui montre que le disciple perfectionnait la méthode du maître. « Monsieur Descartes s'est simplement contenté de rendre raison de toutes les propriétés de l'aimant qui lui étaient connues..., mais il ne s'est pas mis en peine de les mettre dans un ordre qui en fit connaître la liaison et la dépendance. Or c'est ce que Monsieur Rohault faisait dans ses explications publiques où, après avoir rendu raison de trois ou quatre propriétés les plus communes de l'aimant, il en déduisait toutes les autres par une suite si nécessaire qu'il n'y avait personne dans l'assemblée qui ne les remarquât aussi bien que lui et qui n'en prévît l'effet avant que d'en venir à l'expérience. »[34]

L'application de cette méthode implique une liaison intime avec son objet. Au terme de la recherche la physique, libérée des impedimenta qui dissimulent sa structure interne, livre des corps et des phénomènes leurs essences ou leurs rapports conceptuels. Aussi bien, dans l'étude de la réflexion Rohault considère un corps indéformable. « Pour ne pas multiplier les difficultés », il néglige la grosseur, la figure, la pesanteur et la résistance de l'air. Il suppose même une vitesse uniforme dans le mouvement. — Dans l'étude d'un corps immergé qu'on tient suspendu par un fil, il suppose le fil impondérable. On peut généraliser cette procédure dans un domaine où les éléments négligés n'interviennent pas plus dans le calcul que la grandeur des côtés d'un triangle n'influence la démonstration d'un théorème.

Définitions essentielles et axiomes sont les principes physiques dont on tire déductivement les conséquences. Réduits à des notions idéales, les phénomènes doivent être reliés les uns aux autres dans leur ordre de dépendance selon la nécessité de leurs rapports. L'intelligibilité de la nature est à ce prix.

---

33. Part. III, chap. dernier, 37 *ad finem*.
34. ROHAULT, *Œuvres posthumes*. Paris, Desprez, 1682, préface.

De cette analyse on peut dégager cette conclusion. La méthode déductive est celle de la physique constituée. Elle trouve en mécanique son expression la plus parfaite.

Mais ce qui est premier dans la nature n'est pas premier pour nous. Autre chose est l'ordre logique de la connaissance ; et autre chose l'ordre chronologique de la découverte. Les rapports de principes à conséquences ne sont pas connus d'emblée. Avant de descendre « des causes aux effets » nous devons d'abord remonter « des effets aux causes ».

II. — La méthode de recherche

La fin de la physique réside, comme nous l'avons vu, dans l'explication des effets de la nature par leurs causes et par leurs raisons. Or cette explication ne peut être atteinte que par l'appréhension directe des phénomènes. Ceux-ci admettent des explications variables avec leur nature. Dans le cas d'un corps pris isolément, l'explication est dans sa structure moléculaire. Dans le cas d'un corps en rapport avec d'autres, l'explication est la mise en relief d'une relation constante. Dans les deux cas on ne peut connaître les manifestations du réel qu'en émettant une hypothèse dont on vérifie les conséquences par l'expérimentation. Telle est la méthode applicable à la physique en voie de constitution. On ne peut atteindre l'idéal de la science qu'après une recherche dont les étapes essentielles sont la formation de l'hypothèse et la déduction des conséquences.

A. — La formation de l'hypothèse

Une définition exprime une essence idéale, propriété à laquelle sont liées toutes les autres, selon un ordre de dépendance nécessaire [35]. Or, les essences et leurs rapports sont incarnés dans les faits d'expérience. Force nous est donc, pour les découvrir, de recourir à l'observation et à l'expérimentation. L'hypothèse a pour rôle de coordonner leurs résultats. Ainsi s'explique l'intérêt qui s'attache à cette démarche.

Avant de trouver sa formule dans une définition, l'hypothèse est une conjecture. Pour écarter les aléas qu'elle comporte, elle doit répondre à certaines conditions. Et, pour limiter préalablement les sources d'erreurs, nous devons avoir présentes à l'esprit deux distinctions.

35. 1re part., ch. VII, 9 *ad finem*.

L'hypothèse doit exprimer l'essence d'un corps. Nous devons donc éviter d'intégrer les accidents dans sa formule. Prenons le cas de la matière. Consistance, température, couleur, odeur, saveur, sont des qualités séparables de la matière : elles ne font donc pas partie de son essence. Nous devons distinguer les propriétés des accidents.

En outre, il faut éviter d'attribuer à la nature d'un corps la sensation qu'il provoque. Sans doute : « pour découvrir quelle peut être la nature d'un sujet », faut-il se proposer de trouver en lui une chose qui puisse servir à rendre raison de tous les effets dont l'expérience nous fait voir dont il est capable »[36]. Mais, « nous devons principalement nous garder de nous laisser prévenir de ce que peut être cette chose... »[37]. En prenant l'exemple du feu, ce serait en vain que nous chercherions à connaître sa nature, après lui avoir attribué une chaleur semblable à celle que nous ressentons en sa présence. En construisant sur un mauvais fondement on ne peut rien élever de solide. Nous devons distinguer ce que sont les choses en elles-mêmes de ce qu'elles sont par rapport à nous. La cause, qui exprime l'essence, se distingue donc des accidents et des sensations.

Outre les sources d'erreur provenant des confusions, Rohault mentionne deux sophismes.

L'un consiste à prendre pour cause ce qui n'est qu'un signe. Les anciens Égyptiens, après avoir distingué les jours de l'année solaire par les étoiles fixes dont le lever succède au coucher du soleil, pouvaient repérer la température propre à chaque saison. Mais, en mettant en rapport température et astres fixes pour affirmer qu'il est des astres humides dont le lever cause la pluie, d'autres qui causent la sécheresse, d'autres qui font croître certaines plantes, ils prenaient pour cause une simple concomitance[38].

Un autre sophisme consiste à prendre pour cause une rencontre fortuite. De ce que la maladie d'un prince coïncide avec telle disposition des astres il est tout aussi ridicule de voir un rapport d'effet à cause qu'en affirmant que la sortie de Socrate hors d'Athènes produit le tonnerre, pour avoir observé une fois une telle coexistence[39].

Quand, par la mise en garde contre les sophismes et les fausses confusions, les précautions élémentaires ont été prises,

---

36. 1re part., ch. III, 1.
37. *Ibid.*
38. 2e part., ch. XXVII, 5.
39. *Ibid.*, 9.

il reste encore pour éliminer les tentatives infructueuses, à s'assurer de l'accord d'une hypothèse avec la raison.

Il faut d'abord écarter l'hypothèse dont la clarté ou la justification rationnelle sont insuffisantes. Nous connaissons l'attitude de Rohault à l'égard de l'attraction et de la crainte du vide : ce sont « des choses qui paraissent à la vérité fort spécieuses, mais qui au fond ne sont que des chimères ... qui en bonne physique ne doivent pas être admises »[40]. Il incrimine ces notions pour leur obscurité. — Il adresse le même reproche à la notion d' « appétit » qui, selon Aristote, explique la pesanteur des corps ou leur légèreté. Les corps qui descendent seraient mus par un appétit qui les porterait vers le centre de la terre qui serait aussi celui de l'univers. Les corps qui montent seraient mus par un appétit contraire, qui les porterait à s'éloigner de ce centre. — D'autres philosophes ne reconnaissent qu'un seul appétit qui ferait tendre tous les corps vers le centre de l'univers et ils coordonnent cette notion avec des interférences de forces. — Pour Rohault, cette explication, pour autant qu'elle fait appel à la notion d'appétit est une absurdité ; et le terme, une étiquette verbale dissimulant l'ignorance. En outre, c'est sans raison qu'on affirme que le centre de la terre est aussi celui de l'univers. Car la connaissance du centre implique celle des extrémités. « Or, qui peut se vanter de connaître les extrémités de l'univers ? »[41]

Enfin, pour exorciser tous les fantômes, il faut rejeter l'hypothèse qui est en désaccord avec l'expérience. Il s'agit ici de « l'expérience que prévient le raisonnement ». Sa nature est ainsi précisée : « Lorsque, après avoir considéré les effets ordinaires d'un certain sujet, et formé une certaine idée de sa nature, c'est-à-dire de ce qui en lui le rend capable de ces effets », nous arrivons au raisonnement, nous pouvons affirmer « que si ce que nous croyons de sa nature est véritable, il faut nécessairement qu'en le disposant d'une certaine manière, il en arrive un nouvel effet auquel nous n'avions pas encore pensé ». Rohault ajoute : « Cette sorte d'expérience est particulièrement utile aux philosophes, parce qu'elle leur peut faire découvrir la vérité ou la fausseté des opinions qu'ils ont conçues. »[42]

Cette expérience donne lieu à la règle suivante : « Si ce que nous avons supposé ou établi pour expliquer la nature particulière d'un Être ne satisfait pas à tout ce qui nous en paraît, ou même se trouve évidemment contraire à une seule expérience,

---

40. 1re part., ch. XI, 14 *ad finem*.
41. 2e part., ch. XXVIII, 6.
42. Préface, § 17, *ad finem*, et § 18.

nous devons estimer notre conjecture ou notre pensée absolument fausse... » [43]

En vertu de cette règle on ne peut admettre l'opinion de Ptolémée sur la position de Vénus et de Mercure par rapport au Soleil. Lorsque Vénus est plus loin de la Terre que ne l'est le Soleil, elle présente de notre côté toute sa partie éclairée : elle paraît donc entièrement ronde. Il en est de même pour Mercure. Or, ces planètes ne nous apparaîtraient jamais en forme de sphère, si, comme le suppose Ptolémée, elles tournaient autour de la Terre. Dans cette disposition, nous ne pourrions donc voir qu'une partie de leur moitié éclairée. Elles nous apparaîtraient alors toujours en forme de croissant [44]. L'opinion de Ptolémée n'explique donc pas les divers mouvements de Vénus et de Mercure.

Règle de méthode. — Lorsqu'ont été écartées les sources d'erreurs, nous devons, dans le choix d'une hypothèse, observer la règle suivante. De deux hypothèses qui s'accordent avec l'expérience il faut préférer la plus simple, c'est-à-dire celle qui implique moins de suppositions accessoires. Une hypothèse est d'autant plus vraisemblable qu'il existe plus de phénomènes pouvant être expliqués par son moyen. Tel un alphabet qui permet de déchiffrer toute une lettre, la conjecture qui, conçue sur quelques propriétés en explique beaucoup d'autres, est solidement fondée [45]. Au contraire, la vraisemblance d'une hypothèse diminue avec son inaptitude déductive. Si, à chaque apparition d'un phénomène nouveau, nous devons recourir, pour l'expliquer, à une hypothèse secondaire, l'hypothèse principale ne présente aucun intérêt. Car, si nous n'en pouvons déduire aucune conséquence, nous avons aucun moyen de la confirmer et son pouvoir de prévision est nul.

A toutes ces exigences à l'endroit de l'hypothèse nous ne trouvons qu'une concession [46]. Si nous ne pouvons relier une nouvelle observation à une hypothèse qui explique par ailleurs une série de conséquences, nous ne devons pas renoncer à l'hypothèse. Car, de ce que nous ne discernons pas un rapport nous ne pouvons assurer qu'il n'existe pas. L'obscurité peut être imputable à notre défaut de clairvoyance. Elle peut aussi être provisoire et dissipée par une découverte nouvelle. C'est ainsi que les lunettes de Galilée ont servi à justifier l'hypothèse de Copernic sur les mouvements de Vénus et de Mercure [47].

43. 1re part., ch. III, 2.
44. 2e part., ch. XIV, 7, 8 et 9.
45. 1re part., ch. III, 4.
46. 1re part., ch. III, 6.
47. 2e part., ch. XIV, 7.

B. — La déduction des conséquences

Il nous reste à examiner comment, d'une hypothèse bien fondée, on peut déduire une série de conséquences.

Rappelons les affirmations essentielles de l'hypothèse mécaniste.

L'impulsion est la seule voie par laquelle nous concevions clairement comment un corps peut en mouvoir un autre (1re part., ch. XI, 14).

Un corps ne commence jamais à se mouvoir s'il n'est poussé par un autre qui le touche immédiatement (1re part., ch. XII, 10).

Par l'impulsion on peut rendre raison de tous les mouvements qu'on observe dans la nature (1re part., ch. XI, 14).

A ces thèses générales se rattachent toutes les hypothèses particulières.

Prenons comme exemple celle de la pesanteur de l'air pour en suivre les conséquences.

Cette hypothèse repose sur trois observations.

1. La montée de l'eau dans une seringue dont le piston est immergé.

Lorsqu'on plonge dans l'eau l'extrémité d'une seringue et qu'on en tire le piston, l'eau s'élève dans le cylindre.

On suppose que la portion d'eau qui correspond à l'ouverture du piston, en trouvant le vide au-dessus d'elle, est déterminée à s'élever dans le cylindre par le poids de l'air qui presse la surface environnante.

2. Autre observation, liée à la précédente : l'impossibilité de tirer le piston de la seringue dont l'extrémité est bouchée.

3. Ces deux observations qualitatives se précisent par une troisième. La pression de l'air n'est pas infinie. Si la seringue a des pores, ou si l'insertion du piston dans le cylindre n'est pas parfaite, on peut tirer le piston ; mais on éprouve une résistance. Et si on le lâche, il revient de lui-même avec impétuosité frapper le fond de la seringue. En fait, on constate l'élévation de l'eau jusqu'à la hauteur de 31,5 pieds.

En prenant pour hypothèse la pesanteur de l'air, voici les conséquences qu'on en peut tirer déductivement.

1. Un tuyau plein d'eau, renversé dans une cuve remplie du même liquide, ne doit pas se vider si sa hauteur n'excède pas 31,5 pieds, force du contre-poids de l'air.

Car la pression de l'eau à la surface de la cuve s'oppose à la descente de celle qui est contenue dans le tuyau. L'expérience vérifie cette prévision.

2. Le niveau du liquide doit être d'autant moins élevé que sa densité est supérieure à celle de l'eau. Si on emploie du mercure qui est environ 14 fois plus lourd que l'eau, l'air n'en soutiendra qu'environ la 14e partie de la hauteur de l'eau, soit 27,5 pouces. L'expérience confirme cette conséquence.

3. On doit présumer que le niveau du mercure variera avec la masse d'air, c'est-à-dire avec l'altitude. Or, l'expérience montre que 500 toises d'air correspondent à un abaissement du niveau du mercure de 3 pouces.

Cette indication nous permet de connaître la hauteur maxima de la masse d'air, en supposant sa condensation homogène et égale à celle qui avoisine la terre. Le calcul fournit le chiffre de 4583, 1/3 toises.

4. Puisque à la diminution de la pression d'air correspond un abaissement du niveau du mercure, on doit conclure que la

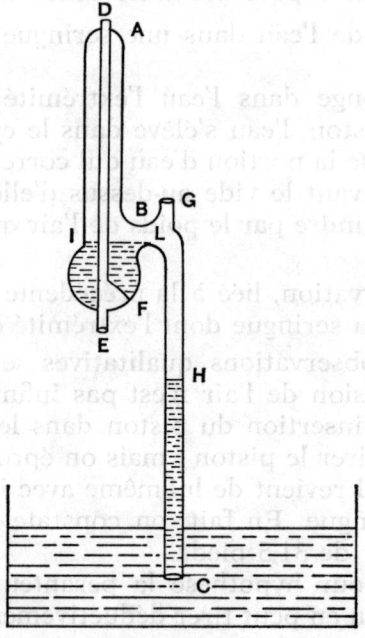

suppression totale de pression doit s'accompagner d'une chute du mercure au niveau de la cuve.

Ce résultat présumé peut être vérifié par l'expérience dite

« du double tube », qui permet de réaliser le vide au-dessus d'une cuve à mercure. L'appareil d'expérience, « construction tout à fait ingénieuse et particulière », selon l'expression de Clerselier, est une invention de Rohault. En voici la description. Soit un tube de verre BC, d'une longueur supérieure à 27,5 pouces, ouvert en C. Ce tube se prolonge en BA par un tube plus large, qui communique avec BC par le col BL et qui est fermé en A. DE est un petit tube fermé en D, qui sort du tube AB en FE et qui est ouvert en E. Ce petit tube, soudé extérieurement avec le tube AB communique avec lui par le petit orifice F. Enfin le grand tube BC est pourvu d'une ouverture G qui permet la communication de l'air extérieur avec celui du tube ABC.

Voici l'expérience. Après avoir obturé avec une vessie de porc l'ouverture G, on renverse le tuyau de manière à ce que l'extrémité C soit tournée vers le haut. Par l'orifice E on verse du mercure, qui remplit d'abord le petit tube DFE, ensuite le tube AB qui l'entoure. Quand le mercure est en B, par l'extrémité C on achève de remplir la partie BC jusqu'à ce que le mercure ait atteint l'ouverture E, qu'on bouche avec une vessie de porc. Le tube ABC étant plein, en appuyant le doigt sur l'ouverture C, on renverse l'appareil sur la cuve à mercure.

On constate le résultat suivant. Le tube AB et le petit tube DFE se vident jusqu'à la hauteur IL. Le tube BC se vide jusqu'à H, élevé de 27,5 pouces au-dessus de la cuve. — L'air extérieur ne pressant pas sur la surface IL du mercure contenu dans la cavité IFL, le mercure ne monte pas dans le petit tube DFE. Mais si l'on perce avec une épingle la vessie de porc qui ferme l'ouverture G, l'air pénètre dans la tubulure ABG et produit deux effets différents. Tout d'abord, en pressant sur le mercure qui est au-dessous de G, il le force à descendre. Ensuite, en pressant sur la surface IL de la cavité IFL, il provoque la montée du mercure dans le petit tube DFE et le remplit si sa hauteur n'excède pas 27,5 pouces. Au cours de l'expérience, en enfonçant et en retirant alternativement l'épingle, on voit simultanément la montée du mercure dans le petit tube DFE et sa descente dans le tube BC.

5. Après cette expérience, on peut être assuré que l'eau ne doit pas monter dans une seringue, quand on tire le piston, si le vase où elle plonge est à l'abri de toute pénétration de l'air. Telle est la conséquence que confirme l'expérience.

5 bis. Dans un tuyau de verre recourbé, dont les branches sont d'inégale largeur, le niveau de l'eau est plus élevé dans la petite branche que dans la grande. Et cette différence de niveau est proportionnelle à la différence des diamètres. La pression de l'air

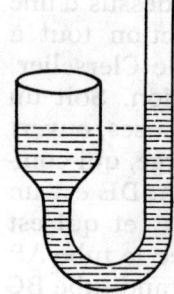
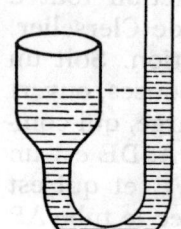

est d'autant plus forte que la surface exposée à l'air est plus étendue.

6. La pesanteur d'un corps dans l'air représente la différence de poids entre sa masse et celle d'une même masse d'air.

7. Ajoutons qu'un corps qui tombe en chute libre dans l'air n'augmente plus de vitesse quand la résistance de l'air devient égale à celle de son poids.

8. Les mouvements de l'océan sous l'action de la lune sont une conséquence de la pesanteur de l'air.

9. Signalons, pour terminer, une application, le siphon. Soit le siphon ABCD, dont la branche la plus courte est immergée dans une cuve à eau. L'air qui presse sur la surface de la cuve ne peut faire monter l'eau dans le siphon, parce que l'air intérieur au siphon s'y opose. La surface de l'eau est équilibrée par la pression d'air, égale de part et d'autre. Remplissons d'eau le siphon, par exemple par une aspiration à l'extrémité A. L'eau s'écoule et l'écoulement se poursuit jusqu'à ce que la branche CD soit en contact avec l'air. — En raison de la différence du poids d'eau des deux branches, l'air qui presse à la surface de la cuve a plus de force pour élever l'eau dans la petite branche que l'air qui agit à l'extrémité de la grande branche n'en a pour le repousser.

Tel est le prototype de l'hypothèse bien fondée qui, unifiant expériences et observations, permet de déduire les unes et les autres. Pour l'atteindre, il faut parcourir plusieurs étapes. Rohault les a suivies dans ses recherches sur la nature de l'aimant, qui révèlent la valeur des principes mécanistes. Il les mentionne dans le texte suivant : « Et d'abord je rapporterai quelques-unes de ses propriétés, auxquelles je me contenterai d'assigner une cause probable. Après quoi, je m'efforcerai d'établir la vérité de ma conjecture, en montrant que toutes les conséquences qu'on en peut tirer s'accordent avec l'expérience. »[48]

Ces phases peuvent s'accompagner de vicissitudes diverses, selon les exigences de la « méthode expérimentale ». Celle-ci procède par des alternances continuelles entre les principes, posés

---

48. 3ᵉ part., ch. VIII, 1.

provisoirement à titre d'hypothèses, et les faits observés : elle compare à ceux-ci les conséquences tirées déductivement des hypothèses, et retouche celles-ci ou les abandonne pour en essayer d'autres. Les hypothèses subissent des remaniements jusqu'à ce que toutes leurs conséquences soient en accord avec les faits. — En d'autres termes, les hypothèses sont d'abord reçues à titre provisoire, révocable, pour voir ce qui en résultera et juger en fin de compte de leur vérité ou de leur utilité d'après les conséquences. C'est pourquoi cette méthode est dite hypothético-déductive. Tel est le procédé habituel des physiciens modernes et l'un des instruments essentiels de la méthode expérimentale. Rohault en est l'un des premiers promoteurs.

Mais au terme de la recherche, l'hypothèse physique ne laisse pas d'être de même nature que l'hypothèse mathématique : elles sont, l'une et l'autre, catégoriquement affirmées. — D'ailleurs, il peut arriver de loin en loin qu'on soit conduit à réviser l'axiomatique d'une science déductive ou, par la réduction du nombre des notions, à chercher une axiomatique plus simple dont la première puisse être déduite, afin de la substituer à l'axiomatique antérieure sans changer l'ensemble de ses conséquences. Mais ces constructions ou ces superstructures exceptionnelles n'entrent pas dans la méthode déductive elle-même.

En outre, dans la « méthode hypothético-déductive » comme dans la « méthode déductive », la partie de raisonnement est strictement la même, comme l'a fait observer Claude Bernard. Et dans la physique, définitivement constituée, comme en mathématiques, on part d'un ensemble de « propositions premières » pour en tirer des conséquences sans faire appel à aucune donnée nouvelle au cours de cette déduction. En physique, comme en mathématiques, la méthode consiste donc dans la position d'une axiomatique et dans le développement de ses conséquences. La méthode hypothético-déductive s'achève dans la méthode déductive. On réalise ici le rêve de Descartes.

Conclusions

A. Sur la méthode dans les sciences.

1. *But de la science :*
   a) découverte des essences ;
   b) déduction des conséquences.

2. *Expérience et déduction : la méthode hypothético-déductive :*
   a) sa nature ;
   b) son caractère.

Rohault assigne aux recherches physiques un double but : la découverte des essences, la déduction de leurs conséquences. Ce but est atteint par l'hypothèse. L'hypothèse bien fondée concentre en elle les résultats de l'observation et de l'expérience : elle systématise le donné. Elle s'exprime dans une définition essentielle. Dès lors, le problème de méthode, dans la recherche, est celui-ci : quels sont, dans la formation de l'hypothèse, les rôles respectifs de l'expérience et de la déduction ?

Au seuil de la recherche, l'expérience, conjuguée avec l'observation, est indispensable à la connaissance du réel. Le monde eût pu être disposé d'une infinité de façons par le nombre et par l'arrangement des parties. Seule, l'expérience peut nous apprendre celle qui existe réellement [49]. Il faut donc remonter des effets aux causes pour risquer une hypothèse. Ainsi s'impose la nécessité de la procédure inductive. — L'expérience intervient encore, au sein de la recherche, pour juger l'hypothèse et pour permettre sa mise au point. La conjecture fondée sur l'observation ne peut être admise sans contrôle. Ce contrôle s'opère par les conséquences. L'expérience déduite de l'hypothèse consacre sa fausseté ou sa justesse.

Ainsi apparaît, au cours de la recherche, le rôle de la déduction. Elle permet de confronter avec l'expérience les conséquences de l'hypothèse. — D'une hypothèse fondée on peut tirer déductivement toutes les propriétés essentielles d'un sujet. Ce pouvoir de déduction est, pour l'hypothèse, le critère de sa valeur.

Expérience et déduction sont des démarches conjointes. L'emploi exclusif de l'une ou de l'autre est préjudiciable à la

---

49. Seconde partie, ch. I, 3.

recherche. En se confinant dans l'expérience, on se prive d'une longue suite de vérités qu'on peut souvent déduire d'une seule expérience. En outre, par l'expérience seule on n'atteint que les apparences sensibles, c'est-à-dire les plus grossières. — Inversement, lorsqu'on renonce à l'expérience pour raisonner sur des généralités sans descendre dans le concret, on reste sur un terrain vague et mal assuré où plane l'incertitude. Le raisonnement n'est opérant qu'en liaison immédiate avec l'expérience. Rohault condamne à la fois l'empirisme qui se confine dans les faits et la dialectique verbale qui plane dans le monde des concepts. Il recommande le concours de l'expérience et de la déduction pour étendre et assurer nos connaissances [50]. La procédure expérimentale est donc inséparable du raisonnement. Telle est sa nature.

Quel est son caractère ? L'induction qui précède une conjecture et l'expérimentation qui la suit ne sont pas des fins en soi. Elles ont valeur de moyens. Démarches provisoires, elles disparaissent devant les résultats, c'est-à-dire devant la découverte des essences et de leurs rapports. « Ces longues chaînes de raisons » dont parle Descartes ne sont le privilège d'aucune science : elles appartiennent à toutes. Il n'existe qu'un mouvement de pensée, celui qui va des principes aux conséquences pour mettre en lumière la nécessité des rapports.

B. Sur l'orientation de la physique.

1. *L'épuration de la physique.*
2. *L'explication mécaniste.*
3. *Homogénéisation et rationalisation.*

En quel sens Rohault a-t-il exercé une influence sur le développement des sciences ?

Il a contribué à libérer la physique de sa méthode dialectique et de ses éléments adventices.

Avant lui, les questions abstraites et générales, sur lesquelles on raisonnait interminablement, en matière de métaphysique, paralysaient la physique. — Le verbalisme des qualités occultes ou des entités scolastiques la stérilisaient. — Cette stagnation était accentuée par la soumission aveugle aux auteurs anciens. On s'appliquait aux ouvrages d'Aristote « pour y trouver ce qui n'y était pas » ou « pour commenter ce qu'il a écrit de la physique, sans rien avancer dans cette science ». Ainsi, on s'occupait

---

50. Préface, § 13, 14, 15.

bien plus « à étudier Aristote que la nature, qui peut-être n'est pas à beaucoup près si mystérieuse que lui »[51]. — Tous ces défauts, qui pendant plus de vingt siècles ont enrayé le progrès de la physique, procèdent d'une défectuosité de méthode. Ils sont imputables à une méprise sur « la manière de philosopher ». Rohault les a relevés et a travaillé à en épurer la physique. Il s'est attaché en particulier à soustraire les esprits de toute autorité asservissante, pour recommander le libre exercice de la pensée rationnelle. Il a contribué par là à rendre la physique plus homogène.

Il a coordonné ce travail un peu extérieur à une œuvre plus profonde : l'introduction de la mécanique dans toutes les ramifications de la science. Il a jugé que les physiciens devaient serrer de près les phénomènes, dans leurs coexistences ou leurs consécutions ; et qu'à cette fin, la mécanique, instrument parfait, mettait en lumière, par ses propositions démonstratives, la nécessité des rapports. Son opinion sur ce point est indiquée en ces termes : « je voudrais qu'après s'être un peu arrêté sur la notion générale du mouvement, l'on en examinât en détail et dans le particulier toutes les propriétés, en sorte que ce que l'on en dirait se pût rapporter à l'usage. Bref, je voudrais qu'on recherchât soigneusement ce qui peut déterminer la matière à un tel effet plutôt qu'à un autre... »[52] Nous avons vu que c'est en ce sens que lui-même a travaillé. La plupart des axiomes qu'il place à l'entrée de la physique sont empruntés aux lois du mouvement qui, elles-mêmes, président à toutes les explications, depuis les lois de la réflexion et de la réflexion jusqu'à celles des mouvements des astres. — Il construit la science en reconstruisant la nature, pour déceler, sous le voile des apparences, les engrenages du mécanisme. Il précise le sens de cette vue, en assignant pour objet immédiat à la physique la découverte des essences, et pour méthode définitive celle de « l'ordre mathématique », c'est-à-dire la méthode déductive. Cette méthode, seule, répond à l'hypothèse mécaniste : celle-ci révèle, sous la contingence des phénomènes, la nécessité des rapports ; celle-là substitue à des faits qui se succèdent ou qui s'accompagnent des vérités intemporelles. — Il se trompe parfois sur certain point de détail, par exemple sur la vitesse de la lumière, dont il affirme avec Descartes la propagation instantanée. Au XVIIe siècle on n'avait aucun moyen de mesurer des vitesses de l'ordre de 300.000 kilomètres

---

51. Préface, § 10.
52. Préface, § 12.

par seconde. Mais cette erreur n'affecte en rien le sens de sa méthode. — Par sa doctrine et par sa pratique, Rohault a contribué à la constitution d'une physique mathématique. Par là, il a rendu la physique plus rationnelle et consolidé l'homogénéité de sa structure. Ce double résultat s'inscrit en faveur de Rohault dans l'orientation de la physique.

CHAPITRE II

LA PART RESPECTIVE DE LA DÉDUCTION ET DE L'EXPÉRIENCE DANS LA PHYSIQUE DE REGIS

Pour avoir corrigé sur quelques points la méthode cartésienne, Rohault a livré une physique cohérente, dont l'homogénéité est le caractère essentiel. Ce même caractère est, pour Regis, la première préoccupation et l'idée directrice de sa physique. Dans la Préface au *Cours de Philosophie*, il observe qu'un assemblage de parties séparées, bien loin de donner l'idée parfaite d'un tout régulier, ne produit qu'un corps difforme et monstrueux. Il reprend la même idée, au seuil de sa physique, en comparant les hypothèses arbitraires à des ensembles juxtaposés, « aussi monstrueux que le portrait d'une femme qui finirait par la queue d'un poisson »[1]. Il exprime le désir de renoncer aux hypothèses « qui sont sans rapport entre elles et avec les premières vérités ». Son dessein est la systématisation des hypothèses. Il en marque les règles, le fondement et les conséquences, après avoir fixé sa situation dans l'ensemble de la physique. Cette doctrine de l'hypothèse *est celle de la déduction*.

I. — La déduction

Introduction :
idée qui préside à la constitution de la science

A. — La doctrine théorique : systématisation des hypothèses

1. Situation de l'hypothèse.

Pour fixer la situation de l'hypothèse, il est nécessaire de rappeler les différents types de corps : le corps géométrique, le

---

[1]. Cours entier de philosophie. — La physique, avertissement.

corps mécanique et le corps physique. Le corps géométrique, tel un carré ou un cube, est une figure régulière, envisagée sous l'aspect extérieur. Ses propriétés se déduisent de sa nature par une suite de démonstrations. — Le corps mécanique, une montre ou un moulin par exemples, se compose de parties sensibles dont les rapports et les effets s'expliquent par les lois du mouvement. Corps géométriques et corps mécaniques sont des formes artificielles résultant de l'industrie des hommes : elles excluent le recours à l'hypothèse. — Le corps physique, au contraire, une planète, un métal, etc., est une forme naturelle composée de parties imperceptibles, telles que grandeur, ordre, configuration, qu'on est obligé de deviner par leurs effets. La structure interne du corps physique est une énigme, résoluble par l'hypothèse. L'hypothèse est donc « problématique ». Elle l'est dans la modalité, non dans sa nature. Son incertitude porte seulement sur la particularité des structures, non sur le mécanisme lui-même. Le « problématisme » de l'hypothèse s'entend à l'intérieur du mécanisme.

La physique comprend donc deux parties : la physique pratique, qui est la connaissance des effets ; et la physique spéculative, la connaissance des causes, par voie d'hypothèses. L'intérêt de l'hypothèse est primordial dans la pratique. Conception d'un rapport nécessaire entre la structure d'un corps et ses effets, elle livre le secret des déterminismes naturels. Et, en permettant une action sur les causes, elle nous donne un certain empire sur les effets. Telle est la situation de l'hypothèse.

2. Règles de la systématisation des hypothèses.

a) *Accord avec les « premières vérités » ou principes : vérités métaphysiques et lois du mouvement.*

b) *Accord avec les autres hypothèses.*

Quelles sont les règles de la systématisation des hypothèses ?
Une hypothèse, pour être admise, doit remplir deux conditions.

La première est sa liaison avec les premières vérités : principes métaphysiques et lois du mouvement. Les principes métaphysiques sont des axiomes qui servent de règles pour juger de la vérité des choses, mais ne font connaître l'existence d'aucune. Signalons, à titre d'exemple, le premier axiome : le néant n'a aucune propriété. Ses conséquences sont les quatre axiomes suivants :

1. Tout effet présuppose une cause. — 2. Un effet ne peut

avoir plus de perfection que sa cause totale. — 3. Tout changement dans un sujet procède d'une cause extérieure. Cet axiome justifie le recours à l'expérience, pour juger de l'existence des choses par la sensation. Car, je ne puis pas à volonté, sentir ou ne pas sentir. — 4. La privation, c'est-à-dire le défaut d'une propriété qui convient à un sujet, et la négation, c'est-à-dire le défaut d'une propriété qui ne lui convient pas, ne sont pas connues par elles-mêmes, mais par les réalités ou perfections qui leur sont opposées [2].

Telles sont quelques propositions métaphysiques. De telles propositions, étant connues par elles-mêmes, sont le critère de la vérité des autres. Elles sont fondées sur l'esprit, dont la nature est telle que rien ne parvient à sa connaissance sans participer à sa nature. On ne s'en aperçoit pas toujours, parce qu'on ne distingue pas les vérités métaphysiques d'avec les choses métaphysiques, qui sont des substances intelligentes séparées de la matière. Les vérités métaphysiques sont les principes des sciences naturelles [3]. Une hypothèse ne saurait donc être admise sans y être conforme.

Les principes métaphysiques sont précisés par des déterminations particulières, les lois du mouvement. Ces lois produisent toutes les variétés de formes qu'on observe dans la nature. On peut donc trouver une explication mécanique de tous les phénomènes physiques.

Principes métaphysiques et lois de la mécanique constituent ensemble les premières vérités. Les hypothèses doivent en être « des suites et des dépendances nécessaires » en s'y rattachant comme des conséquences à leurs principes. Telle est la première condition d'une hypothèse.

La seconde condition est la liaison d'une hypothèse à toutes les autres. Car « les vérités naturelles ont une liaison nécessaire » [4].

Ces deux conditions sont exprimées dans la déclaration suivante, relative aux vraies hypothèses : « on ne doit recevoir que celles qui sont conformes à un système général, fondé sur les principes les plus constants de la nature » [5]. Un principe, étant nécessairement lié à toutes les vérités qui en dépendent, l'hypothèse, en tant qu'elle est assimilable à une vérité, ne peut être admise isolément. L'unification du système exclut l'hypothèse

---

2. *Métaphysique*, liv. Ier, 1re part., ch. I, 1re réflexion.
3. *Métaphysique*, Avertissement.
4. *Logique*, 4e part., ch. VI, § 3.
5. *Physique*, liv. II, part. II, ch. III, § 6.

indépendante, qui, en constituant un nouveau système, brise la continuité de l'explication.

3. Fondement : simplicité des voies de la nature.

L'exclusion de plusieurs systèmes d'explication repose sur le postulat, selon lequel la nature agit toujours selon les voies les plus simples. « Nous sommes persuadés, écrit Régis, que son action ne saurait être expliquée que par un seul système »[6]. Régis, insistant sur ce point, réitère son assomption, en affirmant que les vraies hypothèses sont celles « qui dépendent tellement les unes des autres, et toutes ensemble des premières vérités, qu'elles constituent un seul système »[7]. L'unicité de procédure par la simplicité des voies fonde la systématisation des hypothèses.

4. Conséquences.

a) *Réduction des explications aux premiers principes.*
b) *Emploi de la déduction.*

Ce fondement par postulat entraîne deux conséquences. La première est la réduction des explications aux premiers principes. Cette réduction, nous l'avons vu, est la règle de systématisation des hypothèses. On est assuré de l'avoir atteinte, en montrant qu'une hypothèse différente conduirait à attribuer au néant quelque propriété. La preuve par l'absurde établit la justesse d'une hypothèse.

Seconde conséquence : l'unification d'un système explicatif s'opère en toute rigueur par la déduction qui en est la forme la plus parfaite. Ainsi apparaît le rôle de la déduction à chaque étage de la systématisation. En premier lieu, l'hypothèse prise en elle-même est un principe d'explication dont on peut déduire toutes les propriétés d'un sujet. En second lieu, l'hypothèse doit se rattacher aux premières vérités, comme une conséquence à son principe. Enfin, l'hypothèse doit prendre rang dans la chaîne déductive de toutes les autres.

Telle est la doctrine théorique de Régis sur la déduction.

---

6. *Physique*, Avertissement.
7. *Ibid.*

B. — Application à la formation de l'Univers : la théorie des tourbillons

En application de sa doctrine à la matière, Régis propose une hypothèse cosmogonique : la théorie des tourbillons.

1. La formation des tourbillons.

Les lois de la réflexion et du choc des corps peuvent nous fournir de la formation de l'Univers une représentation valable. Esquissons à grands traits la formation des tourbillons, avant d'indiquer les premières formes de la matière et un effet du mouvement circulaire.

Selon les lois de la mécanique, la matière a dû se disposer en plusieurs tourbillons. Un tourbillon est constitué par un astre qui en occupe le centre et par des corps qui gravitent autour de lui, planètes et comètes.

Dans un tourbillon, chaque point de la superficie décrit une trajectoire qui est un cercle excentrique. Mais deux points, les pôles, tournent sur eux-mêmes. Chaque tourbillon possède un axe, la ligne des pôles, et une écliptique, le cercle équidistant des pôles.

Les tourbillons ayant des forces égales et opposées, ne peuvent se communiquer leur mouvement. Ce mouvement doit être éternel.

Les planètes, engagées dans leur propre tourbillon, n'en peuvent sortir. En outre, elles sont contraintes de tourner autour de leur propre axe : elles forment ainsi un petit tourbillon. Mais les comètes passent d'un tourbillon dans un autre, sans pouvoir se fixer dans aucun.

2. Les premières formes de la matière.

Quelles sont dans les tourbillons les premières formes de la matière ? En nous fondant encore sur les lois de la mécanique, nous pouvons prévoir les premières formes de la matière qui composent les tourbillons. Les corps résistant moins par les angles et par les arêtes que par les faces, s'arrondissent à la suite des chocs, de manière à résister également de tous côtés. Nous pouvons distinguer trois formes.

La première, la poussière de la raclure, qui s'est séparée des angles et des arêtes, a pris une si grande vitesse que la force de son agitation l'a rendue toujours plus subtile. Elle constitue le *premier élément*, l'élément du Feu. — La seconde forme, celle des parties arrondies par le détachement de la raclure, constitue le *second élément*, l'élément de l'Air. — La troisième forme, celle des parties les plus grosses et les plus irrégulières, qui sont plus propres à s'accrocher qu'à se mouvoir, constitue le *troisième élément*, l'élément de la Terre [8].

On peut préciser la situation respective des trois éléments, dans chaque tourbillon. Quand plusieurs corps se meuvent circulairement autour d'un même axe, les plus forts se dirigent vers la circonférence, tandis que les plus faibles sont chassés vers le centre. En vertu de cette loi, les parties du second élément, qui sont plus fortes que celles du premier, s'éloignent davantage du centre du mouvement et, en s'éloignant, repoussent les parties du premier élément. Ainsi, au centre de chaque tourbillon se trouve un corps constitué du seul premier élément : on l'appelle un Astre. — Les parties du second élément les plus proches du centre, étant entraînées par l'Astre, décrivent leurs trajectoires plus rapidement que celles qui en sont plus éloignées. Leurs parties sont plus petites. Elles constituent la matière céleste, ou éthérée. Enfin, à la périphérie de chaque tourbillon se sont formés des corps du troisième élément, les Planètes. Ces corps sont contraints de se mouvoir circulairement autour de l'Astre central, à des distances plus ou moins grandes selon qu'ils sont plus ou moins solides. Tournant aussi autour de leur propre centre, ils composent ainsi de petits tourbillons. Des corps du troisième élément, plus petits que les Planètes mais plus solides, peuvent se mouvoir autour d'elles : tels sont les satellites.

3. Un effet remarquable du mouvement circulaire : la pesanteur des corps.

A ces indications, Régis ajoute « l'un des effets les plus considérables du mouvement circulaire » : la pesanteur des corps dans le tourbillon d'une planète. La déduction de cet effet porte sur quatre points. 1. Les corps s'éloignent ou s'approchent du centre de leur mouvement, selon leur degré de force. — 2. Les corps se meuvent, non par une ligne perpendiculaire, comme ils le paraissent, mais par une ligne courbe. Car leur mouvement est composé du droit et du circulaire. — 3. Les corps pesants passent par tous les degrés de vitesse. — 4. Un même corps pèse davantage aux pôles qu'à l'équateur des planètes.

---

8. *Physique*, liv. II, ch. VI.

4. Conclusion : portée et limites de la déduction.

Telles sont les conséquences que nous pouvons tirer déductivement de la seule notion de matière par les lois du mouvement : elles constituent la théorie des tourbillons. Cette théorie est la représentation « la plus concevable » de la formation de l'Univers. La déduction dont elle procède ne peut nous fournir rien de plus. Pour aller plus loin, nous devons recourir à l'expérience, en vertu du 4e axiome des premières réflexions métaphysiques [9], précisé par la loi de la sensation [10].

II. — L'Expérience

Introduction : Sa nécessité et son rôle.

Il est nécessaire de consulter l'expérience pour savoir ce qu'il y a dans notre monde, c'est-à-dire pour connaître l'existence, le nombre et la situation des corps particuliers. Sur ces trois points, les sens sont seuls juges. — De plus, l'appel à l'expérience vise à « rendre raison des apparences des corps », tout en expliquant encore « toutes ces apparences, sans supposer autre chose que la matière et les lois du mouvement » [11]. Telle est la déclaration de Régis au seuil de sa physique expérimentale. Ainsi, la seule notion de matière et les lois du mouvement qui expliquent la formation du monde selon la théorie des tourbillons suffisent aussi à expliquer les effets réels de la nature, car ceux-ci procèdent des différentes combinaisons des lois de la mécanique, dans leur application aux corps particuliers. Autrement dit, la déduction, dans le cadre des possibilités mécaniques, n'est pas différente dans le cadre des réalités naturelles. Plus exactement, la même déduction qui s'applique à la masse élémentaire s'applique aussi aux corps particuliers. L'expérience a pour rôle de compléter, en la « rectifiant » [12], la conception théorique, en intégrant les explications de l'expérience dans la grande chaîne déductive.

C'est dire que nous restons toujours sur le même plan de l'explication. Nous ne prenons de l'expérience que les principes explicatifs, c'est-à-dire les résultats de l'explication, ou, si l'on veut, les lois qui relèvent de la mécanique rationnelle. Nous

---

9. *Métaphysique*, liv. I, part. I, ch. I, *ad finem*.
10. *Métaphysique*, liv. I, part. I, ch. XIV.
11. *Physique*, liv. III, Avertissement, § 1.
12. *Épître*, § 1.

considérons les expériences dans leurs effets, pour ne retenir que leurs causes. Nous ne quittons pas le domaine de la « physique spéculative ». Par là est respectée la règle de l'homogénéité, fil d'Ariane dans la systématisation des hypothèses.

***

Examinons l'application de ces principes à l'explication de corps.

A) Voyons d'abord ce que nous pouvons tirer de l'observation pour expliquer les apparences des corps célestes.

Par les résultats déduits de la notion de matière et des lois de la mécanique, nous pouvons exclure *a priori* l'explication selon laquelle la Terre est immobile au centre du monde. On ne peut donc admettre l'hypothèse de Ptolémée sur les apparences du Soleil et sur la situation des parties de l'Univers.

Or, l'expérience confirme cette exclusion et condamne en particulier l'hypothèse de Ptolémée par les phases de Vénus et de Mercure.

L'hypothèse de Régis est celle de Copernic, portée à une puissance supérieure. L'hypothèse de Copernic, étant présentée comme simplement possible, est, pour Régis, purement arbitraire. L'hypothèse de Régis, fondée sur des raisons démonstratives, les lois de la mécanique, a valeur de connaissance certaine et évidente. En tant que telle, elle prend rang dans la science.

B) L'explication des corps terrestres et des météores.

Voyons comment se particularise l'explication mécaniste dans ses différentes applications aux corps terrestres et aux météores.

1. **Corps terrestres.**

   1. *Nature et propriétés.*
   2. *Exemples :*
      a) L'air.
      b) Le verre.

Pour rendre raison des effets des corps terrestres, l'explication doit déterminer les situations relatives des éléments de la matière. Rappelons leur existence avant de préciser le mode d'explication.

Au cours de la formation des tourbillons, la matière, en se divisant, a pris la forme de trois éléments. Ce sont ces éléments qui, dans notre propre tourbillon, constituent les corps qui composent la Terre. Les parties du *troisième élément* ont des figures irrégulières, qui ne peuvent s'unir étroitement. Les interstices qu'elles laissent entre elles, les pores, peuvent recevoir des autres corps des particules assez subtiles ou assez agitées pour les pénétrer. La matière du *premier élément*, qui coule continuellement des tourbillons voisins, doit donc nécessairement entrer dans ces pores. En outre, comme elle est constamment poussée par la matière du *second élément*, elle doit résider principalement au centre de la masse élémentaire. Ces trois éléments originels entrent en quantités variables dans la composition des corps.

Dès lors, toute l'explication consiste à supposer, au sein des corps terrestres, la forme et la disposition des éléments qui, selon les lois de la mécanique, détermine ces corps à produire leurs effets. Par là, nous posons de vraies hypothèses, ayant valeur de « principes de physique », pour « rendre raison comme *a priori* de toutes les propriétés des corps » [13].

Pour illustrer cette procédure, prenons deux exemples, en considérant l'air et le verre.

1ᵉʳ exemple. — Les propriétés de l'air peuvent se déduire de son origine et de sa nature.

Origine. — Les parties les plus grossières du premier élément, qui remplissent les pores de la terre intérieure, sont rejetées à la surface par le mouvement circulaire de la Terre. Telle est l'origine des particules d'air dont l'ensemble constitue l'atmosphère.

Chaque particule d'air est ramifiée en forme de branches. Celles-ci, formées des particules irrégulières du premier élément, ne peuvent s'unir sans laisser entre elles des intervalles, qui sont remplis de la matière la plus subtile du premier élément : d'où leur élasticité et leur aptitude à être pliées en tous sens. Cette nature permet d'expliquer les propriétés de l'air : condensation, dilatation.

Propriétés. — L'air peut se condenser. Ses particules, à cause de leurs ramifications, sont très compressibles : leur pression est assimilable à la force d'un ressort. — Cette condensation tient à ce que la matière subtile a été chassée des interstices qu'elle occupe dans chaque particule. Celle-ci, n'ayant plus l'espace nécessaire pour se mouvoir librement, diminue ainsi son agitation.

---

13. *Physique*, liv. IV, Avertissement.

En vertu de cette propriété, l'air qui avoisine la Terre doit être plus condensé que dans les hauteurs, de tout le poids de la colonne d'air qu'il soutient.

Inversement, l'air peut se dilater, soit en se détendant de toute la force avec laquelle il a été comprimé, soit par l'action de la matière subtile qui tend de l'extérieur à rentrer dans les pores d'où elle a été chassée, soit enfin par l'agitation extrême de cette même matière qui, mouvant intérieurement les ramifications, les forces à s'étendre.

Application. — L'invention des fontaines jaillissantes est fondée sur ces propriétés.

Soit le vase ABCD, contenant de l'eau jusqu'au niveau IL. A l'ouverture AD, on soude un tube EF, dont l'extrémité E plonge au fond du vase. Une clef G permet d'ouvrir ou de fermer ce tube.

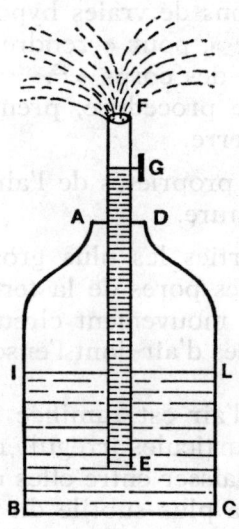

A l'aide d'une seringue, on introduit dans la cavité IL de l'air qui se condense avec celui qui s'y trouve déjà. Puis, on retire la seringue et on ouvre le robinet G.

On voit alors que l'air, pressant la surface de l'eau, la contraint de sortir avec impétuosité par l'ouverture F.

Les expériences rapportées sur la pesanteur de l'air reproduisent celles de Rohault.

Second exemple. — En considérant le verre, dans sa matière et dans sa « forme », c'est-à-dire dans son essence, nous pouvons rendre raison de ses propriétés par le même procédé d'explication.

Lorsqu'on fait cuire les cendres de certains corps, le feu consume les angles de leurs parties intégrantes et, diminuant ainsi leurs interstices, leur permet de s'unir en un corps dur et transparent.

De cette indication génétique, on peut déduire toutes les propriétés du verre, notamment sa fusion, sa fragilité, sa transparence.

La transparence du verre s'explique par la rectitude de ses pores, qui donnent livre passage à la lumière. — Si on mêle au verre un métal ou une autre matière dont les parties ne se laissent pas polir aussi aisément que celles des cendres par l'action du feu, le verre prend diverses couleurs. Les parties irrégulières de ces corps étrangers pénètrent les pores du verre.

Fusion. — Toutes les parties du verre peuvent être mues séparément par un feu violent et prendre toutes les figures qu'on leur donne, pour ne conserver, en se refroidissant, que la dernière.

Cette propriété du verre tient à ce que le feu, agitant ses parties intégrantes, les engage les unes dans les autres sans les séparer tout à fait. En se refroidissant, les parties intégrantes perdent leur souplesse au point de n'avoir plus entre elles aucune liaison ; on ne saurait alors les mouvoir sans les séparer entièrement.

Fragilité. — Le verre froid est cassant.

Et il l'est beaucoup plus si on le retire brusquement du feu que si on le laisse refroidir progressivement.

Cette propriété tient à ce que les pores du verre, qui sont plus larges quand le verre est chaud, rétrécissent inégalement dans un refroidissement prompt. Le second élément, qui pénètre ces pores, tend à dilater ceux qui se sont rétrécis. En écartant ainsi les parties du verre, il les sépare tout à fait. Car, ces parties ne tenant ensemble que par des surfaces très restreintes, quand l'une est séparée de l'autre toutes celles qui suivent dans la même ligne se séparent aussi. Les verres à boire se brisent tous, quand on les refroidit promptement en les exposant à l'air.

Inversement dans un refroidissement lent, toutes les parties se refroidissant en même temps, les pores se rétrécissent partout également. La matière du second élément étant ainsi répartie également, la pression est la même.

Confirmation. — Cette explication peut être confirmée par l'effet d'une larme de verre, fabriquée en Hollande.

D'un verre grossier, semblable à celui des vitres, elle est toute massive.

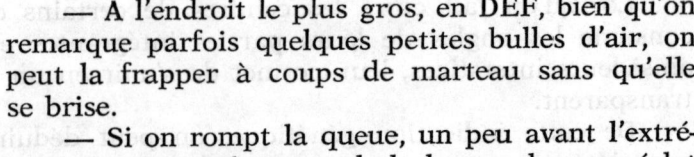

— A l'endroit le plus gros, en DEF, bien qu'on remarque parfois quelques petites bulles d'air, on peut la frapper à coups de marteau sans qu'elle se brise.

— Si on rompt la queue, un peu avant l'extrémité, en B, tout le corps de la larme, dans un éclat violent, se dissipe en une poussière, dont les grains peuvent être pressés entre les doigts sans risque de piqûre.

Explication. — La cause de ce phénomène est dans la structure de la larme. Après sa fabrication, on la refroidit brusquement en la trempant dans l'eau. Par ce procédé, les parties les plus proches de la surface se refroidissent les premières ; et ainsi, elles se resserrent de telle sorte que leurs pores ne peuvent plus recevoir que la matière la plus subtile du premier élément. — Les parties intérieures, qui se refroidissent après les autres, ne peuvent se resserrer aussi, parce que les parties extérieures, déjà durcies, ne les pressent nullement. Les pores du milieu de la larme sont donc beaucoup plus grands que ceux des extrémités et ils diminuent du centre à la périphérie. Nous avons dans cette situation la cause nécessaire de l'effet qui paraît surprenant.

— La larme ne se casse pas d'elle-même. Car toutes les parties extérieures ayant été refroidies également, leurs pores se sont rétrécis également, si bien que la matière du second élément, étant également répartie, a partout la même pression.

— La larme ne se casse pas encore si l'on rompt l'extrémité A : étant très mince à cet endroit, elle s'est refroidie à peu près aussi tôt à l'extérieur qu'à l'intérieur. Aussi, la matière du second élément ne passe-t-elle pas en plus grande quantité à cet endroit, qu'il soit ou qu'il ne soit pas rompu.

— Mais la rupture en B découvre de grands pores, par lesquels entrent brusquement et en grande quantité les parties les plus grossières de la matière du second élément : continuant rapidement leur chemin vers les points de la superficie où les pores se rétrécissent de plus en plus, elles sont contraintes d'écarter de tous côtés les parties du verre : la larme se réduit en poussière.

La contre-expérience confirme ce résultat. Si, après sa fabrication, on laisse la larme se refroidir lentement, elle ne se casse pas, malgré la présence de quelques bulles d'air. Les pores du verre étant tous également rétrécis, en quelque endroit qu'on rompe l'extrémité, la matière du second élément a partout la même pression.

Tous les corps terrestres s'expliquent par la forme et par la disposition des trois éléments accommodés aux lois de la mécanique.

2. **Les météores :**

Vapeurs et exhalaisons.

En passant des corps terrestres aux météores, « phénomènes qui se produisent dans l'atmosphère », Régis avertit que les raisons qui expliquent ces phénomènes ne dépendent d'*aucune nouvelle hypothèse*. Elles sont « des suites nécessaires des lois générales du mouvement et de la construction particulière de la Masse élémentaire », telles qu'elles sont établies au début de sa physique.

En examinant sur un exemple comment, dans ce département, se présente l'explication mécaniste, nous pourrons constater qu'elle ne change pas de nature.

Suivons dans leur développement les vapeurs et les exhalaisons.

Pour expliquer leur action, considérons leur origine, leurs causes et leurs propriétés.

Les vapeurs sont des particules d'eau ; les exhalaisons, des particules de corps terrestres autres que l'eau. En raison de leur ténuité, de leur figure et de leur situation, ces particules se séparent des autres et s'élèvent en l'air sous l'influence de trois causes : la chaleur du soleil, le mouvement circulaire de la terre et la matière subtile.

Considérons l'influence de la matière subtile. Elle se ménage toujours un passage entre l'air et l'eau, de manière à engainer chaque goutte de vapeur. Quand les gouttes de vapeur diminuent, l'enveloppe de matière subtile augmente d'épaisseur autour d'elles. Or, les gouttes de vapeur peuvent se rétracter au point que l'enveloppe de matière subtile surpasse considérablement la masse d'eau de chaque goutte. Dans ce cas, chaque globe, composé d'eau et de matière subtile pèsera moins qu'un égal volume d'air. Il montera alors jusqu'à la hauteur où l'air raréfié pèsera autant que lui.

Ainsi s'explique la suspension dans l'air des bulles de savon. Une telle bulle est une eau très mince dont la superficie est très grande par rapport à la masse. La matière subtile, qui est contenue dans la bulle et qui l'enveloppe en la séparant de l'air, forme donc avec elle un corps plus léger qu'un égal volume d'air. Quand la bulle éclate, la goutte, réduite à une moindre superficie et à une moindre enveloppe de matière subtile, tombe à terre. On en peut conclure que l'air chargé de vapeurs est plus léger qu'une égale quantité d'air pur, comme le montre une moindre ascension de mercure dans un baromètre.

Ainsi, plusieurs causes, chacune à sa manière, concourent à l'élévation des vapeurs et des exhalaisons. La chaleur divise l'eau en ses parties insensibles. Le mouvement circulaire de la Terre pousse ces particules loin du centre. Et la matière subtile, en les allégeant, les tient suspendues en l'air.

Les vapeurs sont susceptibles de diverses propriétés.

Elles peuvent occuper plus d'espace que l'eau dont elles émanent, en s'étendant sur toute leur longueur grâce à leur agitation. Selon les circonstances, elles peuvent être pesantes ou légères, chaudes ou froides, transparentes ou obscures, humides ou sèches.

Ces propriétés des vapeurs nous permettent de déduire leur action. Les vapeurs d'eau, en se dégageant, s'insinuent dans les pores de certains corps. De même qu'un coin assez mince a d'autant plus de force qu'il a plus de superficie par rapport à sa masse, de même, les vapeurs, malgré leur ténuité, ne laissent pas de dilater fortement les corps dont elles pénètrent les pores. Inversement, les parties des corps dilatés, tendant à se rapprocher, resserrent ces corps avec la même force.

Puisque les corps se dilatent sous l'action des vapeurs qui les pénètrent, on peut marquer par la quantité de dilatation le degré d'humidité. Celui-ci se mesure au moyen d'hygromètres.

Outre la dilatation des corps, on peut considérer la raréfaction de l'air et, par cette propriété, mesurer le degré de température. Tel est l'usage du thermomètre.

Enfin les vapeurs contribuent à rendre l'air plus lourd ou plus léger. Les baromètres servent à mesurer le poids de l'air. Comme il existe une corrélation entre la légéreté de l'air d'une part, et d'autre part la disposition du temps à la pluie et la direction de certains vents, certaines prévisions sont possibles.

Telle est l'action exercée par les vapeurs et les exhalaisons. Celles-ci peuvent aussi se transformer sous certaines influences. Ces transformations constituent l'origine des brouillards, de la bruine, de la gelée blanche et de la rosée.

Les vapeurs et les exhalaisons, en se condensant, forment les brouillards. Les gouttes de brouillards sont d'autant plus compactes que les particules des vapeurs et des exhalaisons sont plus rapprochées et plus abondantes. Mais elles ne peuvent s'alourdir que jusqu'à un certain point, au-delà duquel elles se résolvent, par leur pesanteur, en pluie fine, la bruine. Sous l'action du froid, elles peuvent se convertir en parcelles de glace, la gelée blanche.

La conversion des vapeurs en eau ou en glace exige le concours de deux causes : la froidure de l'air et l'abondance des vapeurs. Si les vapeurs sont éparses, l'intensité de la froidure est inopérante. Et si elles sont rapprochées, elles ne peuvent se réunir sans un certain degré de froidure.

La formation des brouillards se produit plus particulièrement au printemps dans les pays montagneux, où les différences de températures sont plus sensibles et où les vents convergents condensent les vapeurs.

L'origine de la gelée blanche relève des mêmes causes. En été et en automne, l'air est chargé de vapeurs qui se sont élevées par la chaleur du jour. Ces vapeurs, en se condensant en gouttes sur les feuilles des plantes, sous l'influence de la froidure de la nuit, produisent la rosée. Celle-ci est d'autant plus abondante que la chaleur du jour a été plus forte et la froidure de la nuit plus grande.

Telle est, sur un exemple, l'explication mécaniste, qui s'étend à tous les météores.

La pratique effective de Régis est conforme à sa doctrine théorique. L'explication des météores, comme celle de la structure des corps terrestres, se fonde sur la matière et le mouvement, seuls moyens de bord. Ces moyens sont aussi ceux de la biologie et de la psychologie.

C. Les corps animés

Justiciables des mêmes principes d'explication que les corps animés.

Sur l'application du mécanisme à la biologie, nous sommes renseignés par la déclaration suivante. On ne saurait chercher les causes des corps *naturels* ailleurs que « dans la construction générale de l'Univers et dans la disposition particulière de la Masse élémentaire », pas plus qu'on ne saurait chercher les causes des mouvements d'une montre en dehors de la force de son ressort et de la disposition de ses roues. Dès lors, on conçoit que les corps animés, en tant que corps naturels, sont justiciables des mêmes principes d'explication que les corps inanimés. Cependant, tandis que les corps inanimés « dépendent de certaines causes universelles qui agissent toujours de la même manière » c'est-à-dire « des lois les plus générales de la nature », les fonctions des animaux sont produites par des organes « qui agissent de différentes façons, et qui dépendent des lois de la nature les plus particulières » [14].

En fait, l'explication des corps animés est plus complexe, en ce sens qu'elle dépend à la fois de la physique et de la mécanique. Lorsqu'on pénètre dans les grottes de certaines fontaines, en s'approchant d'une Diane qui se baigne on la fait cacher dans des roseaux ; et, si on avance pour la poursuivre, on fait apparaître un Neptune menaçant. Semblables aux dispositifs de ces fontaines, les mouvements des animaux relèvent de la mécanique. Mais par leurs parties imperceptibles, la structure des organes dont se compose la machine animale relève de la physique. Or la physique rejoint la mécanique par voie d'hypothèse. L'explication des êtres animés est donc réductible à la mécanique : elle consiste à considérer matière et mouvement à l'origine de leur action. La formation d'une plante ou le développement embryogénique d'un animal nous font connaître leur constitution. Physiologies animale et humaine procèdent du même mécanisme : aux bêtes-machines répond l'homme-machine. La botanique et les zoologies sont des chapitres de la physique théorique. Nous allons voir que la psychologie, en un certain sens, en est un autre.

D. Les fonctions psychologiques

En psychologie, comme dans les autres domaines de la nature, Régis se place au point de vue de la méthode. A cet égard, il précise sa position dans l'Avertissement du VIIIe livre de sa physique. « On peut traiter mécaniquement, écrit-il, toutes les fonctions psychiques, en les considérant, non pas comme des modifications de l'âme, mais comme des « suites de l'union de l'esprit et du corps, c'est-à-dire en tant seulement qu'elles dépendent du corps pour être produites dans l'âme ».

Selon cette méthode, il étudie non seulement les passions, mais aussi les opérations proprement intellectuelles, telles que l'imagination et le jugement. L'explication de ces fonctions relève du principe suivant. En vertu des lois de l'union de l'âme et du corps, à tout mouvement cérébral correspond une idée. Et l'es-

---

14. *Physique*, liv. VII, Avertissement.

prit, envisagé sous l'aspect de son union au corps, a pour fin de connaître et de sentir le corps par l'entremise des sens ou de l'imagination.

Examinons la fonction imaginative. Son substrat organique est localisé dans le cerveau au point de rencontre des fibres nerveuses, le centre ovale, qui, par les organes des sens, reçoit les traces des objets extérieurs. Cet organe est comparable aux arbres d'une épaisse forêt dont les branches s'entrecroisent ; et l'action des objets extérieurs, au changement que pourrait apporter à l'état de ces arbres le cours du vent ou le passage d'un animal. L'imagination a donc pour cause physique des impressions sensibles de fibres nerveuses qui persistent sous forme de traces. Celles-ci, rouvertes par l'influx nerveux, font renaître dans l'âme les images qui leur sont liées par nature ou par habitude. Entre la fonction de sentir et celle d'imaginer il existe des rapports étroits. Tout d'abord les images correspondent aux sensations : nous ne pouvons rien imaginer que nous n'ayons d'abord senti. Les songes et les rêveries, qui résultent du libre exercice de l'influx nerveux, empruntent aux sensations leurs matériaux. Outre cette correspondance, il n'existe entre la sensation et l'imagination qu'une différence de degré. En général les fibres nerveuses sont plus fortement ébranlées par les objets sensibles que par les objets imaginés. Mais, parfois, sous l'empire de la fièvre par exemple, l'influx nerveux peut agiter les traces cérébrales, en l'absence des objets sensibles, avec autant de force qu'en leur présence. On sent alors ce qu'on ne devrait qu'imaginer. L'imagination, mise en échec dans certains cas, peut prévaloir dans d'autres, en atténuant ou même en supprimant l'action des objets sensibles. Ainsi la représentation fréquente d'une douleur attendue peut amoindrir l'impression de cette douleur et la douleur même. L'âme est alors d'autant moins sensible à son objet qu'elle s'applique plus fortement à la pensée qu'elle en a. L'influx nerveux se partage ici entre la trace de la sensation et celle de l'imagination. L'imagination peut même annuler la sensation. Dans certains états de concentration intense, l'esprit n'enregistre plus les impressions sensibles. L'influx nerveux déterminé à parcourir la trace dont dépend la pensée, s'oppose aux excitations extérieures.

Cette alternance de primauté, qui révèle un équilibre entre la sensation et l'imagination, montre que l'action corrélative de ces deux fonctions procède d'un même organe.

Le jugement, comme l'imagination, a ses causes physiques. L'influx nerveux, en rouvrant alternativement les traces du sujet et de l'attribut, permet la comparaison des termes, pour affirmer un rapport de convenance ou de disconvenance. Le jugement vrai dépend de deux conditions : la netteté des traces respectives du sujet et de l'attribut, et un cours modéré de l'influx nerveux. Dans nos connaissances, la netteté des idées tient à ce que les fibres nerveuses reçoivent autant d'ébranlements différents qu'il existe de propriétés différentes dans l'objet considéré. C'est ainsi que lorsqu'on voit un homme de loin, son image est si confuse qu'on ne peut dire précisément qu'il est un homme ou une chose. A mesure qu'il s'approche, toutes les parties de son corps, agissant sur les sens, impriment distinctement leurs traces. Aussi, la netteté du jugement dépend-elle de la netteté des traces de l'imagination. Cependant, si distinctes que soient les traces du sujet et de l'attribut, si l'influx nerveux coule trop promptement d'une trace dans l'autre, l'esprit, ne pouvant considérer attentivement les propriétés de chaque terme, juge mal, comme en témoignent les jugements délirants des fiévreux. La distinction des traces doit donc s'associer au cours modéré de l'influx nerveux, dont dépend l'attention.

Telles sont les « causes physiques » du jugement. Elles se réduisent aux conditions physiologiques de l'attention et à celles de l'imagination.

Le raisonnement a aussi ses causes physiques. Prenons l'exemple du syllogisme. On ne peut connaître les rapports de convenance ou de disconvenance des termes de la conclusion que par la considération d'un moyen terme. Il faut donc penser que l'influx nerveux rouvre les traces de ce moyen terme pour passer ensuite dans celles des termes de la conclusion. Les conditions du raisonnement ne diffèrent pas de celles du jugement.

Le rôle de l'organisme, nécessaire à l'exercice des fonctions intellectuelles, apparaît avec plus de relief dans les passions.

Les passions sont produites par des mouvements de l'influx nerveux, provenant des traces de certains objets, contraires ou conformes à notre nature. Le réveil de ces traces par les sens ou par l'imagination détermine automatiquement une réaction organique. La peur fait mouvoir les pieds pour fuir. La hardiesse dispose les bras à l'attaque ou à la défense. L'amour s'accompagne d'un pouls accéléré et d'un tremblement des muscles. Une grande tristesse coexiste avec la paleur du visage. Dans tous les cas, entre la trace d'un objet et l'excitation nerveuse la liaison est immédiate. « Les mouvements des passions se font directement par machine... un corps sans âme disposé comme celui d'un homme serait capable de les produire par la seule disposition de ses parties. Les organes de notre corps sont ainsi disposés qu'ils agissent comme d'eux-mêmes en présence des objets qui les touchent »[15]. En outre, Régis a précisé la priorité entre l'état de conscience et le mouvement organique. Les passions, en tant que perceptions, appartiennent à l'âme ; en tant que mouvements elles appartiennent au corps. Mais dans cette dualité d'aspects, les mouvements du corps sont les causes naturelles des perceptions de l'âme[16]. En d'autres termes, l'idée qui, à l'origine, réveille une trace par les sens ou par l'imagination, ne constitue pas par elle-même une émotion. Celle-ci est due essentiellement à l'action récurrente de l'organisme, c'est-à-dire que l'émotion est le retentissement dans la conscience d'une réaction organique. Nous avons là une théorie physiologique des émotions.

Telles sont, sous l'expression de « causes physiques » les conditions d'apparition des phénomènes de conscience. C'est en ce sens que la psychologie de Régis est une physique de l'âme. Envisagée de ce biais, elle n'encourt pas les reproches d'empirisme ou de matérialisme qu'on lui a parfois adressés[17].

Telles une langue et sa syntaxe, la mécanique et la matière peuvent donc se diversifier à l'infini pour interpréter toutes les situations de la nature, laquelle embrasse la biologie et la psychologie.

Ce mécanisme physico-physiologique est la source de deux courants : l'un, le courant matérialiste, représenté surtout au XVIIIe siècle par Cabanis et par La Mettrie qui transmuent en doctrine une règle de méthode ; l'autre, le courant positiviste du XIXe siècle, qui a contribué à la constitution de la psychologie scientifique.

III. — Conclusion

La physique de Régis

1. **Sa nature.**

Régis, dans sa logique, a nettement distingué la méthode de démonstration de la méthode de recherche. Mais sur celle-ci, dans ses rapports à la physique, il n'a pas de théorie ; et sa pratique est restée dans l'ombre, si bien qu'on ne peut rien tirer de son œuvre pour l'induction et pour l'expérimentation.

---

15. *Physique*, liv. VIII part. IV, ch. XII, *ad finem*.
16. *Physique*, liv. VIII, part. IV, ch. XIII, conclusion.
17. Cf. Mouy, *le développement de la physique cartésienne*, p. 165.

2. Ses phases constitutives.

a) *Les principes rationnels.*
b) *Les éléments de l'explication.*
c) *L'enchaînement des hypothèses.*

Il livre les résultats de sa recherche dans un exposé exclusivement qualitatif, qui reste néanmoins, par sa rigueur et par sa cohérence, un modèle de physique déductive. Cette physique est un système d'hypothèses qui se constitue en système d'explication par trois phases progressives. Les deux premières, la position des principes rationnels et l'établissement des éléments d'explication, en sont le fondement. La troisième, l'enchaînement des hypothèses, constitue le corps d'explication.

L'ordre de la déduction exige la position de principes. Par sa distinction entre vérités métaphysiques et choses métaphysiques, Régis a mis en lumière la nécessité, pour les physiciens, d'assurer leur point de départ, en prenant conscience que toute activité intellectuelle implique des axiomes sans lesquels elle n'aurait pas de sens. Ces axiomes, « fondés sur la nature de l'esprit », propositions très générales servant de règle pour juger de la vérité de toutes les autres, s'appliquent à toutes les disciplines : mathématiques, physique, morale, etc. En tant que « connaissance certaine, acquise par démonstration », la science participe à l'utilisation de ces axiomes.

Pour aller plus avant et amorcer l'explication physique, Régis précise son point de départ, en adjoignant à la position des principes les éléments d'explication : division de la matière et lois du mouvement. Par la coordination de ces éléments se constituent les corps naturels : corps célestes, corps terrestres, météores et corps animés. — A la différence des vérités métaphysiques, qui restent forme pure, les lois mécaniques, appliquées à la division de la matière, nous introduisent dans l'univers matériel.

Les unes et les autres sont les « Premières vérités », connues intuitivement : elles sont indispensables, puisque le raisonnement peut seulement prouver que si telles propositions sont admises telles autres en résultent. Tel est pour la physique de Régis le vrai point de départ.

Après avoir établi dans leur matière et dans leur forme les éléments générateurs de tous les corps, Régis les a suivis depuis leur origine jusqu'au terme de leur développement.

Les trois phases de cette procédure synthétique permettent de présenter la physique sous la forme d'un enchaînement de propositions, de manière à « déduire des choses connues les vérités qui en dépendent ».

3. Son caractère.

Ce cheminement de pensée est celui des géomètres, qui « dans toutes leurs démonstrations suivent exactement cette méthode », en tirant par la force du raisonnement des propositions « qui deviennent comme autant de principes pour prouver des vérités plus éloignées ». Avant d'aborder la physique, Régis déclare qu'il suivra cette méthode « pour convaincre l'esprit en toutes les matières capables de raisonnement ». Dans la pratique il est resté fidèle à cette déclaration. En se plaçant toujours à l'origine des phénomènes ou de la formation des corps, pour en fournir l'explication par voie déductive, il a construit une physique fortement unifiée dont l'homogénéité est la marque distinctive.

4. Sa marque particulière.

Par la méthode, la physique de Régis rejoint celle de Rohault. Mais, tandis que Rohault reste confiné dans la synthèse de l'expérience, celle que constitue la physique, la chimie, la biologie..., Régis, à l'exemple de Descartes, embrasse la synthèse totale que vise la raison : l'âme, le monde et Dieu. Cet élargissement porte atteinte à l'œuvre scientifique. Dans son « Éloge de Régis »[18] Fontenelle relève le dommage d'un système général pour chacune de ses parties. Il parle des liaisons artificielles et d'une compilation, inhérentes à l'entreprise, tout en réservant « plusieurs idées nouvelles » ajoutées par M. Régis, mais que le public n'a pas discernées.

---

18. *Œuvres de Fontenelle* en 11 volumes, Paris, 1757, t. V, p. 150.

CHAPITRE III

LES RAPPORTS DE LA MÉTHODE DÉDUCTIVE ET DE LA MÉTHODE EXPÉRIMENTALE CHEZ MALEBRANCHE

Dans le VIe livre de la *Recherche de la vérité*, Malebranche attaque la fausse érudition, qui fatigue l'esprit sans l'éclairer. Après avoir combattu les sectateurs d'Aristote ou de Descartes, qui dogmatisent « sur quelques expériences dont ils ne connaissent point les raisons », il proscrit le verbalisme des qualités occultes, « idées vagues et indéterminées » qui ne signifient rien et sont entièrement inutiles à la recherche de la vérité. Aux fictions de l'imagination il oppose l'évidence rationnelle. Telle est la fin qu'il assigne à la recherche scientifique. Cette disposition inspire le sens de sa méthode, dont les règles régissent l'élaboration de l'expérience.

PREMIÈRE PARTIE : LA THÉORIE DE LA MÉTHODE

A. — L'expérience :

1. **Sa nécessité.**
2. **Son insuffisance.**

Toute recherche sur le donné extérieur doit nécessairement se fonder sur l'expérience. Dans l'Avertissement, qui précède les *Lois générales de la communication des mouvements*, Malebranche affirme cette nécessité. Car les lois du choc des corps, comme toutes les lois de l'Univers, sont des décrets de Dieu, qui dépendent de sa volonté libre. On ne peut donc s'assurer de ces lois que par la révélation de l'expérience. — Or, Malebranche avoue s'être défié des expériences parce qu'elles sont souvent trompeuses. Il reconnaît que, pour avoir négligé celles qui ont été réalisées « par des personnes savantes » sur le choc des corps, il s'est trompé en cette matière, trente ans auparavant.

Si l'expérience est nécessaire, elle est insuffisante par elle-même, sous sa forme brute. Son insuffisance apparaît dans ses caractères et dans leurs conséquences.

Les données extérieures, telles qu'elles sont saisies dans la perception, sont imprécises, confuses, variables. L'imprécision est le caractère des sensations. En musique, par exemple, on ne peut, même par l'acuité auditive la plus parfaite, discerner les différences de sons très rapprochées. — L'imprécision s'accompagne souvent de confusion. C'est ainsi qu'on prend, par exemple, le mouvement pour la douleur, en confondant les manières d'être des corps avec celles des esprits. — Enfin les données sensibles sont variables. Tous les hommes n'ont pas les mêmes sentiments des mêmes objets, ni un même homme en différents temps. Imprécision, confusion et variabilité, sont des caractères inhérents aux données sensibles. — On voit d'emblée les conséquences sur la formulation d'un problème et sur sa solution. Les données qualitatives ne sont pas susceptibles d'une expression exacte : les termes qui les expriment sont équivoques. On ne peut donc, sur ces données, établir de rapports ni opérer de déduction. L'expérience qui reste purement qualitative rend difficile la généralisation inductive et les calculs déductifs. Or les démarches discursives sont essentielles à la recherche.

B. — L'élaboration de l'expérience :

1. **La méthode :**

   a) *condition d'efficacité.*

   b) *les règles.*

C'est pour tenir compte de cette situation que Malebranche a conçu sa méthode. Celle-ci a pour objet l'élaboration de l'expérience brute, en fonction de la position des problèmes et de leur solution.

L'efficacité de la méthode, selon Malebranche, est subordonnée à deux conditions, qui relèvent, l'une de la morale, l'autre de la psychologie. La première édicte une ascèse, qui s'exprime par ce précepte : « La méthode la plus courte et la plus assurée pour découvrir la vérité... est de vivre en véritables chrétiens, ... de suivre la vérité éternelle [1] ».

Malebranche a montré effectivement que les passions mal réglées sont à la source de beaucoup d'erreurs et de sophismes. En outre, à la purgation des passions doit s'associer l'attention, « prière naturelle que l'esprit adresse à la vérité ». Cette seconde condition vise la suppression des causes qui, en partageant l'esprit, entament son intégrité. Telles sont les conditions qui libèrent l'énergie de la méthode et lui permettent de porter ses fruits.

A travers la surabondance verbale des indications méthodologiques, voici les règles essentielles :

1. Concevoir distinctement l'état de la question à résoudre, pour en comparer les termes et reconnaître le rapport cherché [2].

2. Dans cette vue, considérer les conditions de la question et retrancher du sujet toutes les circonstances inutiles, pour le réduire à ses termes essentiels [3].

3. Diviser le sujet en ses parties, pour les considérer séparément, dans leur ordre naturel, en allant des plus simples aux plus composées [4].

4. Condenser en une formule chaque résultat partiel et le résultat final [5].

2. **L'emploi des mathématiques :**

a) *moyen d'expression.*

b) *moyen de découverte : déduction par voie de calculs.*

Or, ces prescription sont observées en toute rigueur par l'emploi des mathématiques, qui nous fournissent des moyens d'expression et de découverte.

Leur moyen d'expression se mesure à leur puissance de réduction. Les idées des nombres et de l'étendue sont les plus distinctes et les plus exactes. C'est pourquoi l'arithmétique et la géométrie nous donnent la connaissance des rapports : « L'analyse, écrit Malebranche, enseigne à réduire les lignes courbes... à des équations qui en expriment les principales propriétés... » [6] L'algèbre, par sa notation ; la géométrie, par la schématisation

---

1. *Recherche de la vérité*, liv. VI, part. II, ch. IX, *ad finem*.
2. *Ibid.*, liv. VI, part. II, ch Ier, p. 82, et ch. VII, p. 242.
3. *Ibid.*, liv. VI, part. II, ch. Ier, p. 83, et ch. VII, pp. 243 et 244.
4. *Ibid.*, liv. VI, part. II, ch. Ier, p. 84, et ch. IV, p. 128.
5. *Ibid.*, liv. VI, part. II, ch. Ier, p. 84.
6. *Recherche de la vérité*, édition de 1712, pp. 78 et 79.

des figures, permettent de poser et de diviser les problèmes en termes distincts et précis.

Moyen d'expression, les mathématiques sont en même temps, grâce à leur algorithme, un moyen de découverte. Leur langage rend possible le calcul opératoire. Considérons, par exemple, ce principe de la mécanique : « Pour que deux poids inégaux, appliqués aux extrémités d'une balance soient en équilibre, ils doivent être en raison inverse de leurs distances au point fixe ». Cette proposition peut s'exprimer par des lignes et par des chiffres. Et la relation entre le rapport des poids et le rapport des distances au point fixe permet, par le calcul d'une quatrième proportionnelle « selon la douzième proposition du sixième livre d'Euclide », de trouver tous les cas possibles d'équilibre [7]. Sur les avantages de l'analyse, Malebranche s'exprime en ces termes : « L'analyse est l'art d'employer les calculs de l'algèbre et de la géométrie à découvrir tout ce qu'on veut savoir sur les grandeurs et sur leurs rapports » [8]. Après avoir réduit les lignes courbes à des équations qui en expriment les propriétés, l'analyse enseigne « à tirer de ces équations, par le moyen du calcul, toutes les autres propriétés de ces figures, la manière de les distinguer en différents genres... Elle enseigne enfin leurs principaux usages [9] ». Le calcul différentiel et le calcul intégral permettent de découvrir des figures mécaniques et de résoudre une infinité de problèmes de physique.

Bref, les mathématiques, en exprimant exactement toutes les grandeurs et tous leurs rapports, « permettent de déduire, par des calculs sur ces grandeurs, les rapports les plus difficiles et les plus composés ». Leur emploi est, selon Malebranche, la réalisation la plus parfaite des règles de sa méthode. Parlant de leur aptitude à cet égard, il écrit : « Il n'y a point de science qui fournisse davantage d'exemples, propres à faire voir l'utilité de ces règles, que la géométrie et principalement l'algèbre. Car ces deux sciences en sont un usage continuel. La géométrie fait clairement connaître la nécessité de commencer toujours par les rapports les plus simples. Elle examine ces rapports par des mesures clairement connues. Elle retranche tout ce qui est inutile pour les découvrir. Elle divise en parties les questions composées. Elle range ces parties et les examine par ordre » [10]. Son seul défaut, poursuit Malebranche, est de ne pas abréger les idées et leurs

---

7. Liv. VI, part. I, ch. IV.
8. Liv. VI, part. I, ch. V, p. 77.
9. Liv. VI, part. I, ch. V, pp. 78 et 79.
10. Liv. VI, part. II, ch. VIII pp. 308-309.

rapports. Mais l'algèbre pourvoit à cette carence. « Ceux qui veulent se mettre en état de découvrir par eux-mêmes une infinité de nouvelles vérités, s'étant sérieusement appliqués à l'algèbre, reconnaîtront que si cette science est utile à la recherche de la vérité, c'est parce qu'elle observe les règles que nous avons prescrites »[11]. Tel est l'intérêt des Mathématiques.

Pour marquer la portée de leurs applications, Malebranche observe que les rapports des nombres et des figures sont « des règles immuables et les mesures communes à toutes les matières »[12]. C'est pourquoi les mathématiques sont « une science universelle, indispensable à toutes études »[12]. Elles fournissent, pour la recherche de la vérité, une voie qu'on peut suivre « sans se fatiguer inutilement et sans s'égarer ». En même temps, elles sont un moyen sûr « pour découvrir avec certitude les vérités composées »[13].

Malebranche en présente une application dans les Lois Générales de la *Communication des Mouvements*.

SECONDE PARTIE

APPLICATION AUX LOIS DU CHOC DES CORPS

PREMIÈRE SECTION : ÉTUDE THÉORIQUE

Les lois expérimentales sont précédées d'une étude théorique qui, de l'aveu de Malebranche, n'a valeur que d'exercice intellectuel.

Cette étude repose sur une hypothèse et sur un principe.

Par hypothèse on considère des corps indéformables, qui se choquent dans le vide.

Le principe est l'hypothèse cartésienne de la constance de la quantité *totale* de mouvement, avant et après le choc. Or, ce principe ne s'applique pas aux corps durs à ressort, dont les mouvements contraires se détruisent. C'est pourquoi les lois théoriques du choc des corps sont « indépendantes des expériences ».

Voici ces lois, calculées en fonction de ces conditions particulières.

Le problème se pose en ces termes. Considérons deux corps M et N, précédés et suivis de deux chiffres, représentant respec-

---

11. *Ibid.*, p. 310.
12. Liv. VI, part. II, ch. VI, p. 224.
13. Liv. VI, part. II, ch. VI, pp. 224-225.

tivement la masse et la vitesse. La quantité de mouvement, ou force mouvante d'un corps, étant égale au produit de la masse par la vitesse, quelles seront, après le choc, leurs vitesses propres ?

Trois types de cas se présentent.

Premier type. — L'un des corps est en repos.

A) Si le corps choquant a la plus grande masse ou une masse égale, la force du choc est égale au produit de la vitesse du choquant par la masse du choqué, ou par leur masse commune.

La vitesse du corps choqué est égale à la force du choc divisée par la masse du choqué.

La vitesse du corps choquant se calcule en divisant la force qu'il retient (c'est-à-dire sa force avant le choc diminué de celle du choqué) par sa masse

En voici des exemples :

1. M2   contre   N0   deviennent
   M0   et   N2
2. 2M   contre   N0   deviennent
   2M1/2   et   N
3. 3M2   contre   N0   deviennent
   3M4/3   et   N2

B) Si le corps choquant a la plus petite masse, la force du choc est égale à la force du corps choquant.

La vitesse du corps choqué est donc égale à la force du choquant divisée par la masse du corps choqué.

En d'autres termes, le corps choquant transfert tout son mouvement au corps choqué et, en conséquence, il reste lui-même en repos.

En voici des exemples :

1. M   rencontrant 2N0   deviennent
   M0   et   2N1/2
2. 3M2   rencontrant 4N0   deviennent
   3M0   et   4N3/2

Second type. — Les corps se meuvent en sens contraires.

A) Si le plus fort a la plus grande masse ou une masse égale, il fait rebondir l'autre. Et la force du choc est égale au produit de la somme des vitesses par leur masse commune, ou par la masse du plus petit s'ils sont inégaux.

La vitesse du plus faible est égale à la force du choc divisée par sa masse.

On obtient la vitesse du plus fort en retranchant de la somme des forces antérieures au choc la force du plus faible, et en divisant ce nombre par la masse du plus fort.

En voici des exemples : (Le signe — placé avant un symbole indique que le corps correspondant prend, après le choc, le mouvement en sens contraire de celui qu'il avait avant le choc).

M2	contre	N	deviennent	M0,	—N3
2M	»	N	»	2M1/2,	—N2
2M2	»	N	»	2M,	—N3
3M	»	N	»	3M2/3,	—N2
3M	»	N2	»	3M2/3,	—N3
4M3	»	3N2	»	4M3/4,	—3N5

B) Si le plus fort a la plus petite masse, il fait rebondir le plus faible et demeure lui-même en repos.

La force du choc est égale à la somme des forces.

La vitesse du plus faible s'obtient en divisant la force du choc par la masse du plus faible.

En voici un exemple :

M12	heurtant	3N2	deviennent
M0	et		—3N6

Troisième type. — Les corps se choquent dans le même sens.

A) S'ils sont égaux ou si le plus fort a la plus grande masse, la force du choc est égale à la différence des vitesses, multipliée par leur masse commune ou par la masse du plus petit s'ils sont inégaux.

Pour obtenir la vitesse du corps choqué, on ajoute à sa propre vitesse la force du choc et on divise par sa masse.

En voici des exemples :

1. $2\overrightarrow{M2}$ et $\overrightarrow{N}$ deviennent 2M3/2 et N2
2. $\overrightarrow{M2}$ et $\overrightarrow{N}$ deviennent M et N2

On obtient la vitesse du corps choquant en retranchant de la somme des forces antérieures au choc la force du corps choqué, et en divisant ce nombre par la masse du corps choquant.

B) Si le plus fort est le plus petit, la force du choc est égale à la différence des vitesses multipliée par la masse du plus petit. Cette force représente l'augmentation de mouvement du corps choqué.

La vitesse du choqué s'obtient donc en ajoutant cette force à son mouvement et en divisant par sa masse.

En voici des exemples :

1. $2\overrightarrow{M}4$ et $3\overrightarrow{N}2$ deviennent $2M2$ et $3N\frac{10}{3}$
2. $\overrightarrow{M}2$ et $\overrightarrow{2N}$ deviennent M et $2N\frac{3}{2}$

La vitesse du corps choquant s'obtient comme dans le cas précédent.

Telles sont les lois du mouvement dans l'hypothèse cartésienne où la quantité absolue de mouvement est la même, avant et après le choc. Or, comme nous l'avons observé, cette hypothèse ne répond pas à l'expérience. On peut s'en convaincre par l'exemple suivant, indiqué par Malebranche. Soit le corps M6 heurtant le corps 5N0. L'expérience apprend qu'après le choc M6 devient —M4 ; et 5N0, + 5N2. Or 5N2 en avant, plus M4 en arrière est égal à 6, (10 — 4). C'est là la même quantité de mouvement de même part, c'est-à-dire la même force qui existait avant le choc. — Mais, si l'on considère la quantité de mouvement, prise absolument, c'est-à-dire sans avoir égard aux sens contraires, autrement dit la somme du mouvement de chacun des corps, cette quantité de mouvement change sans cesse. Elle était égale à 6 avant le choc ; elle devient 14 après le choc.

Les lois théoriques posent un problème dans un monde idéal. Elles ne s'appliquent qu'à une expérience stylisée. — Malebranche a voulu montrer comment, par la composition de formules littérales et numériques, on peut découvrir des rapports inconnus. L'étude théorique est un prélude à l'étude expérimentale.

SECONDE SECTION : ÉTUDE EXPÉRIMENTALE

Position du problème : les données

Le problème se pose de la façon suivante : étant donnés deux corps de même nature, dont on connaît la masse et la vitesse, qui se rencontrent directement, quels seront, après le choc, selon les circonstances, leur vitesse et leur sens ?

Avant d'indiquer la règle générale, qui prescrit les opérations de calcul, Malebranche nous renvoie aux espérances de Mariotte, dans son ouvrage : *De la percussion ou du choc des corps.*

Les lois diffèrent avec les corps mous et avec les corps à ressort. Considérons d'abord celles des corps mous.

I. — Lois des corps mous

Par corps mous, il faut entendre des corps qui, sous l'action du choc, s'aplatissent et persistent dans cet état. Telles sont les boules de terre glaise, de cire, de plomb, etc.

A. — Expériences de Mariotte : différentes espèces de cas

Trois espèces de cas sont à distinguer :

1. **Choc par un mouvement unique.**

Cette loi, qui figure sous la rubrique de « sixième principe d'expérience », s'énonce ainsi : Si un corps mou sans ressort en rencontre un autre de même nature, en repos, les deux corps après le choc vont dans le sens du corps choquant. Et leur quantité de mouvement est celle du corps choquant avant le choc. — Leur vitesse commune est égale au rapport entre la quantité de mouvement du corps choquant et la somme des masses.

Soit un corps A, pesant 5 onces, qui s'avance avec une vitesse de sept degrés vers le corps B pesant 2 onces. Après le choc, les deux corps s'avancent avec la même vitesse dans le sens du corps choquant. Cette situation peut s'exprimer par les symboles suivants :

Avant le choc : 5A7 $\rightarrow$ 2B0
Après le choc : 5A5 $\rightarrow$ 2B5 $\rightarrow$

Autre exemple : Soit le corps 2B7 s'avançant vers le corps 5A0 :

2B7 $\rightarrow$ 5A0
$\rightarrow$ $\rightarrow$

On constate le résultat : 2B2, 5A2

2. **Choc par des mouvements de même sens.**

Cette loi figure sous le titre de « Septième principe d'expérience ». Elle s'énonce ainsi : quand deux corps mous sans ressort se rencontrent directement par des mouvements de même sens, leurs quantités de mouvement s'ajoutent après le choc. — Leur vitesse commune est égale au rapport entre la somme de leurs mouvements avant le choc et la somme de leurs masses. Soit les corps 2G7 et 3H2, allant dans le même sens. Après le choc ils vont dans le même sens avec la vitesse commune de quatre degrés.

Avant le choc : $2G7 \rightarrow 3H2$
Après le choc : $2G4 \rightarrow$ et $3H4 \rightarrow$

3. Choc par mouvements en sens contraires.

Voici l'énoncé de cette loi, « huitième principe d'expérience ».

Quand deux corps mous se rencontrent directement par des mouvements contraires, ces mouvements se détruisent. Les deux corps s'accompagnent avec la quantité de mouvement restante. — Leur vitesse commune est égale au rapport entre la différence de leurs mouvements avant le choc et la somme de leurs masses.

Prenons trois exemples :

1. Soient les corps $G10 \rightarrow$ et $H20 \leftarrow$. Sous l'action du choc, G perd toute sa quantité de mouvement ; H en perd la même quantité. Après le choc, il reste une quantité égale à 10, différence entre H20 et G10. — Leur vitesse commune est égale à 5, quotient du rapport entre la quantité de mouvement restante et la somme des masses.

2. Si l'on porte la vitesse du corps G de 10 à 16, le rapport des vitesses passera de 1/2 à 4/5. La vitesse commune des deux corps après le choc sera égale à 2.

Si, avant le choc, on majore le rapport des vitesses, on constate une diminution de la vitesse commune après le choc.

3. Lorsque le rapport des vitesses est égal à 1, le mouvement des deux corps se perd entièrement. Ce cas particulier donne lieu au « cinquième principe d'expérience » : quand deux corps mous se rencontrent avec des quantités de mouvement égales, ils demeurent sans mouvement.

Voici la conclusion : quand deux corps mous se rencontrent par un mouvement unique ou par des mouvements en même sens, c'est-à-dire lorsqu'ils ne s'opposent pas, ils conservent leur quantité de mouvement. Lorsqu'ils s'opposent, ils perdent leurs mouvements contraires. — Dans tous les cas, ils vont dans le même sens avec la même vitesse. Telle est la loi générale du choc des corps mous. Elle fonde la règle suivante.

B. — Règle de Malebranche

On obtient la vitesse commune de deux corps mous après le choc, en divisant par la somme de leur masse la somme ou la différence de leurs mouvements : la somme, si leurs mouvements sont de même sens ; la différence, s'ils sont de sens contraires [14].

II. — Loi des corps durs à ressort parfait.
Expériences de Mariotte

Les corps durs à ressort sont ceux qui s'applatissent sous l'action du choc et qui, en vertu de la fermeté de leur ressort, reprennent exactement leur première figure. Telles sont les boules d'ivoire, de marbre, d'acier trempé, de verre, de jaspe, les ballons gonflés d'air, etc.

Le mouvement sans ressort, antérieur au choc, est dit mouvement simple ; le mouvement consécutif au choc, dû à la force du ressort, est dit mouvement réfléchi.

A. — Lemme : choc contre un corps immobile, Proposition XIV

Les Lois expérimentales du choc des corps à ressort dépendent, pour l'intelligence de leur exposé, d'un lemme, la loi du choc d'un corps dur à ressort contre un corps dur à ressort immobile et inflexible. Ce lemme est indiqué par Mariotte sous le titre de « Neuvième principe d'expérience, proposition XIV ». On peut l'énoncer ainsi : quand un corps dur à ressort choque un autre corps dur à ressort, immobile et inflexible, il reprend, en se réfléchissant, sa première vitesse. Voici quelques expériences :

Première expérience. — Si on immobilise une raquette sur un plancher, en posant des poids sur les bords, et qu'on laisse tomber sur le milieu de cette raquette une petite boule d'ivoire, elle remonte par la force des cordes tendues, à peu près à la même hauteur. L'écart entre la vitesse incidente et la vitesse réfléchie s'explique par la résistance de l'air, une imperfection dans la fermeté du ressort ou dans la rectangularité du mouvement.

---

14. Malebranche, *Lois Générales de la communication des mouvements*, § XXIV, 1.

Seconde expérience. — Si on laisse tomber sur une enclume polie, légèrement convexe, une boule de verre, celle-ci remonte à la même hauteur. — Si, au lieu d'une enclume, on prend une masse de plomb sur laquelle on laisse tomber une boule de même métal, on constate dans les deux corps un enfoncement ou un aplatissement.

Troisième expérience. — Pour discerner une différence plus sensible, on peut accentuer le contraste, en laissant tomber alternativement, sur une grosse pierre plate, une boule de terre glaise et un ballon d'air bien pressé.

B. — Venons au choc des corps mobiles

1. Loi du choc : dans le cas où le rapport du poids à la vitesse de l'un est inverse de celui de l'autre. Proposition XV.

La première loi, indiquée par Mariotte sous le titre de « Proposition XV », s'énonce ainsi : quand deux corps durs à ressort se choquent directement et que le rapport du poids à la vitesse de l'un est l'inverse de celui de l'autre, ils se réfléchissent avec leur première vitesse.

Voici la démonstration :

Considérons d'abord deux corps de même poids se rencontrant par des mouvements contraires avec la même vitesse. Ils se réfléchissent avec leur vitesse commune. Cette situation peut se traduire ainsi :

Avant le choc : $\overrightarrow{2A5}$ $\overleftarrow{2B5}$
Après le choc : $\overleftarrow{2A5}$ $\overrightarrow{2B5}$

En effet, s'ils étaient sans ressort, en vertu du cinquième principe d'expérience, leur mouvement simple se perdrait entièrement. Mais, comme, par leurs ressorts, ils se choquent avec la même force, le choc est assimilable, pour chacun d'eux à celui qui résulterait de sa rencontre avec un corps immobile. Leur enfoncement et aplatissement est donc le même. En se rétablissant dans leur première figure, ils prendront donc la vitesse de leur mouvement simple, en vertu du lemme indiqué sous la proposition XIV.

Considérons maintenant deux corps dont la vitesse de l'un est égale au poids de l'autre, $\overrightarrow{6A2}$ et $\overleftarrow{2B6}$.

Chacun retourne en arrière avec sa première vitesse. On peut schématiser ainsi la situation :

Avant le choc : $\overrightarrow{6A2}$ $\overleftarrow{2B6}$
Après le choc : $\overleftarrow{6A2}$ $\overrightarrow{2B6}$

En effet, si nous étions en présence de corps mous, leurs quantités de mouvement étant égales, leur vitesse se perdrait entièrement, en vertu du sixième principe d'expérience.

Comme nous avons affaire à des corps à ressort, ils réalisent entre eux une espèce d'équilibre, de la même façon que si chacun d'eux heurtait un corps immobile. Chacun reprend donc sa première vitesse en vertu de la proposition XIV. C'est-à-dire que le raport de leurs vitesses est l'inverse de celui de leurs poids.

2. Conséquences.

a) Des propositions XIV et XV, il résulte que deux corps égaux ou inégaux qui sont mis en ressort se repoussent en conservant avant et après le choc la même quantité de mouvement.

b) De la proposition XV, il suit que les vitesses sont en raison inverse des masses. L'explication en est claire. Si les corps sont égaux en poids ils doivent résister et se repousser avec la même force. S'ils sont inégaux en poids, le plus léger doit opposer au mouvement une résistance moindre que le plus lourd.

c) La généralisation de la proposition XV nous conduit à la loi des corps durs à ressort :

Deux corps qui se rencontrent directement partagent leur vitesse respective dans un rapport inverse de leurs masses.

C. — Vérification de cette généralisation

1. **Choc par mouvement unique.**
    a) *Loi.*
    b) *Conséquences.*
    c) *Remarque : constance de la quantité de mouvement.*

a) Voici la loi, énoncée sous la proposition XVI : si deux corps sont égaux en poids et que l'un choque l'autre en repos, ce dernier prend, après le choc, la vitesse entière du corps choquant qui s'immobilise.

Soient deux corps égaux M et N. Si le corps M choque, avec quatre degrés de vitesse, le corps N en repos, il s'immobilise après avoir transmis toute sa vitesse au corps N. Schématisons cette situation.

Avant le choc : $\vec{M4}$ $\overset{\leftarrow}{N0}$

Après le choc : $M0$ $\vec{N4}$

En effet, par le mouvement simple, ces corps deviennent $\vec{M2}$ $\vec{N2}$, selon la règle générale des corps mous.

Par la réaction du ressort, en vertu de la proposition XV, ils partagent leur vitesse respective dans le rapport inverse de leurs masses, en prenant des mouvements contraires. Ils deviennent donc $\overset{\leftarrow}{-M2}$ $\vec{N2}$ (le signe — indique que le mouvement a lieu en sens inverse).

Composons les vitesses du mouvement simple et du mouvement à ressort. Nous avons d'une part $\vec{M2}$ $\vec{N2}$
d'autre part $\overset{\leftarrow}{-M2}$ $\vec{N2}$
la somme sera $M0$ $\vec{N4}$

Ce résultat, prévu par le calcul, est confirmé par l'expérience.

b) De cette proposition se déduit la conséquence suivante.

Si le corps choquant est moins lourd que le corps choqué, il retourne en arrière. — Si le corps choquant est plus lourd, les deux corps s'avancent ensemble après le choc. Vérifions cette conséquence dans les deux cas.

Premier cas : le corps choquant est le moins lourd. Soient les corps $\vec{M24}$ $5N0$

Ils deviennent :
— par le mouvement simple, $\vec{M4}$ $\vec{5N4}$
— par la réaction du ressort, $\overset{\leftarrow}{-M20}$ $\vec{5N4}$
— par composition, $\overset{\leftarrow}{-M16}$ $\vec{5N8}$

Second cas : Le corps choquant est le plus lourd. Soient les corps $\vec{3M2}$ $N0$

Ils deviennent :
— par le mouvement simple, $\vec{3M3/2}$ $\vec{N3/2}$
— par la réaction du ressort, $\overset{\leftarrow}{-3M1/2}$ $\vec{N3/2}$
— par composition $\vec{3M1}$ $\vec{N3}$

c) Remarque. — On peut constater que, dans ces différents cas, la quantité de mouvement est la même avant et après le choc.

2. **Choc par mouvements en sens contraires.**
   a) *Corps de poids égaux de vitesses inégales, loi et conséquence.*
   b) *Corps de vitesses égales, dont le rapport des poids est 3, loi et conséquence.*
   c) *Remarques :*
      — constance de la quantité de mouvement.
      — constance de la vitesse respective.

a) Voici la première loi, énoncée sous la proposition XVII.
Deux corps égaux en poids, qui se choquent avec des vitesses inégales, échangent leurs vitesses et leurs directions.

Soient les corps $\vec{A3}$ $\overleftarrow{B1}$

— par le mouvement simple $\vec{A1}$ $\vec{B1}$ (dans la direction ils deviennent $\overleftarrow{}$ $\vec{}$ du plus fort)
— par le mouvement de ressort —$A2$ $B2$
— par composition —$\overleftarrow{A1}$ $\vec{B3}$

Ce résultat, prévu par le calcul, est confirmé par l'expérience.

b) Voici la seconde loi, énoncée sous la proposition XVIII. Si deux corps dont le poids de l'un est triple de celui de l'autre se choquent avec des vitesses égales, le plus lourd s'immobilise, l'autre retourne en arrière avec une vitesse double.

Soient les corps $\vec{3A12}$ $\overleftarrow{B12}$
Ils deviennent
— par mouvement simple $\vec{3A6}$ $\vec{B6}$
— par mouvement de ressort $\overleftarrow{3A6}$ $\vec{B18}$
— par composition $3A0$ $\vec{B24}$

De cette loi se déduit cette conséquence :

Si deux corps se choquent avec des vitesses égales et que le poids de l'un est égal au triple de celui de l'autre, ils s'avancent ensemble après le choc dans la direction du plus lourd. Si le poids de l'un est inférieur au triple de celui de l'autre, chacun des corps retourne en arrière. Ces résultats sont confirmés par l'expérience.

c) **Remarque.** — En cette espèce de cas, comme en la précédente, la quantité de mouvement est la même avant et après le choc. Cette constance de la quantité de mouvement implique la constance de la vitesse respective, puisque les masses restent les mêmes. Cette conséquence fait l'objet de la proposition XXI.

Soient les corps $\overrightarrow{2A5}$ et $\overleftarrow{B}$ qui se choquent directement. Ils deviennent

— par mouvement simple $\qquad \overrightarrow{2A3} \ \overrightarrow{B3}$

— par mouvement de ressort $\quad \overleftarrow{-2A2} \ \overrightarrow{B4}$

— par mouvement composé $\qquad \overrightarrow{2A1} \ \overrightarrow{B7}$

Cette conséquence est aussi vérifiée par l'expérience. Elle apparaîtra évidente si l'on songe que la vitesse produite par la force des ressorts est la même que celle qui a produit le ressort : la réaction et l'action sont égales.

3. Choc par mouvements de même sens.

Reste à examiner la dernière espèce de cas : le choc par mouvements en même sens. La loi relative à cette espèce est l'objet de la proposition XX de l'ouvrage de Mariotte.

Nous avons vu que la quantité de mouvement est la même avant et après le choc, et que cette constance implique celle de la vitesse respective. Ce résultat entraîne le rétablissement des deux corps dans leur vitesse propre, s'ils se choquent une seconde fois avec les vitesses postérieures au premier choc. La vérification de ce calcul sur le choc par mouvement en même sens confirmera la constance de la quantité de mouvement.

Soient le corps B de masse 1 et de vitesse 6 rencontrant par mouvement de même sens le corps A de masse 3 et de vitesse 2 :

$$\overrightarrow{B6} \quad \overrightarrow{3A2}$$

Ils deviennent

— par mouvement simple $\qquad \overrightarrow{B3} \quad \overrightarrow{3A3}$

puisque les quantités de mouvement s'ajoutent, selon la première règle,

— par mouvement de ressort $\quad \overleftarrow{-B3} \quad \overrightarrow{3A1}$

puisque la vitesse respective est égale à la différence des vitesses propres,

— par composition $\qquad\qquad\qquad\quad B0 \quad \overrightarrow{3A4}$

Tel est le résultat du premier choc. Or, si le corps 3A4 rencontre le corps B0, les deux corps retrouvent, après le second choc, leur vitesse propre antérieure au premier choc.

En effet, nous avons par hypothèse $\quad\quad\quad \overrightarrow{3A4} \quad B0$

Les corps deviennent

— par mouvement simple $\quad\quad\quad\quad\quad \overrightarrow{3A3} \quad \overrightarrow{B3}$

— par mouvement de ressort $\quad\quad\quad\quad \overleftarrow{-3A1} \quad \overrightarrow{B3}$

— par composition $\quad\quad\quad\quad\quad\quad\quad \overrightarrow{B6} \quad \overrightarrow{3A2}$

D. — Loi générale du choc des corps à ressort

La vérification de la proposition XV généralisée porte ainsi sur toutes les espèces de cas, par opération sur un cas déterminé pris, par induction, comme loi applicable à tous les cas de cette espèce. La troisième conséquence de la proposition XV, admise provisoirement, à titre d'hypothèse, peut donc être reçue définitivement comme loi générale des corps durs à ressort.

E. — Règle de Malebranche

Cette loi fonde la règle suivante, indiquée par Malebranche.

On obtient les vitesses propres de deux corps en mouvement de ressort en partageant leur vitesse respective avant le choc dans le rapport inversément proportionnel à leurs masses ; et en distribuant ces vitesses en sens contraires [15].

Le calcul de la vitesse des corps à ressort comprend donc, dans tous les cas, trois opérations. La première donne la vitesse du mouvement simple, par application de la règle des corps mous ; la seconde, la vitesse du mouvement réfléchi, par application de la règle des corps à ressort ; la troisième, la résultante, par composition des vitesses. Tels sont les trois phases de la règle générale.

Cette règle, qui repose sur les lois expérimentales de Mariotte, tire son intérêt des applications à la recherche. Mais elle n'est utilisable que par son expression mathématique. Malebranche en donne une formule, qui synthétise les résultats expérimentaux et le calcul opératoire.

---

15. *Lois générales de la communication des mouvements, fondées sur l'expérience*, § XXV, 2.

III. — Solution du problème :
Formulation mathématique de la règle

Le problème que nous avons posé consiste à rechercher la vitesse propre de deux corps après leur choc. Ce problème se divise en trois parties, selon que le choc a lieu par mouvements en sens contraires, par mouvements en même sens ou par mouvement unique. Chaque espèce de cas donne lieu à une formule spéciale, établie par Malebranche d'après les trois phases de la règle générale. La solution du problème est donnée dans l'établissement de formules et dans leur unification.

A. — Expression des vitesses propres de m et de n

La mise en chiffres des données qui subsistent dans tous les cas est la suivante.

Soient deux corps, de masses m et n ; v, la vitesse de m ; r, celle de n. On suppose $mv > nr$.

1. Voici les formules dans le cas de mouvements en sens contraires.

Première opération : Calcul du mouvement simple, selon la règle des corps sans ressort :

$$\text{vitesse de m} : \frac{mv - nr}{m + n}$$

La vitesse de n est la même en valeur absolue. Mais le sens de n étant opposé à celui qui était antérieur au choc, la formule prend le signe contraire.

$$\text{vitesse de n} : \frac{nr - mv}{m + n}$$

Seconde opération : Calcul du mouvement réfléchi.
La vitesse respective avant le choc $v + r$ se répartit dans un rapport inversement proportionnel aux masses, lelon les proportions $\frac{v + r}{m + n} \times n$ pour m, et $\frac{v + r}{m + n} \times m$ pour n.

Nous avons donc, en changeant les signes, par suite des mouvements en sens opposé, pris par les corps après leur compression :

$$\text{vitesse de m} : -\frac{nv + nr}{m + n}$$

$$\text{vitesse de n} : -\frac{mv + mr}{m + n}$$

Troisième opération : En composant pour chaque corps, la vitesse du mouvement simple et du mouvement réfléchi, nous obtenons la résultante.

$$\text{vitesse de m} : \frac{mv - nv - 2nr}{m + n}$$

$$\text{vitesse de n} : \frac{nr - mr - 2mv}{m + n}$$

Ces formules générales expriment la vitesse propre de deux corps à ressort parfait, après leur choc directement contraire.

Suit un exemple.

Soient deux corps qui se choquent par mouvements contraires, $6\vec{m}3$ et $2\overset{\leftarrow}{n}4$. L'application des formules donne le résultat suivant : vitesse de $m = -\frac{1}{2}$

$$\text{vitesse de n} = -6\frac{1}{2}$$

m recule avec la vitesse de $\frac{1}{2}$; n, avec la vitesse de $6\frac{1}{2}$.

2. Voici les formules du choc par mouvements en même sens.

Le calcul du mouvement simple donne la vitesse commune aux deux corps : $\frac{mv + nr}{m + n}$

On calcule le mouvement réfléchi en distribuant la vitesse respective avant le choc $v - r$ dans le rapport inversement proportionnel aux masses, selon les proportions $\frac{v - r}{m + n} \times n$ pour m ; et $\frac{v - r}{m + n} \times m$ pour n.

Le corps m étant repoussé en sens opposé à son premier mouvement, nous avons, en changeant les signes :

$$\text{vitesse de m} : -\frac{nv - nr}{m + n}$$

$$\text{vitesse de n} : \frac{mv - mr}{m + n}$$

En composant les deux vitesses de m : $\frac{mv + nr}{m + n}$ et $-\frac{nv - nr}{m + n}$

on obtient $\boxed{\text{vitesse de } m : \dfrac{mv - nv + 2nr}{m + n}}$

De même, en composant les vitesses de n :

$\dfrac{mv + nr}{m + n}$ et $\dfrac{mv - mr}{m + n}$, on obtient :

$\boxed{\text{vitesse de } n : \dfrac{2mv + nr - mr}{m + n}}$

Suit un exemple. Soient deux corps qui se choquent par mouvements de même sens, $3\overrightarrow{m}4$ et $6\overrightarrow{n}2$. L'application des formules précédentes donne le résultat suivant : vitesse de $m = \dfrac{4}{3}$; vitesse de $n = 3\dfrac{1}{3}$. Les mouvements auront lieu dans le même sens.

3. Voici les formules du choc par mouvement unique.

Le corps en repos étant n, on supprime, dans les formules, le terme où figure sa vitesse r, qui est nulle.

On aura : $\boxed{\text{vitesse de } m : \dfrac{mv - nv}{m + n}}$

$\boxed{\text{vitesse de } n : \dfrac{2mv}{m + n}}$

Suit un exemple. Soit m6 choquant 5n0. Par application des formules, nous obtenons :
vitesse de $m = -4$; vitesse de $n = 2$
m6 revient en arrière avec la vitesse 4 : il devient $-$m4.5n0 avance avec la vitesse 2 : il devient 5n2.

Nous avons obtenu dans les trois espèces de cas les formules qui expriment les vitesses de m et de n après le choc. Malebranche les réduit en une seule par un processus en deux temps.

B. — Réduction à deux formules, valables pour les trois espèces de cas

Premier temps :

Groupons les trois formules, exprimant la vitesse de m dans chaque cas :

$$\frac{mv - nv - 2nr}{m + n}, \text{ pour les mouvements en sens contraires}$$

$$\frac{mv - nv + 2nr}{m + n}, \text{ pour les mouvements en même sens}$$

$$\frac{mv - nv}{m + n}, \text{ pour le mouvement unique}$$

Ces trois formules peuvent se réduire à celle-ci :

$$\boxed{\text{vitesse de m} : \frac{mv - nv \pm 2nr}{m + n}}$$

Le terme 2nr prend le signe négatif dans le cas des mouvements en sens contraires ; le signe positif, dans le cas des mouvements en même sens. Il se supprime dans le cas du mouvement unique.

Groupons de même les trois formules, exprimant la vitesse de n dans chaque cas.

$$\frac{2mv + nr - mr}{m + n}, \text{ pour les mouvements en même sens}$$

$$\frac{-2mv + nr - mr}{m + n}, \text{ pour les mouvements en sens contraires.}$$

Ces deux formules peuvent se réduire à celle-ci :

$$\boxed{\text{vitesse de n} : \frac{nr - mr \pm 2mv}{m + n}}$$

Le terme 2mv prend le signe négatif dans le cas des mouvements en sens contraires ; le signe positif, dans le cas des mouvements de même sens. Il subsiste seul dans le cas d'un mouvement unique, où n est en repos.

Second temps :

Ces deux formules générales font connaître le résultat des mouvements consécutifs aux différentes espèces de choc. Si l'on remarque que, selon la proposition XVI de Mariotte, les corps conservent, avant et après le choc, la même vitesse respective, on peut retenir une seule formule, par exemple celle de la vitesse de m. En reprenant le premier exemple où sont donnés les corps $\overrightarrow{6m3}$ et $\overleftarrow{2n4}$, si l'on sait, par la formule de m, que ce corps doit reculer d'une vitesse de $\frac{1}{2}$, on voit que n doit reculer d'une vitesse de $6\frac{1}{2}$, puisque la vitesse respective avant le choc est 7.

C. — Unification des formules

Finalement les lois du choc de deux corps peuvent être unifiées dans cette formule :

$$\text{vitesse de m} : \frac{mv - nv \pm 2nr}{m + n}$$

On peut accorder à Malebranche qu'il atteint par là le but qu'il s'est assigné : « prouver clairement que les opérations prescrites, pour découvrir le résultat des mouvements des corps après leur choc, représentent nettement à l'esprit les effets naturels du choc... »[16]

Conclusion

1. Nature de la méthode : conduite dans la recherche.

La méthodologie de Malebranche porte uniquement sur la recherche scientifique.

2. Buts :

   a) *limiter les essais infructueux* ;
   b) *conserver l'évidence dans la procédure discursive.*

Son but est d'éviter les égarements ou les essais infructueux pour « conserver toujours l'évidence dans les perceptions et une certitude entière dans les raisonnements »[17]. Pour atteindre ce résultat, Malebranche recommande le recours à l'intuition par des contrôles expérimentaux au cours des opérations discursives. Par cette précaution, on peut délimiter, parmi toutes les combinaisons d'essences possibles, celles qui existent effectivement ou qui sont utilisables. On peut, en outre, éviter les fausses applications, imputables aux différences entre l'idéalité mathématique et la réalité expérimentale. Ces différences apparaissent dans les incidences pratiques des raisonnements. « Dans les Mécaniques, remarque Malebranche, on suppose que les roues

---

16. *Lois générales de la communication des mouvements*, Avertissement.
17. Liv. VI, part. II, ch. I, p. 82, et ch. VI, p. 225.

et les leviers sont parfaitement durs, et semblables à des lignes et à des cercles mathématiques, sans pesanteur et sans frottement ; ou plutôt on ne considère pas assez leur pesanteur, leur frottement, leur matière, ni leurs rapports ; que la dureté ou la grandeur augmente la pesanteur, que la pesanteur augmente le frottement ; que le frottement diminue la force, qu'elle rompt, ou use en peu de temps la machine ou qu'ainsi ce qui réussit presque toujours en petit ne réussit presque jamais en grand » [18].

Les écarts que nous constatons entre les calculs et les phénomènes proviennent d'une insuffisance de précision ou de la négligence de certains facteurs. Malebranche relève ce défaut en ces termes : « Nous ne considérons pas assez la nature. C'est principalement pour cette raison que toutes les machines qu'on invente ne réussissent pas ; que toutes les compositions de musique, où les proportions des consonances sont les mieux observées, ne sont pas les plus agréables ; et que les supputations les plus exactes dans l'astronomie ne prédisent quelquefois pas mieux la grandeur et le temps des éclipses » [19]. Dans tous les cas, il est nécessaire de s'assurer, par vérification expérimentale, si le calcul correspond aux opérations de la nature.

3. **Moyens :**

   a) *épuration des données, par les formules,*

   b) *déduction par calculs,*

Pour réaliser ces vues, deux moyens s'imposent : l'épuration des données par l'emploi des symboles mathématiques et la déduction par les calculs. La déduction conduit à la découverte des lois expérimentales et à la solution des problèmes. Comme on peut le constater par l'examen des lois du choc des corps, la découverte comprend les phases suivantes :

1. La réalisation d'une expérience sur un cas déterminé, pour dégager les rapports et énoncer la loi, tenue pour provisoire jusqu'à plus ample informé.

2. La déduction des conséquences, qu'on vérifie par une nouvelle expérience sur chaque type de cas.

3. La généralisation de la loi par une formule, qui est le fondement d'une règle pour résoudre les problèmes. — L'analyse, qui considère le problème résolu, est une autre voie de décou-

---

18. Liv. VI, part. I, ch. IV, p. 54.
19. *Ibid.*, p. 53.

verte. Mais le principe en reste le même. Il s'agit, dans tous les cas, de considérer une situation déterminée, traduite en chiffres pour en dégager les rapports et tirer les conséquences. Il apparaît donc qu'on ne peut découvrir une loi expérimentale ou la solution d'un problème que par l'emploi de la déduction. Sans doute, celle-ci n'intervient-elle pas dans la première phase de la découverte, où se réalise l'expérience. Mais alors la loi n'est pas définitive, parce qu'elle n'est pas encore généralisable. Elle le devient par la généralisation des conséquences.

Cette procédure, par la relation numérique que révèle l'expérience, contraste fortement avec l'explication causale ou, selon l'expression de Malebranche, « la raison physique de la loi ».

c) *L'incertitude de la déduction qualitative* :

— son origine : l'hypothèse de l'éther,
— ses applications,
— valeur de ces applications,
— confirmation par l'erreur de Malebranche.

En raison de la place considérable de cette explication dans la physique de Malebranche, il importe de l'examiner dans son origine : l'hypothèse de l'éther, pour déterminer la valeur de son application aux lois du choc des corps.

1. L'hypothèse de l'éther est formulée en ces termes : « L'éther est composé d'une infinité de petits tourbillons qui » tournent sur leur centres avec une extrême rapidité et qui se » contrebalancent les uns les autres... Ces petits tourbillons sont » les causes naturelles de tous les changements qui arrivent à » la matière... ce que je confirme par l'explication des effets les » plus généraux de la physique, tels que la dureté des corps, » leur fluidité, leur pesanteur, leur légéreté, la lumière et la » réfraction et réflexion de ses rayons. »[20] Tel est au jugement de Malebranche « le vrai principe de la physique générale, dont dépendent les effets particuliers. Nous ne pouvons le juger que dans ses applications. Examinons les « raisons physiques ».

2. Des deux opérations de la règle générale des corps durs à ressort, voici ces « raisons physiques ». § XXIX « Les corps » durs ne sont tels que par *la compression de l'éther* qui les » environne et qui en pénètre les pores... On doit donc, selon la » première opération de la règle, considérer les corps durs, » comme s'ils étaient mous..., jusqu'à l'instant de la parfaite

---

20. XVIᵉ éclaircissement sur la lumière et les couleurs... § XIV (Édit. de 1712, t. IV, p. 464).

» *compression ou réaction de l'éther* qui fait le ressort : Car
» jusques-là les petites parties, dont les corps choquants sont
» composés, obéissent réciproquement à l'effort du choc les
» unes après les autres... » Ici Malebranche nous renvoie au § XX,
» qui fournit l'explication de ce point. § XX « puisque les parties
» du corps choqué, et *de la matière subtile qui est dans leurs*
» *pores,* cède quelque peu à l'effort du choc, il est évident que le
» corps choquant continue son impression : Car ce corps continue
» d'avancer tant que le choqué lui cède... Dans le choquant il
» arrive la même chose, savoir que la réaction du corps choqué,
» et *de la matière subtile contre le choquant,* ne se produit pas
» toute entière en un instant, mais successivement, et d'une
» partie à sa voisine, de sorte que cette réaction n'est complète
» que lorsque la partie du choquant la plus éloignée du point de
» rencontre n'avance plus vers le corps choqué. — Lorsque
» l'effort de la matière *subtile,* trop comprimée, est égal à la force
» des corps qui se choquent, il se produit une espèce d'équilibre,
» après lequel commence le rejaillissement, qui augmente suc-
» cessivement et d'autant plus promptement que la force du res-
» sort est plus grande ; *ou ce qui est la même chose, que la*
» *matière subtile a été plus comprimée* par la résistance que le
» corps choqué a opposée au choquant. »[21]

Reprenons la lecture du § XXIX. « Jusques-là la force des
» mouvements contraires *comprime la matière subtile* et lui com-
» munique son mouvement. Après quoi le mouvement qui reste
» au corps le plus fort dans sa partie la plus éloignée du point
» de rencontre se distribue également dans le reste de sa masse
» et dans celle du plus faible, comme dans les corps mous. Ainsi
» la première opération de la règle, qui ordonne de diviser la
» différence des mouvements contraires par la somme des masses
» représente à l'esprit l'effet naturel du choc des corps mûs
» en sens contraire, abstraction faite de la force du ressort dont
» la seconde opération exprime l'effet... § XXX. Cette seconde
» opération consiste à distribuer réciproquement aux masses des
» corps leur vitesse respective, ce qui est conforme à la raison :
» Car les corps qui se choquent doivent, après l'instant de leur
» équilibre, être repoussés à proportion de la compression de la
» matière subtile qui fait la force du ressort ; et cette compres-
» sion dépend de la vitesse respective avec laquelle les corps se
» choquent. Or, à l'instant de l'équilibre, ... *qui est celui de la*
» *parfaite compression de cette matière subtile,* l'effort de cette

21. *Lois générales de la communication des mouvements,* édit. de 1712, pp. 412-413.

» compression doit nécessairement être égal de part et d'autre
» dans chacun des corps choqués ; car il ne peut y avoir d'équi-
» libre sans égalité de forces contraires. Donc il faut que les
» mouvements des corps rejaillissants soient égaux. Il faut donc
» que par l'effort du ressort leurs vitesses soient réciproques à
» leurs masses. » [22]

3. Quelle que soit la valeur de cette explication, l'hypothèse de l'éther n'y contribue en rien. Toutes les expressions que nous avons soulignées sont explétives ; elles interviennent dans l'explication en qualité d'oppositions ou d'expressions interchangeables. L'éther est assimilé à un ressort ; la compression de l'éther, à la grandeur du ressort ; et la réaction de l'éther, à la force du ressort. Or ces substitutions verbales n'apportent aucune clarté. Elles ne sont qu'une surcharge inutile. Dans les « raisons physiques » de la règle générale des corps durs à ressort, l'hypothèse de l'éther ne fournit aucune lumière. Sa valeur explicative est nulle.

Dans les applications où les considérations hypothétiques sont plus développées, l'explication est-elle convaincante ? On ne voit pas bien, par exemple, par quel mécanisme la force centrifuge des petits tourbillons détermine la résistance d'une épée qu'on ploie [23]. On n'aperçoit pas davantage la relation causale entre la rupture d'équilibre des tourbillons par la flamme et la déflagration de la poudre à canon [24]. Toutes ces explications révèlent plus de virtuosité que de rigueur. Les raisonnements de Malebranche ne sont guère plus qu'une dialectique d'images qui ne le cède pas à la dialectique de concepts du Parménide de Platon. Bref, les explications qui procèdent de l'hypothèse de l'éther ne s'imposent pas. Elles sont simplement possibles. Elles comportent des risques d'erreur.

4. Malebranche reconnaît lui-même, en parlant des raisonnements abstraits, qu'il « arrive souvent que de tels raisonnements nous trompent » [25]. Effectivement, selon son propre aveu, il s'est trompé autrefois sur « les raisons physiques » des lois du choc des corps. Les opérations de la règle générale lui ont paru « contraires à la raison ». Par la confrontation de deux exemples, il en donne ses raisons.

---

22. *Ibid.*, pp. 427, 428 et 429.
23. *XVIe éclaircissement sur la lumière et les couleurs*, § XV.
24. *Ibid.*, § XIV, 6.
25. *Recherche de la Vérité*, liv. VI, part. II, ch. IX, p. 335.

Voici les exemples.

Premier exemple : M24 choque 5N0
Des deux opérations de la règle, on tire :

$$\begin{array}{rr}\overrightarrow{M4} & \overrightarrow{5N4} \\ -M20 & 5N4 \\ \hline \text{somme} \quad -M16 & 5N8\end{array}$$

Second exemple : 3M8 choque 5N0
Des opérations de la règle, on tire :

$$\begin{array}{rr}\overrightarrow{3M3} & \overrightarrow{5N3} \\ -3M5 & 5N3 \\ \hline \text{somme} \quad -3M2 & 5N6\end{array}$$

Voici l'objection de Malebranche contre la seconde opération de la règle.

« XXXI. On voit dans le premier exemple que M24 contre
» 5N0 devient —M16 après le choc et que 5N0 devient 5N8. Mais
» dans le second exemple, 3M8, quoique de force égale à M24,
» choquant le même 5N0, ne devient que —3M2 ; et 5N0, que
» 5N6... Or il semble d'abord que cela choque la raison. Car la
» force d'un corps est le produit de la vitesse par la masse :
» ainsi M24 n'a pas plus de force que 3M8. Donc la compression
» de la matière subtile qui fait le ressort devrait être égale dans
» le premier et dans le second exemple : ce qui est contraire à la
» règle... ».

A « ces raisons physiques » trompeuses, Malebranche, revenu de son erreur, en oppose d'autres, les véritables.

« Je réponds *que la compression de la matière subtile*, ou
» que la grandeur du ressort, n'est point égale dans ces deux
» exemples, quoique les forces M24 et 3M8 soient égales. Car
» dans le premier exemple, la force de cette compression est
» égale à M20, et dans le second elle n'est égale qu'à 3M5, comme
» il est marqué dans les secondes opérations de ces exemples ;
» dont la raison est que M24 ne conserve que M4 de son mou-
» vement dans l'instant de la plus forte compression, et que 3M8
» en conserve encore 3M3, comme on le voit par les premières
» opérations. Car... le ressort des corps ne se bande, *ou ce qui est*
» *la même chose, la matière subtile ne se comprime,* que jusqu'à
» l'instant de l'équilibre, qui n'arrive que lorsque les corps qui
» se sont choqués peuvent aller de compagnie. Car alors le plus
» fort n'agissant plus sur le plus faible, leurs pores ne sont plus
» de nouveau réciproquement comprimés. Ainsi le ressort com-

» mence alors à se débander *par l'action de la matière subtile*
» *qui les pénètre.* D'où il suit que le corps M24, ne pouvant
» avancer que 5N0 n'ait acquis autant de vitesse que lui, il ne
» peut lui rester que M4 de mouvement dans l'instant de l'équi-
» libre qui est celui où les vitesses sont égales, et où, par consé-
» quent, 5N0 est devenu 5N4. — Mais, par la même raison, 3M8,
» après avoir choqué le même 5N0, conserve encore 3M3 de
» mouvement, lorsque 5N0 est devenu 5N3. Ainsi, dans le pre-
» mier exemple, M24 a comprimé 5N0 avec la force M20, en
» devenant lui M4 ; et 5N0, 5N4. Mais 3M8, quoiqu'égal en force
» à M24, n'a comprimé le même 5N0 qu'avec la force 3M5, en
» devenant lui 3M3 ; et 5N0, 5N3. La compression de la matière
» subtile n'est donc point égale à la force primitive des corps
» avant le choc ; mais elle est et doit être égale à celle qu'ils
» emploient à se comprimer jusqu'à ce qu'ils puissent aller de
» compagnie, c'est-à-dire qu'elle est égale à celle qu'on retranche
» par la première opération, qui les a supposés mous » [26].

Comme on peut le constater encore une fois, les expressions soulignées sont superfétatoires. De plus, nous enregistrons une erreur de Malebranche. Ses premières « raisons physiques », de son propre aveu, sont fausses. L'erreur repose dans ses cours psychologiques, sur une insuffisance d'analyse ; et sur la nature de l'hypothèse de l'éther, dans ses raisons logiques. Parlant des premières « raisons physiques » de la règle des corps durs à ressort, telles qu'elles sont rapportées dans l'objection XXXI, Malebranche avoue : « ces raisons fort vraisemblables m'ont autrefois fait douter de la justesse des expériences... et prévenu d'abord contre la règle générale par laquelle la quantité absolue de mouvement change sans cesse. Cependant, puisque la règle est confirmée par un grand nombre d'expériences... et qu'il est impossible, en établissant d'autres opérations, qui d'abord paraî-traient peut-être plus vraisemblables, de ne rien dire qui ne choque ces expériences..., il faut non seulement s'en tenir à la règle, mais tâcher de découvrir les raisons physiques des opé-rations qu'elles prescrit » [27].

Les expériences de Mariotte ont conduit Malebranche à modifier ses premières explications, pour les adapter aux résul-tats expérimentaux.

5. L'hypothèse de l'éther, dans son application à la règle

---

26. *Lois générales de la communication des mouvements*, édit. de 1712, pp. 433 sq.
27. *Ibid.*, XXVI, pp. 423-424.

générale des corps durs à ressort, n'a aucune part dans l'explication. Et, dans la mesure où Malebranche prétend lui conférer une valeur, celle-ci serait négative, puisqu'elle a donné lieu à une erreur.

L'échec de l'hypothèse de l'éther : raisons.

L'échec de cette hypothèse tient à des raisons d'ordre général.

En physique théorique, les éléments de l'hypothèse ne sont pas donnés, mais cherchés. Et, au terme de la recherche, ils sont conclus sous forme d'images conjecturales, exprimées qualitativement. Ils ne sont pas directement accessibles. Leur existence étant incontrôlable, ils appartiennent au domaine des possibles. L'hypothèse théorique est donc utilisable ad libitum. — En physique mathématique, au contraire, les éléments de l'hypothèse sont constitués par les données du problème. En second lieu, nous avons affaire à des êtres réels, qu'il s'agisse de lignes, de force, de masse ou de vitesse, nous sommes en présence d'une réalité saisissable. Enfin cette réalité est quantifiable. Aussi l'hypothèse mathématique permet-elle toute la précision compatible avec la réalité physique.

L'hypothèse mathématique et l'hypothèse théorique, en physique, diffèrent donc, par leur rôle, par leur modalité et leur degré de précision. En vertu de la règle de l'homogénéité, ces différences retentissent sur leurs liaisons respectives, c'est-à-dire sur les raisonnements qui procèdent de ces hypothèses. Le mécanisme de cause à effet de l'hypothèse théorique est tout autre que la déduction de principe à conséquence de l'hypothèse mathématique.

L'explication causale est une déduction qualitative, peu nette et peu rigoureuse. Elle se prête à une pluralité de raisonnements et, par là-même, comporte des possibilités d'erreur, comme nous l'avons constaté chez Malebranche, dans les « raisons physiques » de la règle générale des corps durs à ressort. Comme il paraît par cet exemple, il est très difficile d'appliquer sur une hypothèse théorique la règle de méthode qui prescrit « de ne raisonner que sur des idées claires et évidentes... et de ne passer jamais aux choses composées avant que d'avoir suffisamment examiné les simples dont elles dépendent »[28].

---

28. Liv. VI, part. II, ch. IX. Conclusion aux trois derniers livres, § 5, p. 371.

4. Résultat : contribution à la constitution d'une physique mathématique.

Quel est le bilan de l'œuvre de Malebranche dans le domaine de la méthode ?

La méthodologie de Malebranche a pour objet l'organisation rationnelle de la recherche. — Elle vise, par l'emploi d'une procédure méthodique, à limiter les tentatives infructueuses, pour affranchir les sciences des fluctuations de l'empirisme.

La procédure repose sur l'enchaînement du mécanisme déductif des formules mathématiques. Elle se réalise par l'utilisation du symbolisme littéral et numérique.

Dans les applications, Malebranche, reconnaissant la puissance de réduction de l'algèbre, a épuré, par l'emploi de la notation chiffrée, les situations physiques des circonstances accidentelles, pour les réduire à leurs termes essentiels. Par là, il a posé les problèmes en termes distincts et précis; il a pu, grâce à l'analyse, les résoudre sans aléas, et, par la déduction des conséquences, découvrir des cas nouveaux. Il prend un exemple illustratif dans les lois du choc des corps. Partant d'un cas déterminé il généralise inductivement en réservant la validité de l'induction. Il déduit ensuite les conséquences dans tous les cas possibles. Il revient enfin à l'expérience pour vérifier les calculs, afin d'autoriser, par leur confirmation, la formule générale. Ces procédés, fixés sur le réel, répondent exactement à la logique qui, selon la conception cartésienne de la Préface des *Principes de la Philosophie*, « apprend à bien conduire sa raison pour découvrir les vérités qu'on ignore ».

Une telle méthode, associant étroitement la déduction à l'expérience, rationalise la recherche en la rendant plus directe et plus sûre. Elle introduit en physique les moyens d'invention et de découverte propres aux mathématiques. Les conceptions déductives qui, dans l'esprit de Descartes, ne s'appliquaient qu'à l'exposition logique des résultats, sont transférées aux recherches physiques. Ce qui, pour Descartes, était une fin devient pour Malebranche un moyen d'investigation. Telle est l'originalité de cette méthode. La conduite intellectuelle qu'elle commande s'insère dans le courant de pensée qui draîne la physique expérimentale vers une physique mathématique. Ce résultat rejoint la synthèse de P. Costabel sur la participation de Malebranche au mouvement scientifique.

CHAPITRE IV

L'INFLUENCE DE DESCARTES SUR L'IDÉE DE LA SCIENCE CHEZ FONTENELLE

Les vues de Fontenelle sur la science procèdent directement de Descartes. Elles apparaissent sur deux points : le rôle de l'expérience dans la constitution de la science, et la déduction en histoire.

I. — LE RÔLE DE L'EXPÉRIENCE DANS LA CONSTITUTION DE LA SCIENCE

L'expérience en physique est une démarche à la fois si naturelle et si nécessaire qu'il peut sembler superflu d'en recommander l'emploi. Mais, en cette matière, l'histoire des sciences montre que, durant des siècles, l'autorité a prévalu sur la raison. Rohault, en attaquant ce préjugé, n'enfonçait pas une porte ouverte. Fontenelle revient sur le même obstacle. Il observe que les physiciens, qui se sont payés de mots, en restant asservis à la tradition, n'ont rien produit ; et que les sciences n'ont commencé à progresser que lorsqu'on a sondé la nature par des expériences, pour découvrir ses secrets. Ainsi, la physique, grâce à Galilée et à Toricelli notamment, est entrée « dans une nouvelle carrière ». Les idées méthodologiques de Fontenelle peuvent se rattacher à deux questions : le rôle de l'expérience dans la constitution de la science, la forme de la science à l'état constitué.

*
**

A. — L'expérience

1° **Sa nécessité.**
2° **Son mode d'acquisition.**
3° **Sa consolidation par les mathématiques.**

Pour marquer la place de l'expérience dans la constitution de la science, Fontenelle relève son mode d'acquisition et sa consolidation par les mathématiques.

Comment s'acquiert l'expérience ? Pour constituer la physique, il faut d'abord réunir les matériaux, observations et expériences. Ce travail est fragmentaire : on prend la nature par petites parcelles. C'est ainsi, écrit Fontenelle, que l'Académie des sciences présente chaque année au public des recueils qui « ne sont composés que de morceaux détachés et indépendants les uns des autres, dont chaque particulier qui en est l'auteur garantit les faits et les expériences... »[1]. La géométrie elle-même ne se constitue pas différemment : « on ne peut guère attraper que des vérités dispersées qui ne se tiennent point ; et on les prouve chacune à part, comme l'on peut, et presque toujours avec beaucoup d'embarras... »[2] En fait, la géométrie et la physique se développent concurremment, sous réserve d'une priorité en faveur de la géométrie. En physique, les matériaux n'ont de solidité que s'ils sont fondés sur la géométrie[3]. Ils en reçoivent une sorte de dignité intemporelle. Voici les termes de Fontenelle : « les expériences, naturellement bornées à des cas particuliers, prennent, par le moyen de la spéculation, un esprit universel, et se changent en principes. »[4] Le fait scientifique est consacré comme tel par son expression mathématique. — Cette condition s'étend à tous les domaines du savoir... « si toute la nature consiste dans les combinaisons innombrables des figures et des mouvements, la géométrie qui, seule, peut calculer des mouvements et déterminer des figures, devient indispensablement nécessaire à la physique ; et c'est ce qui paraît visiblement dans les systèmes des corps célestes, dans les lois du mouvement, dans la chute accélérée des corps pesants, dans les réflexions et dans les réfrac-

---

1. Préface sur l'utilité des mathématiques et de la physique et sur les travaux de l'Académie des Sciences.
2. Préface des Éléments de la Géométrie de l'infini. (*Œuvres de Fontenelle* en 11 volumes in-12° ; T. X, p. 66).
3. *Éloge de Bernouilli*, Œuvres, t. V, p. 100.
4. Préface de l'Histoire de l'Académie des Sciences. *Ibid.*, p. 24.

tions de la lumière, dans l'équilibre des liqueurs, dans la mécanique des organes des animaux, enfin dans toutes les matières de physique qui sont susceptibles de précision ; car, pour celles qu'on ne peut amener à ce degré de clarté, comme les fermentations des liqueurs, les maladies des animaux, etc., ce n'est pas que la même géométrie n'y domine, mais c'est qu'elle y devient obscure et presque impénétrable par la trop grande complication des mouvements et des figures... » [5] L'application des mathématiques à la physique embrasse donc la biologie. Si, dans ce domaine, des difficultés apparaissent, elles ne tiennent pas à ce que les effets de la nature s'expliquent par des causes extra-mécaniques ; elles sont imputables à des causes extérieures, purement accidentelles. Fontenelle admet que le déterminisme est la règle de tous les phénomènes. L'intelligibilité est coextensive au réel intégral. Elle n'est limitée que par nos moyens d'investigation.

La nécessité du recours aux mathématiques, pour fortifier les acquisitions empiriques fragmentaires, trahit la précarité des éléments isolés. C'est pourquoi, après avoir multiplié les expériences, il reste à les organiser.

B. — La systématisation de l'expérience

1° **L'ordre des vérités.**
2° **La mise en évidence des rapports.**
3° **Leur liaison aux premiers principes.**
4° **Caractère aléatoire de toute recherche.**

Des expériences physiques ou des propriétés géométriques, qui coexistent isolément, ne sont pas plus une science que des membres disloqués ne sont un corps. Aussi la réunion des matériaux est-elle un travail préliminaire, qui se prolonge et s'achève par leur mise en œuvre. La science est constituée lorsqu'elle est unifiée. Sa systématisation, qui est le terme de son progrès, exprime l'ordre des vérités, par la mise en évidence de leurs rapports, reliés à leurs premiers principes.

L'ordre des vérités n'est pas, pour la science, un embellissement surérogatoire dont elle se dispense sans dommage ; il lui est inhérent. Les faits, ou les vérités, n'apportent qu'une lumière partielle. Ils s'éclairent totalement par leurs relations. Voici, à cet égard, l'expression de Fontenelle : « Ce n'est pas avoir décou-

---

5. *Ibid.*, p. 24.

vert le vrai que d'ignorer le véritable ordre dans lequel doivent être présentées les vérités qu'on a découvertes. » Or, l'ordre des vérités se découvre par la mise en évidence des rapports. C'est pourquoi, après avoir marqué la carence d'une physique, arrêtée au stade de l'expérience, Fontenelle formule en ces termes l'idéal scientifique : « Le temps viendra peut-être que l'on joindra en un corps régulier ces membres épars. Et s'ils sont tels qu'on le souhaite, ils s'assembleront en quelque sorte d'eux-mêmes. Plusieurs vérités séparées, dès qu'elles sont en assez grand nombre, offrent si vivement à l'esprit leurs rapports et leur mutuelle dépendance, qu'il semble qu'après avoir été détachées par une espèce de violence les unes d'avec les autres, elles cherchent naturellement à se réunir. »[6] Les rapports entre les vérités n'apparaissent clairement que dans leur liaison à leur principe. Il faut donc trouver une formule telle que tous les faits, ou toutes les vérités, puissent s'en déduire par voie de conséquence. Fontenelle en signale l'intérêt en ces termes : « C'est toujours un degré de lumière que de voir sûrement à quel principe, fût-il peu connu, tiennent certains effets. » Prenant un exemple en physique, il ajoute : « Ainsi, quand les physiciens ont demandé comment se fait la génération perpétuelle des plantes et des animaux..., ceux qui ont dit que ces corps sont déjà tout formés... dans les graines ou dans les œufs et qu'ils ne font que se développer, ont apporté dans la philosophie une connaissance nouvelle et utile... »[7] L'avantage est le même en géométrie, où le calcul correspond à l'expérience en physique. Il faut remonter aux premières causes ou aux premiers principes. Fontenelle relève l'inconvénient de l'abstention de cette procédure, en remarquant que « les démonstrations qui ne sont pas tirées des premiers principes ne vont guère au but que par de longs et fatigants circuits ». Il ajoute : « ne ne sait guère plus d'où l'on est parti, on ne sait par où l'on a passé. »[8] Inversement, « si l'on a pu remonter à la vraie nature des choses... il arrive rarement que l'on ne puisse pas embrasser d'un coup d'œil tout le chemin qu'on a fait »[9].

Or, la découverte des principes, tout autant que celle des éléments, n'est souvent atteinte qu'après de laborieuses recherches. Fontenelle en apporte un exemple personnel, en révélant

6. *Ibid.*
7. Préface des Éléments de la géométrie de l'Infini, in Tome X, des *Œuvres de Fontenelle* en 11 vol., p. 64.
8. *Ibid.*, pp. 67 et 68.
9. *Ibid.*, p. 68.

les difficultés qu'il a rencontrées dans sa *Géométrie de l'Infini*. Dans la Préface de cet ouvrage, il décrit ainsi sa recherche des principes : « Plusieurs petites branches que l'on tient d'abord séparément mènent à la grosse branche qui les produits ; et plusieurs grosses branches mènent enfin au tronc. Une des grandes difficultés que j'ai éprouvées dans la composition de cet ouvrage a été de saisir le tronc ; et plusieurs grosses branches m'ont paru l'être qui ne l'étaient pas. » Remarquons, en passant, que le physicien, dans la recherche d'une hypothèse se trouve dans une situation analogue. Le texte se poursuit ainsi : « Mais enfin, quand j'eus pris l'infini pour le tronc, il ne m'a plus été possible d'en trouver d'autre ; et je l'ai vu distribuer de toutes parts et répandre ses rameaux avec une régularité et une symétrie qui n'a pas peu servi à ma persuasion particulière. »[10] Les tentatives aléatoires sont une fatalité de la recherche en mathématiques comme en physique. Et elles portent sur les éléments comme sur les principes.

Dans un ordre de connaissance, la science est définitivement constituée quand tous ses éléments sont unifiés par un principe. Cette unification est la fin des systèmes. Un système est d'autant plus parfait que la cohésion de ses parties est plus forte.

C. — Le système des mondes

A titre d'exemple, en physique, Fontenelle nous présente, dans un dialogue avec une marquise, un système des Mondes.

1. Postulat : la simplicité de la nature :

Application par le mécanisme.

Cette construction repose sur le postulat, selon lequel la Nature agit très simplement. Fontenelle indique à la marquise la consistance de cette simplicité. « Ce n'est que par là qu'on peut attraper le plan sur lequel la Nature a fait un ouvrage. Elle est d'une épargne extraordinaire ; tout ce qu'elle pourra faire d'une manière qui lui coûtera un peu moins, quand ce moins ne serait presque rien, soyez sûre qu'elle ne le fera que de cette manière-là. Cette épargne néanmoins s'accorde avec une magnificence surprenante qui brille dans tout ce qu'elle a fait... la magnificence est dans le dessein et l'épargne dans l'exécution... rien n'est plus beau qu'un grand dessein que l'on exécute à peu de frais. »[11] Or,

---
10. *Ibid.*, p. 67.
11. Entretiens sur la pluralité des Mondes, 5ᵉ édit., Paris, 1703, p. 31.

le mécanisme satisfait précisément à ce postulat. L'Univers, semblable à une montre, est conduit par des mouvements réglés qui dépendent de l'arrangement des parties. La marquise acquiesce en ces termes : « Il est surprenant que l'ordre de la nature, tout admirable qu'il est, ne roule que sur des choses si simples. »[12]

2. **Le système de Copernic :**
 — *le mouvement de la Terre* ;
 — *sa masse.*

Le système de Copernic sur les mouvements de la Terre s'inspire de cette simplicité et se recommande, en outre, par sa conformité aux observations sur les mouvements de Mercure et de Vénus. Fontenelle l'expose à la marquise.

La Terre est animée de deux mouvements. Tel un navire, poussé vers de nouveaux rivages, elle ne répond pas aux mêmes étoiles fixes. Elle tourne autour du Soleil en une année. Dans sa révolution, elle décrit une trajectoire bien déterminée entre des astres fixes : les constellations du Zodiaque. — En même temps, elle tourne sur elle-même en vingt-quatre heures. Si, selon un autre système, elle était immobile, les étoiles fixes, placées dans le plus grand cercle, devraient parcourir autour de la Terre, en un jour, un tour immense, trois cent millions de lieues. Il est plus simple de supposer la rotation de la Terre, dont le grand cercle n'a que neuf mille lieues.

Suit une explication sur la masse de la Terre. A la marquise qui s'étonne, en croyant que la Terre ne semble guère portative, Fontenelle répond par une comparaison. De même qu'un souffle de vent suffit à déplacer un grand navire, parce que l'eau, qui se laisse diviser facilement, résiste peu à son mouvement, de même la Terre est aisément portée au milieu de la matière céleste, qui est beaucoup plus fluide que l'eau et qui remplit l'espace où nagent les planètes. — Il faut qu'il en soit ainsi, pour ne pas supposer que la Terre se cramponne pour résister au mouvement de la matière céleste. Elle ne le peut pas plus qu'une petite boule de bois ne peut résister au courant d'une rivière. La marquise soulève une objection : « Comment la Terre, avec tout son poids, se soutient-elle sur votre matière céleste, qui doit être bien légère, puisqu'elle est si fluide ? » Fontenelle répond que ce qui est fluide n'est pas nécessairement léger et que le gros navire avec tout son poids est plus léger que l'eau, puisqu'il y surnage. Comme son interlocutrice s'inquiète de nager à l'aventure dans

---

12. *Ibid.*, p. 19.

la matière céleste, il lui propose de faire porter la Terre par quatre éléphants, comme font les Indiens, et même, pour assurer son repos, d'en accroître le nombre autant qu'il lui plaira. La marquise, qui se déclare rassurée, accorde son suffrage au système de Copernic pour sa simplicité.

3. L'habitation des Planètes, la nature des habitants.

Après quelques considérations sur la Lune, l'entretien s'oriente vers les planètes. La question qui se pose à leur sujet est celle de savoir si elles sont habitées. Fontenelle présume qu'elles le sont. Sa conjecture repose sur un raisonnement par analogie et sur le principe de finalité. Toutes les planètes sont de même nature, des corps opaques. Elles reçoivent leur lumière du Soleil et se la renvoient les unes aux autres. Et elles n'ont que les mêmes mouvements. — Sur ce fondement, peut-on supposer que ces grands corps ont pour destination de n'être pas habités et qu'il existe une exception en faveur de la Terre ? qui le croira ? La Terre est peuplée par d'autres habitants que les hommes : ils appartiennent à des espèces visibles ou invisibles. On a trouvé, dans les interstices de certaines pierres très dures, des vers innombrables, qui rongent ces pierres pour s'en nourrir. Or, quand la Nature a libéralement pourvu la Terre d'animaux de toutes espèces, peut-on croire qu'elle n'ait produit aucun vivant sur les autres Planètes ? La marquise accorde que sa raison est assez convaincue, mais que son imagination est accablée par la multitude des habitants de toutes ces Planètes. Fontenelle répond que « l'imagination n'est pas propre à aller plus loin que les yeux ».

Il ajoute qu' « on peut seulement apercevoir, d'une certaine vue universelle, la diversité que la Nature doit avoir mise entre tous ces Mondes ». Il passe à une conception de la nature de leurs habitants, en invoquant le principe de la répartition équitable des dons de la Nature. En se fondant sur la diversité des visages de nations différentes qui se rattachent à une même famille, on peut présumer que sur une autre Planète les visages sont d'une autre famille. La nature a varié ses ouvrages de tant de manières qu'elle a dû distribuer les talents entre les Mondes de manière à les égaler par des compensations. Sans doute les différences augmentent-elles avec l'éloignement. « Ici, par exemple, on a l'usage de la voix ; ailleurs on ne parle que par signes ; plus loin on ne parle point du tout. Ici, le raisonnement se forme entièrement par l'expérience ; ailleurs l'expérience y ajoute fort peu de choses... On dit qu'il pourrait bien nous manquer un sixième sens naturel, qui nous apprendrait beaucoup de choses que nous ignorons. Ce sixième sens est apparemment dans quelque autre Monde, où il manque quelqu'un des cinq que nous possédons. Peut-être même y a-t-il effectivement un grand nombre de sens naturels ; mais dans le partage... avec les habitants des autres Planètes, il ne nous en est échu que cinq... Nos sciences ont de certaines bornes que l'esprit humain n'a jamais pu passer, il y a un point où elles nous manquent tout à coup ; le reste est pour d'autres Mondes, où quelque chose de ce que nous savons est inconnu. »[13] La marquise se déclare satisfaite de ces conjectures : « Il me semble, dit-elle, que j'ai présentement moins de peine à attraper les différences de tous ces Mondes. Mon imagination travaille sur le plan que vous m'avez donné. » Dans un entretien ultérieur, Fontenelle, revenant sur les habitants des planètes pour fixer la valeur de son opinion, affirme qu'elle est presque aussi fondée que la croyance à l'existence d'Alexandre. Il dit à la marquise : « Vous n'avez jamais vu Alexandre et vous n'avez pas de démonstration mathématique qu'il ait dû être. » Remarquant alors que les habitants des planètes sont à peu près dans le même cas, il ajoute : « Vous ne pouvez pas demander qu'on vous les démontre comme on ferait une affaire de mathématiques ; mais toutes les preuves qu'on peut souhaiter en pareille matière, vous les avez : la ressemblance entière des planètes avec la Terre qui est habitée ; l'impossibilité d'imaginer aucun autre usage pour lequel elles eussent été faites... »[14] Il conclut : « Placez les habitants des planètes un peu au-dessous d'Alexandre, mais au-dessus de je ne sais combien de points d'histoire qui ne sont pas tout à fait prouvés. » L'opinion, selon laquelle les planètes sont habitées se situe entre la vraisemblance et la certitude.

4. Les autres systèmes solaires.

Le dialogue se poursuit par le cas des étoiles dont il faut déterminer le rôle dans l'Univers. Dans cette vue, on raisonnera encore par analogie, selon la convention suivante : « Vous convenez, dit Fontenelle, que quand deux choses sont semblables en tout ce qui me paraît, je les puis croire aussi semblables en ce qui ne me paraît point, s'il n'y a rien d'ailleurs qui m'en empêche. » Notre Soleil est immobile dans l'espace et il est lumineux par lui-même. Ces deux caractères appartiennent aux étoiles, qui conservent toujours les mêmes distances respectives. Elles sont

---

13. *Ibid.*, Troisième soir, pp. 151-152.
14. Sixième soir, 2ᵉ §.

donc assimilables à un Soleil. On en peut conclure que chacune d'elles éclaire un Monde, c'est-à-dire un tourbillon. Ainsi, l'Univers est composé d'un nombre prodigieux de tourbillons, dont le centre est occupé par un Soleil autour duquel tournent les Planètes. Par là, nous pouvons situer notre Terre et notre tourbillon : ils ne sont qu'une parcelle de l'Univers. Et notre Soleil n'est qu'une étoile : c'est ainsi que doivent le voir pendant leurs nuits les gens d'un autre tourbillon. Mais ils ne peuvent apercevoir ses planètes, dont la lumière, empruntée, est trop faible pour parvenir jusqu'à leur monde. — Tous ces tourbillons sont des engrenages, à l'image des roues d'une montre. Dans un mouvement perpétuel, ils se poussent et se repoussent. Parfois, nous recevons la visite d'une Comète, qui est une planète d'un tourbillon voisin, différemment pressé par ceux qui l'environnent. Cette planète étrangère marche au-delà de Saturne, à la périphérie de notre tourbillon. La chevelure dont elle est ornée n'est qu'une fausse apparence, une illumination qu'elle reçoit du Soleil. La marquise s'inquiète des habitants d'une Comète. Fontenelle lui représente que ceux qui vivent dans un tourbillon dont le Soleil vient à s'éteindre, en restant dans une nuit éternelle sont beaucoup plus à plaindre. Il précise que « les Anciens ont vu, dans le ciel, des étoiles que nous ne voyons plus ». Il marque les conséquences de la perte du lumière de ces Soleils : grande désolation dans tout le tourbillon, mortalité générale sur toutes les planètes. Il conclut que « dès qu'il y a du mouvement quelque part, il faut qu'il arrive des changements ». La marquise renchérit sur ces changements auxquels sont sujets des Mondes, les Cieux et les corps célestes. Dans l'entretien suivant, elle s'enquerra de ceux qui peuvent survenir à la Terre. Fontenelle rapporte la séparation de deux montagnes entre l'Afrique et l'Espagne, la séparation de la Sicile et de l'Italie, celle de Chypre et de la Syrie, l'apparition de nouvelles îles. Il signale encore, entre autres perspectives, tels que déluge et tremblements de terre, l'effondrement du royaume de Naples et de la Sicile, « terres appuyées sur de grandes voutes souterraines remplies de soufre d'où s'exhalent des feux par le Vésuve et l'Etna ».

Ici s'achèvent les Entretiens sur les Mondes. Fontenelle, dans sa Préface, exprime une intention à leur sujet dans la déclaration suivante : « Comme je n'ai pas prétendu faire un système en l'air et qui n'eût aucun fondement, j'ai employé de vrais raisonnements de physique, et j'en ai employé autant qu'il a été nécessaire. » Si, à la fin du Sixième Soir, il formule une réserve sur l'assurance facile d'avoir deviné la manière d'agir et les desseins de la nature, il ne laisse pas de présenter, dans le système des Mondes des « idées de physique » propres à contenter à la fois la raison et l'imagination.

II. — La déduction en histoire

Introduction : un principe, source de deux méthodes.

Les Entretiens sur les Mondes sont la réalisation d'un système approximatif. — Pour mettre en lumière la sûreté de la déduction, Fontenelle a voulu nous présenter, dans le domaine de l'histoire, la conception d'un système idéal.

Il pose en principe que, pour comprendre un événement ou une situation, l'esprit raisonne toujours du connu à l'inconnu. Ce principe d'explication pouvant être interprété de deux façons est à l'origine de deux méthodes. — Il a donné naissance à la méthode inductive en histoire, comme en physique. Le physicien, prenant pour matériaux un certain nombre d'expérience et d'effets de la nature, conjecture les causes. — Ainsi, pour avoir reconnu par l'usage les effets des poids, des ressorts et des leviers, il fait agir la nature par des leviers, des poids et des ressorts. — De même, l'historien, en présence d'un certain nombre de faits, en imagine les motifs, en assimilant l'inconnu à ce qui lui est connu présentement. — Après avoir signalé les erreurs des démarches inductives, Fontenelle nous introduit d'emblée dans une science constituée, où sont intégrés tous les enseignements de l'expérience.

A. — L'induction

En histoire, la méthode inductive se présente sous différentes formes :

1. Dans la mythologie, pour rendre raison du tonnerre, on se représente un dieu de figure humaine, lançant des flèches de feu. — Pour expliquer la disparition d'un jeune homme qui est tombé dans une rivière et dont on ne retrouve pas le corps, on suppose qu'il a été enlevé par des jeunes filles, qui gouvernent la rivière et qui l'ont conduit dans leur palais inaccessible, au-dessous de cette rivière. — Tous ces événements sont naturellement amenés. Les causes en sont empruntées aux objets les plus familiers ; on peut se les représenter facilement. On est donc porté à les croire. Cette affabulation repose sur l'ignorance.

2. Quand un peu de lumière dissipa les ténèbres, le goût avait changé. Le public s'intéressa à des fictions qui alimentaient déjà la poésie et la peinture, si bien que les historiens conservèrent

la méthode : l'agrément laissa passer l'erreur. Les lecteurs éclairés ne furent pas dupes : identifiant la fable comme telle, ils l'acceptèrent comme ornement. Mais, en passant chez les peuples qui préféraient l'exacte vérité, ces histoires ridicules ont créé un malentendu. Succédant à l'ignorance, le goût du faux perpétua la méthode.

3. Par lassitude, on se détourna des fictions. Le public savant s'avisa d'une autre attitude. Il admit les fantaisies dans l'art, où l'imagination peut s'exercer sans dommage, mais les proscrivit en histoire. On aima « raisonner sur les actions des hommes, en pénétrer les motifs et connaître les caractères ». — Pour répondre à ce goût nouveau, les historiens ont écrit les faits, en les accompagnant de motifs et de portraits des personnage. Mais ces motifs et ces portraits n'avaient pas plus de vérité que les contes fabuleux : ils n'étaient, comme les fables, que des produits de l'imagination. Le goût du vrai ne suffit pas pour déterminer la vérité.

4. Les systèmes inductifs, constructions hasardeuses. La régression des faits aux motifs comportent des possibilités d'erreurs. Celles-ci ont été commises effectivement. On crut alors pouvoir se dispenser de remonter des faits aux causes qui les avaient produites. Confondant science et érudition, les historiens accumulèrent les détails et les dates. On constata alors que les guerres, les conquêtes et les conjurations se produisent à peu près de la même façon dans tous les pays du monde. Quand on lit l'histoire d'Alexandre et celle de Charlemagne, on ne s'aperçoit pas de la différence des siècles et des pays. On pourrait substituer les Grecs aux Français sans que l'histoire en souffrît quelque changement. Autant vaudrait qu'un homme « apprît exactement l'Histoire de toutes les pendules de Paris, en quel temps et par quel ouvrier chacune a été faite, combien de fois et combien de temps chacune s'est déréglée, lesquelles sonnent plus clair que les autres ; ... mais qu'il ne se souciât nullement de savoir comment cette machine est composée et quels ressorts la font jouer »[15]. Les faits par eux-mêmes sont aveugles ; ils empruntent leur lumière à la condition de l'homme. On stérilise l'histoire lorsqu'on la confine dans un répertoire de faits.

En suivant à travers les changements de goûts, dans la mythologie et dans les temps modernes, le passage des faits aux causes nous avons supposé des faits *réels*. Aussi les erreurs mentionnées ne se produisent-elles pas inéluctablement ; elles sont accidentelles. Mais, si les faits sont *imaginaires*, leurs causes ne peuvent

---

15. *Œuvres de Fontenelle*, 11 vol., 1757 ; T. IX, p. 367.

être qu'imaginaires. Or ce cas est le plus fréquent. Nous sommes beaucoup moins ignorants, écrit Fontenelle, « par les choses qui sont et dont la raison nous est inconnue, que par celles qui ne sont point et dont nous trouvons la raison... c'est-à-dire que non seulement nous n'avons pas les principes qui mènent au vrai, mais que nous en avons d'autres qui s'accommodent très bien avec le faux »[16]. Lui-même a écrit une histoire pour ruiner une opinion fausse : l'attribution des oracles aux démons ; et pour établir un fait : l'imposture des prêtre païens. — Telles sont les erreurs des démarches inductives. Elles donnent lieu à des constructions hasardeuses ou purement fictives : le domaine de la psychologie et celui de la physique n'ont pas la même consistance.

Faut-il donc incriminer la méthode ? Quand on va du connu à l'inconnu en remontant des effets aux causes, on prend le change sur les termes. L'examen d'une autre méthode nous fixera à cet égard.

B. — La déduction

1. Présentation de la méthode.

L'explication véritable consiste, non à remonter des effets aux causes, mais à descendre des causes aux effets, c'est-à-dire des principes aux conséquences. Fontenelle exprime cette vue dans un système idéal, dont voici les termes : « quelqu'un qui
» aurait bien de l'esprit, en considérant simplement la nature
» humaine, devinerait toute l'Histoire passée et toute l'Histoire
» à venir, sans avoir jamais entendu parler d'aucun événement.
» Il dirait : la nature humaine est composée d'ignorance, de cré-
» dulité, de vanité, d'ambition, de méchanceté, d'un peu de bon
» sens et de probité par dessus tout cela, mais dont la dose est
» fort petite en comparaison des autres ingrédients. Donc ces
» gens-là feront une infinité d'établissements ridicules et un très
» petit nombre de sensés ; ils se battront souvent les uns avec
» les autres, et puis feront des traités de paix presque toujours
» de mauvaise foi ; les plus puissants opprimeront les plus fai-
» bles, et tâcheront de donner à leurs oppressions des apparences
» de justice, etc. Après quoi, si cet homme voulait examiner
» toutes les variétés que peuvent produire ces principes géné-
» raux, et les faire jouer, pour ainsi dire, de toutes les manières
» possibles, il imaginerait en détail une infinité de faits, ou arri-
» vés effectivement, ou tout pareils à ceux qui sont arrivés. »

16. *Histoire des oracles*, ch. **IV**, § **4**.

Par cette méthode, « on serait à la source des choses, et de là on en contemplerait en se diversifiant les suites qu'on aurait déjà prévues ; car les principes généraux étant une fois bien saisis, on envisage d'une vue universelle tout ce qui en peut naître, et les détails ne sont plus qu'un divertissement que l'on peut même négliger quelquefois à cause de son inutilité ou de son trop de facilité »[17].

2. **Ses éléments :**

   a) *la nécessité des faits ;*
   b) *l'histoire passée :*
   — sa valeur d'expérience :
   - par ses erreurs,
   - par ses méthodes périmées ;
   — ses deux enseignements.

Comment faut-il entendre cette déclaration ? Faut-il renoncer à écrire l'histoire ? Faut-il ignorer les faits pour s'attacher aux essences et à leurs lois ? Autant vaudrait supprimer la physique parce qu'il existe une mécanique. Il est trop clair qu'on ne peut opérer de déductions en histoire que s'il y a une histoire. Or il n'y a pas d'histoire sans événements.

La nécessité des faits.

Les lois ont besoin d'une consistance, ne fût-ce que des symboles et des schémas qui les expriment. En histoire, les faits sont l'incarnation des opinions et des passions. Les intentions ne se révèlent qu'en se réalisant. — De plus les faits illustrent les principes généraux. Fontenelle complète ainsi sa déclaration : « Comme nous ne saisissons presque jamais les principes généraux si parfaitement que notre esprit n'ait besoin d'y être soutenu par les applications particulières, et que tout au moins ces applications particulières donnent un spectacle agréable à ceux qui ont le mieux saisi les principes généraux, il est bon que l'histoire accompagne et fortifie la connaissance que nous pourrons avoir de l'homme. Elle nous fera voir pour ainsi dire l'homme en détail, après que la morale nous l'aura fait voir en gros, et ce qui sera peut-être échappé à nos réflexions générales, des exemples et des faits particuliers nous le rendront. »[18] Ainsi, si

17. *Œuvres de Fontenelle*, en 11 volumes, Paris, 1751, t. IX, sur l'Histoire, pp. 365-366.
18. *Ibid.*, p. 369.

certains faits n'ont qu'un rôle extérieur en servant d'expression et d'illustration aux principes, d'autres, en révélant les principes, permettent une extension de la connaissance de l'homme.

Si l'histoire est une science d'essences, elle est en même temps un rapport de faits. Elle est inséparable des événements et de leur âme. Mais la déduction des événements n'est applicable que si la science de l'homme est suffisamment avancée. Ici intervient l'induction dans son application, non pas aux événements, mais aux histoires des événements. Les rôles imaginaires peuvent servir de matériaux à la moralité. Un tableau obscène peut être utilisé par un moraliste pour faire sentir l'abjection de la débauche. De même, le logicien peut faire valoir les erreurs de l'histoire pour déceler un vice de méthode.

L'histoire.

Les histoires constituées, qui sont des faits à l'étage supérieur, offrent le spectacle des opinions et des passions, qui entrent dans la composition du caractère des hommes, où prennent naissance les événements. Elles montrent comment les goûts se produisent et s'abolissent ; comment les erreurs s'établissent par l'ignorance, comment elles se répandent par leurs enchaînements, comment elles se maintiennent par le respect de la tradition.

Nous pouvons généraliser par l'application à nous-mêmes. Fontenelle observe que « tous les hommes se ressemblent si fort qu'il n'y a point de peuple dont les sottises ne nous doivent faire trembler ». On peut encore débiter à certain public les histoires les plus étranges, sans susciter de contradiction : il suffit que le goût soit dépravé jusqu'à la recherche du scandale ou du sensationnel. — Aujourd'hui, comme autrefois, on trouve des gens pour défendre des erreurs ; des gens qui ont recours, pour les justifier, à toutes sortes de subterfuges ou de subtilités. « Lorsque les Chrétiens, et même avant eux quelques philosophes, vinrent à découvrir publiquement le ridicule des Fables Païennes, ... on alla jusqu'à les réduire en allégories, parce qu'assurément le sens littéral était insoutenable, et l'on attribua aux premiers hommes, c'est-à-dire à des hommes très grossiers et très ignorants d'avoir su tous les secrets de Physique ou de Morale, et d'avoir eu l'art de les envelopper sous des images empruntées ; ... mais à l'heure qu'il est, lorsqu'une erreur est en possession de nos esprits, que ne faisons-nous pas pour empêcher qu'on ne l'en arrache ? »[19] Il nous importe donc de connaître par leurs causes

---

19. *Ibid.*, pp. 373-374.

les égarements de l'esprit. « L'esprit est moins capable d'erreur, dès qu'il sait et à quel point et en combien de manières il en est capable. »[20]

Ses deux enseignements.

Si l'ignorance grossière est le lot de l'enfance des peuples, l'histoire de l'histoire, par ses erreurs et par ses méthodes périmées, a valeur d'expérience. De cette expérience se dégagent deux enseignements, l'un sur la sûreté de la méthode, l'autre sur sa justification.

Les tentatives avortées sont la base des rectifications. Elles permettent, par voie d'approximations successives, de perfectionner ou d'étendre la science de l'homme, en réduisant les aléas dans la déduction des événements. Mais la sécurité de la déduction exige une science parfaite.

En second lieu, une méthode qui conduit à des absurdités conserve un intérêt négatif, à titre d'épreuve, c'est-à-dire de moyen de connaissance.

C. — Conclusion

L'induction, moyen de connaissance subordonné à la déduction.

En recommandant l'emploi de la méthode déductive, Fontenelle ne condamne pas de plano l'induction, mais le rôle qu'elle a joué dans des replatrages approximatifs. La méthode inductive ne peut pas être une fin en soi : les systèmes résultant des effets et des causes, ajustés conjecturalement, sont des constructions hasardeuses, en l'histoire comme en philosophie. Il reste que l'induction a sa place en histoire comme moyen de découverte dans la mesure où nous pouvons généraliser. Le « droit d'induire » est une norme primitive : le problème qui se pose à son sujet est celui de savoir quels sont les cas où nous devons nous défier de cette tendance et ne pas nous attendre à voir l'avenir ressembler au passé. Mais l'induction n'explique pas les événements. Ceux-ci s'éclairent à leur source. On les saisit par leurs enchaînements.

La déduction est la vraie méthode de l'histoire parce que tous les événements existent virtuellement, à titre d'essences, dans l'esprit humain. L'intelligence pourvue d'une connaissance exhaustive contemplerait, dans une vaste intuition, passé, présent et avenir : elle serait contemporaine de tous les temps. Mais,

---

20. *Ibid.*, p. 370.

esprits limités, nous appréhendons les situations, dans un ordre successif et connaissons les essences lorsqu'elles s'actualisent dans les événements. Nous sommes donc obligés de nous rendre à l'induction. Fontenelle a voulu mettre l'accent sur l'excellence des connaissances *a priori*, lorsqu'elles sont accessibles.

III. — Conclusion sur Fontenelle

1. **Caractère et but de la recherche scientifique.**
2. **L'orientation de la science.**

Fontenelle marque nettement les phases constitutives de toute science, en retraçant la procédure suivie par l'Académie des Sciences, nouvellement fondée. Après avoir observé que la physique est encore « au berceau », il écrit : « l'Académie n'en est encore qu'à faire une ample provision d'observations et de faits bien avérés, qui pourront être un jour les fondements d'un système. » Il ajoute cette indication de méthode : « car il faut que la physique systématique attende, à élever des édifices, que la physique expérimentale soit en état de lui fournir les matériaux nécessaires. »[21] Un principe posé *a priori*, *avant* la formation d'une science, porte obstacle à son progrès en s'opposant aux vérités ultérieures. Chronologiquement, la place des principes doit venir au terme de la recherche pour systématiser les résultats. Fontenelle note, à ce propos, que l'Académie des Sciences, qui réserve aux faits un accueil favorable, se défie des systèmes. Telle est la manière de travailler qu'il prend à son compte. De ces vues se dégagent le caractère et le but de toute recherche.

La recherche apparaît toujours plus ou moins fragmentaire et discontinue. Nous appréhendons isolément les parties constitutives de l'expérience, avant d'atteindre leurs rapports et les principes dont on peut les déduire. Cette contrainte se révèle par l'insécurité qui l'accompagne. En géométrie et en physique, comme en histoire, les recherches se poursuivent dans l'incertitude. Le chercheur n'est qu'exceptionnellement le génie qui ignore les tentatives et frappe au but du premier coup. Les expériences physiques, les propriétés géométriques, la signification des faits historiques sont découvertes et prouvées comme on peut. L'insécurité est le caractère inhérent à toute recherche scientifique. C'est pour l'atténuer que Malebranche institue une méthode

---

21. Préface sur l'utilité des mathématiques et de la physique, et sur les travaux de l'Académie des Sciences, *ad finem*.

dont le principe est l'application de la déduction mathématique à la recherche.

Mais la recherche ne s'achève pas dans la découverte. Elle se prolonge dans la systématisation des résultats. Géomètres, physiciens, historiens visent, chacun dans son domaine, à découvrir les principes propres à chaque ordre de matière. L'esprit doit saisir la liaison des propriétés, des lois ou des faits, en les rapportant au principe dont ils sont les conséquences. L'intelligibilité n'est pleinement atteinte que par les enchaînements, c'est-à-dire par la méthode déductive. C'est pourquoi, en particulier, il n'existe pas d'histoire sans une systématisation des événements.

Tels sont le caractère et le but de toute recherche. Fontenelle les a mis en relief sur le plan méthodologique, en essayant d'établir une continuité dans les phases constitutives de la science. Cette continuité apparaît dans le rapport du but et des moyens. Le but qu'il assigne à toute science est sa systématisation par l'établissement de principes. Les moyens ne sont autres que la méthode expérimentale, par ses voies incertaines, embarrassées ou obscures. Or celles-ci s'amenuisent avec l'avancement des sciences. Fontenelle tient qu'il existe un progrès de la méthode. Il le constate en ces termes : « A mesure que les sciences ont acquis plus d'étendue, les méthodes sont devenues plus simples et plus faciles. »[22] Ce progrès de la méthode est en liaison immédiate avec la vérité. Fontenelle parle ainsi de la vérité de la méthode : « Le vrai est simple et clair ; et quand notre manière d'y arriver est embarrassée et obscure on peut dire qu'elle mène au vrai et n'est pas vraie. »[23]

En dernière analyse, Fontenelle insiste sur deux points : d'une part sur la nécessité de l'expérience et de l'expérimentation pour constituer la science, d'autre part sur l'orientation de la science vers la systématisation déductive. Sur le second point son insistance s'inspire manifestement du mécanisme cartésien, comme en témoigne l'ouvrage sur la pluralité des mondes.

---

22. *Histoire de l'Académie des Sciences depuis 1666 jusqu'à 1699.* Préface.
23. *Préface à la Géométrie de l'Infini*, p. 67.

CONCLUSION DE LA SECONDE SECTION

L'apport respectif des savants cartésiens : comment se particularise chez chacun d'eux l'influence de Descartes

L'analyse conduit aux résultats suivants.

Chez Rohault la méthode déductive remplit un double emploi. D'une part elle donne accès, par voie d'hypothèses, à la découverte des lois. D'autre part elle introduit dans les lois l'ordre et la liaison pour systématiser le donné en fonction de la mécanique.

Ici apparaît déjà le mouvement de pensée qui, par la méthode hypothético-déductive, part de la complexité donnée pour atteindre, par l'assimilation de l'expérience, la simplicité de la déduction pure.

L'œuvre de Régis qui, dans son rapport à la méthode, laisse dans l'ombre l'étude de la découverte, intéresse plus spécialement, par son système d'hypothèses, la physique théorique, envisagée sous l'aspect explicatif. De plus, comme Rohault, Régis utilise et recommande le mécanisme en l'étendant à tous les objets de la nature. Il remarque que l'explication mécaniste est liée à la méthode déductive et représente, dans l'application de cette méthode, la systématisation la plus parfaite. Chez Régis, comme chez Rohault, l'application de la méthode déductive à toutes les sciences se précise par la conception mécaniste de la nature. La même orientation se retrouve chez Malebranche et chez Fontenelle.

Chez Malebranche le mécanisme des lois du mouvement s'associe au mécanisme déductif des formules, qui a pour but la découverte des lois physiques. L'intérêt de la théorie de Malebranche apparaît en particulier dans la position des problèmes. Cet avantage peut s'illustrer par l'exemple suivant, emprunté à Mach. Considérons les équations du mouvement uniformément accéléré, d'accélération γ, dont e désigne la distance, t le temps, v la vitesse correspondante :

$$(1) \quad \begin{cases} v = \gamma t, \\ e = \dfrac{1}{2} \gamma t^2, \\ \gamma e = \dfrac{v^2}{2} \end{cases}$$

Multipliées par m elles deviennent
$$mv = m\gamma t,$$
$$me = \frac{m\gamma t^2}{2}$$
$$m\gamma e = \frac{mv^2}{2}$$

ou, en désignant par F la quantité $m\gamma$:

(2) $\begin{cases} mv = Ft, \\ me = \dfrac{Ft^2}{2} \\ Fe = \dfrac{mv^2}{2} \end{cases}$

Toutes les équations (1) contiennent la grandeur γ. Chacune d'elles contient en outre deux des trois grandeurs e, t, v. On peut les représenter par le schéma :

$\gamma \begin{cases} v, t \\ e, t \\ e, v. \end{cases}$

Toutes les équations (2) contiennent les grandeurs m, F. Chacune contient, en outre, deux des trois suivantes e, t, v. On peut les représenter par le schéma

m, F $\begin{cases} v, t \\ e, t \\ e, v. \end{cases}$

On peut utiliser les équations (2) pour résoudre les problèmes relatifs au mouvement produit par une force constante. Ainsi, de la première on déduit la vitesse $v = \dfrac{Ft}{m}$ acquise après un temps t par une masse m soumise à l'action d'une force F.

De la seconde on déduit l'espace $e = \dfrac{Ft^2}{2m}$ parcouru après le temps t par une masse m dont la vitesse initiale est nulle et qui est soumise à l'action de la force F. Mais si l'on demande quelle est la force F pouvant imprimer la vitesse v à la masse m, on voit qu'entre F, v, m seuls il n'existe pas de relation. Les grandeurs t ou e doivent entrer en ligne de compte. La question est donc indéterminée. Les formules permettent de reconnaître l'indétermination.

En érigeant le calcul en méthode, la théorie de Malebranche a contribué à la formation de la mécanique analytique. Mais cet avantage a sa rançon : le calcul ne fournit aucun éclaircissement sur la nature des phénomènes. Ceux-ci doivent être connus dans leurs traits essentiels avant qu'on puisse établir des formules et instaurer un calcul pour dominer la diversité des problèmes. Aussi bien, Malebranche, pour établir les formules des lois du choc des corps, doit-il recourir aux expériences de Mariotte. — Si, chez Rohault et chez Régis, on trouve des indications précises sur la méthode de la science constituée, l'intérêt de l'œuvre de Malebranche porte exclusivement sur la recherche scientifique par l'emploi du calcul et de ses enchaînements déductifs.

L'œuvre de Fontenelle se présente plus spécialement comme théorie de la connaissance de l'objet. Dans cette conception on peut discerner deux types de démarches. Le premier comprend plusieurs étapes. La première, l'appréhension des lois ou des faits dans l'expérience, ne fournit que des indications isolées. Elle n'apporte de l'objet qu'une connaissance fragmentaire, c'est-à-dire incomplète. L'étape suivante, l'organisation des faits ou des lois selon l'ordre logique qui manifeste leurs rapports, fournit sur l'objet, par la mise en évidence de son rôle dans l'ensemble, un complément d'information. Mais, seule, la dernière étape est éclairante, en ramenant à un principe unique les lois scientifiques ou les faits historiques. C'est dire que la connaissance de l'objet s'achève dans la systématisation déductive. L'œuvre de Fontenelle montre, en outre, que la connaissance de l'objet dans sa matière est liée à la méthode par laquelle on l'expose. Aussi bien, à ce type de démarche en trois étapes, est étroitement associée, au cours de l'élaboration de l'objet, son expression, par l'épuration des éléments accessoires, pour atteindre les essences.

Cette théorie s'inspire manifestement du mécanisme cartésien, comme le montre son illustration dans l'Astronomie et dans l'Histoire. Elle fait apparaître, pour obtenir une connaissance exhaustive de l'objet, la solidarité indissoluble de l'objet et de sa méthode par l'intégration de l'objet dans un système déductif. Aussi précise que celles qui l'ont précédée, elle est douée d'une portée plus vaste puisqu'elle embrasse, par l'annexion de l'histoire, la totalité des phénomènes.

LE CARTÉSIANISME EN ITALIE :
LE SENS DE L'ŒUVRE DE BORELLI

L'influence du cartésianisme s'est étendue à l'étranger. En Italie, le savant cartésien le plus représentatif, Borelli, vise, dans une œuvre polyvalente, la mécanisation totale de la science. Ce but se manifeste dans toutes ses recherches, en astronomie, en physique et en physiologie.

En astronomie il a consigné ses travaux dans sa *Théorie des planètes, déduite de causes physiques*. Paru en 1666, cet ouvrage, fondé sur de nombreuses observations des satellites de Jupiter, doit sa valeur physique à une théorie de la gravitation. Borelli soutient que le mouvement des corps célestes ne s'explique pas seulement par une force attractive de l'étoile centrale, mais aussi par l'inertie de la force centrifuge des corps. Il fait intervenir, dans l'explication du mouvement d'une planète, deux forces qui, étant égales et opposées, s'annulent, si bien que la planète ne peut se rapprocher du Soleil ni s'en éloigner au-delà d'une limite déterminée : elle flotte, en équilibre, autour du Soleil. Jusqu'alors on avait voulu expliquer par une rotation du corps central et par une force magnétique de ce corps la force de rotation qui entraîne les satellites autour du corps central. Borelli écarte cette recherche pour ouvrir la voie à une théorie nouvelle.

En physique ses travaux portent sur plusieurs questions. Il a livré ses recherches sur le choc des corps, dans l'ouvrage, paru en 1670, *De vi repercussionis et motionibus naturalibus a gravitate pendentibus*. Les résultats, se réduisant à la considération de cas particuliers, à l'exclusion de toute indication de rapports, sont peu utilisables. — Par contre, dans l'étude du mouvement pendulaire on trouve une explication très correcte par trois facteurs : la vitesse initiale issue d'un choc, la pesanteur et la trajectoire. Borelli montre que c'est par la seule pesanteur que le mouvement est accéléré ou retardé ; et que, dans les deux cas, l'action étant égale, le pendule doit monter d'un côté de la même manière dont il descend de l'autre. — Mais la valeur essentielle de son œuvre réside dans des recherches minutieuses sur la capillarité et sur l'essai d'explication. On savait déjà que, dans les tubes étroits qui sont plongés dans l'eau, celle-ci monte à un niveau plus élevé qu'elle ne le fait en dehors du tube ; et que cette élévation est d'autant plus importante que le tube est plus étroit. Mais Borelli apporte, sur ce phénomène, des connaissances plus vastes. Contre Honoré Fabri, correspondant de l'Académie de Florence, qui assigne pour cause à la capillarité la pression de l'air, il montre que les phénomènes capillaires se produisent aussi dans les espaces raréfiés. Et, selon lui, les parties de l'eau consistent en corpuscules d'où partent en tous sens des branches flexibles. Ces branches, dans un tube de verre, s'appliquent solidement, par une extrémité, à l'élévation de la paroi ; et par ce point d'appui agissent comme des leviers. Par là la pesanteur des particules d'eau dans le tube est en partie supprimée, si bien que l'eau du tube doit s'élever pour rétablir l'équilibre avec la quantité extérieure. — On pouvait admettre l'explication en dehors de toute attraction moléculaire. Mais des difficultés apparurent bientôt devant des observations nouvelles. Borelli trouve que le liquide reste en suspension dans le tube, même si celui-ci est retiré de l'eau, exactement à la même hauteur qu'auparavant ; et que cette hauteur est inversement proportionnelle au diamètre du tube. Jusque là la théorie du levier était encore applicable. Mais il ne put l'étendre au cas suivant. Deux lames de laiton posées sur l'eau, qui se meuvent l'une vers l'autre, s'attirent. Il en est de même de deux assiettes de bois. Inversement une lame de laiton et une assiette de bois se repoussent. En présence de cette situation Borelli dut avouer que la mécanique du levier ne peut suffire à l'explication.

En physiologie il obtint un succès plus durable par une œuvre célèbre, le *De Motu animalium*[24], qui présente une théorie des mouvements des hommes et des animaux. Toutes les études s'inspirent de la biologie mécaniste, telle que Descartes l'avait exposée dans le *Traité de l'Homme* (1664) et dans la *Description du Corps humain* (1648). Parmi les plus marquantes, mentionnons l'aspect mécanique de la fonction respiratoire, expliquée par la relation entre les muscles intercostaux et les variations de volume du thorax ; la digestion, réduite à une action de trituration dont la première phase est la mastication ; la fonction circulatoire, présentée comme une application des lois de la mécanique hydraulique ; la contraction musculaire, où sont appliqués

---

24. Rome, 1680-1681 ; Leyde, 1685.

les principes de la statique du levier à la mesure de la force de contraction des muscles du squelette. On y trouve encore le calcul de la force des muscles du bras, nécessaire au soutien, par un doigt, d'un poids déterminé ; l'évaluation de la stabilité de la station debout en fonction de la surface de sustentation ; l'explication de la course et de l'inclinaison du corps par le déplacement du centre de gravité, etc... — Œuvre forte et neuve, qui consolide la théorie des bêtes-machines, l'ouvrage est resté classique. Il inaugure de nombreuses recherches, en particulier sur la mesure des forces agissantes et sur la détermination de la limite de capacité de travail.

Il a exercé une influence profonde et durable. La méthode mécaniste de l'explication en biologie sera suivie, avec des fortunes diverses, d'abord au XVIIIe siècle. Haller, sans toutefois généraliser l'explication de type cartésien, l'applique en particulier à la respiration et à certains aspects de la digestion ; il la développe dans son étude sur le mouvement du sang (1752). — Stephen Hales contribue, par son Hémastatique [25] au développement de la mécanique circulatoire par la mesure de la pression du sang dans les vaisseaux et par la mise en évidence de la pression artérielle. — Jean Bernouilli accentue les études sur la contraction musculaire dans le sens de l'analyse mathématique [26]. Le même type d'explication se retrouve au XIXe siècle en Allemagne. Du Bois-Reymond invente les techniques de l'électrophysiologie, conçues dans l'esprit le plus pur de la conception mécaniste en biologie. Helmholtz découvre le travail du muscle dans la production de la chaleur animale et, le premier, mesure la vitesse de l'influx nerveux selon une méthode qui lui a valu d'être appelé « le plus éminent physiologiste mathématicien du XIXe siècle » [27]. En France, appartiennent à une inspiration analogue les études de Magendie sur les propriétés des racines des nerfs rachidiens ; et l'œuvre de Marcellin Berthelot, dont l'Essai de Mécanique Chimique (1879) indique les lois de l'énergétique animale [28].

L'explication mécaniste, malgré sa force d'expansion, ne rallia pas tous les suffrages. Les antimécanistes, conscients de la

---

25. Londres, 1733.
26. Cf. CANGUILHEM, La physiologie animale, in Histoire générale des Sciences publiée par René Taton, t. II, 3e partie : le XVIIIe siècle, pp. 593-619.
27. Cf. G. CANGUILHEM, La physiologie en Allemagne, ibid., t. III, la Science contemporaine, vol. I, le XIXe siècle (V^e part., liv. I, chap. VI), pp. 475-484.
28. Cf. M. CAULLERY, La physiologie en France, ibid., t. III, La Science contemporaine, vol. I, le XIXe siècle (V^e part., liv. I, chap. VI), pp. 469-474.

complexité des phénomènes vitaux et de l'originalité des fonctions biologiques lui reprochèrent sa schématisation. Attentifs à respecter la spécificité des lois de l'organisation vitale, ils employèrent concurremment d'autres types d'explication, comme en témoignent les exemples cités par M. Canguilhem. « Son adhésion à des conceptions vitalistes n'a pas empêché G. F. Wolff (1733-1794) de fonder authentiquement l'embryologie moderne, grâce à des observations microscopiques habiles et précises, d'introduire l'histoire et la dynamique dans l'explication des moments successifs du développement de l'œuf... L'histoire de la formation de la théorie cellulaire montre, parmi les précurseurs et les fondateurs, autant de vitalistes que de mécanistes. »[29]

Cependant l'efficacité des tentatives mécanistes et la fécondité de la méthode sont généralement reconnues. En tout état de cause, la postérité spirituelle de Descartes en biologie reste plus ou moins tributaire de l'œuvre de Borelli, qui passe, selon une expression péjorative, pour le « fondateur de l'école des iatromécaniciens ».

Dans des domaines divers, en astronomie, en physique et en physiologie, une même intention anime l'œuvre de Borelli : l'effort pour atteindre, par le mécanisme, l'unité d'explication. Cette conception totalitariste, quelles que soient son insuffisance ou ses faiblesses, ne laisse pas de mettre en évidence la force de l'idée de la systématisation du savoir.

Du rapprochement des résultats de l'analyse se dégage une même orientation. La méthode expérimentale est l'introduction indispensable à la formation de toute science, des mathématiques, de la physique ou de l'histoire. Elle permet d'atteindre des faits, dont le système déductif, auquel ils sont intégrés, donne de ses objets une connaissance plus parfaite. Telle est la pratique des cartésiens à l'égard de l'expérience. Elle se prolonge dans la science moderne.

---

29. *La connaissance de la vie*, Paris, Vrin, 1965, pp. 92-93.

TROISIÈME SECTION

L'EXPÉRIENCE
DANS LA SCIENCE MODERNE

PREMIÈRE PARTIE

LA MÉTHODE HYPHOTHÉTICO-DÉDUCTIVE

A. — Son premier emploi
dans la découverte des lois sur la chute des corps.
Les trois étapes de la découverte

Avant de formuler la doctrine théorique de la déduction, Descartes avait sous les yeux l'emploi effectif de la méthode déductive, particularisée à la recherche scientifique. Les travaux de Galilée avaient inauguré, en rupture avec la dialectique médiévale, la méthode hypothético-déductive de la science moderne. Galilée, en opposition aux préjugés de ses prédécesseurs, montre, dans ses études sur la chute des corps, comment, par le concours de l'expérience, d'une hypothèse et de sa vérification, on parvient à l'énoncé d'une loi scientifique.

B. — Première hypothèse :
l'égalité de vitesse des corps qui tombent.
Vérification expérimentale
par l'isochronisme des oscillations du pendule

Après avoir réalisé diverses expériences en chute libre, il conçoit qu'en raison des grandeurs toujours changeantes du mouvement on ne peut atteindre la loi du changement qu'en prenant un point d'appui dans une hypothèse, afin de déduire la théorie du mouvement.

Sa première hypothèse est l'égalité de vitesse de la chute. Il pose conjecturalement que tous les corps tombent avec la même vitesse, indépendamment de leur matière et de leur poids. — Pour vérifier cette présomption il s'appuie sur l'isochronisme des oscillations du pendule, en considérant que le mouvement pendulaire n'est autre que la chute d'un corps sur une trajectoire circulaire.

C. — Seconde hypothèse, sur la nature du mouvement

1. Position de la question.

Ce résultat n'est qu'un prélude à la recherche de la nature du mouvement. Galilée part de l'expérience courante, qui montre que tous les corps tombent avec une vitesse croissante. Reste à savoir quelle est la loi de l'augmentation de vitesse, c'est-à-dire de quelle façon croissent les vitesses avec l'accroissement du temps de chute.

2. Conjecture : une force constante produit un mouvement uniformément accéléré.

Galilée présume, par égard à la vraisemblance, que les corps doivent tomber de la façon la plus simple, parce que tous les mouvements naturels sont, à leur manière, les plus simples. Pour une pierre qui tombe, la façon la plus simple de multiplier sa vitesse est celle qui, à chaque instant, se produit de la même manière, c'est-à-dire par des accroissements égaux de vitesse en des temps égaux. — Galilée va étayer sa conjecture par une théorie complète, en rapportant le mouvement à la force. Il attribue l'augmentation constante de vitesse à une impulsion de mouvement toujours égale, c'est-à-dire à une force constante. Il admet qu'une force toujours égale accélère toujours également les corps qui tombent.

3. Établissement par la théorie de la chute libre. Implication : rectification de la seconde partie du principe de l'Inertie.

a) *Première conséquence : loi des vitesses.*

Cette assomption implique une rectification de l'opinion régnante sur la seconde partie de la loi d'inertie. Les prédécesseurs de Galilée reconnaissent bien qu'aucun corps ne passe du repos au mouvement sans l'intervention d'une force. Mais, en même temps, ils prétendent que chaque mouvement, sans obstacle extérieur, s'éteint de lui-même comme une lumière qui n'est plus alimentée, lorsqu'aucune force ne soutient le mouvement. Galilée, au contraire, affirme que l'extinction de tous les mouvements sans une force de soutien provient d'obstacles tels que la résistance de l'air. Il pose cette proposition : aucun corps ne change de vitesse ni en grandeur ni en direction sans l'intervention d'une force. Autrement dit, en l'absence de toute force, le mouvement d'un corps est rectiligne et uniforme. En d'autres termes, si un corps s'est trouvé pendant un certain temps sous l'action d'une force, il continuera après la cessation de cette force, à se mouvoir constamment avec la même vitesse. Inversement, si un corps se trouve sous l'action persistante d'une force, il reçoit à chaque instant une nouvelle impulsion de mouvement, qui accroît toujours sa vitesse. Ce mouvement est accéléré.

Pour préciser cette accélération, Galilée, ici, admet encore, par égard à la vraisemblance, qu'une force constante doit produire une action constante, c'est-à-dire une augmentation toujours égale de vitesse, par l'adjonction d'une vitesse à une autre. Il est donc amené à poser qu'une force constante ajoute à un corps, en des temps égaux, des vitesses égales. De cette proposition résulte la première loi de chute du mouvement uniformément accéléré : *les degrés de vitesse, à chaque instant, sont proportionnels aux temps écoulés depuis le début du mouvement.*

b) *Seconde conséquence : loi des espaces, obtenue par un procédé géométrique d'intégration.*

Cette loi peut se déduire de la loi des espaces. Pour découvrir celle-ci, Galilée supplée à l'intégration en imaginant le diagramme suivant.

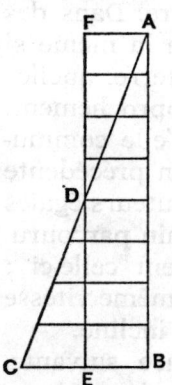

L'étendue A B représente la grandeur d'un temps déterminé ; et la perpendiculaire B C, élevée à l'extrémité B, la vitesse atteinte à la fin du temps. D'après la loi des vitesses, chaque perpendiculaire élevée en un point de A B sur A C représente la vitesse en ce point. Si maintenant, par la bissection D de A C on mène la parallèle E F à A B et que l'on considère le rectangle A B E F, on constate que la somme de toutes les perpendiculaires sur A B du triangle A B C est égale à la somme de toutes les perpendiculaires du rectangle A B E F. Comme ces perpendiculaires représentent des vitesses, on peut exprimer ainsi la proposition précédente : la somme de toutes les vitesses des corps qui tombent librement dans l'intervalle de temps A B est égale à la somme de toutes les vitesses d'un corps qui se meut d'un mouvement uniforme pendant le même temps, à une vitesse égale à la moitié de la vitesse finale du corps qui tombe. Les deux corps ont donc parcouru les mêmes espaces. Galilée arrive ainsi à énoncer la seconde loi du mouvement uniformément accéléré : le temps dans lequel un corps qui tombe parcourt un chemin depuis le début du mouvement est égal au temps dans lequel il parcourrait le même chemin d'un mouvement uniforme à une vitesse égale à la moitié de sa vitesse finale. Or, dans le mouvement uniforme, les espaces parcourus sont proportionnels au produit du temps par la vitesse. Donc, dans le mouvement uniformément accéléré, les espaces parcourus dans un intervalle de temps sont proportionnels au produit du temps écoulé par la moitié de la vitesse finale. Et, comme d'après la première loi, les vitesses sont proportionnelles au temps écoulé, il en résulte que les espaces sont proportionnels au carré des temps. Si, à partir du début du mouvement, on prend des divisions de temps égales, on voit que les vitesses à chaque instant sont proportionnelles à la série des nombres impairs. Par là s'achevait la théorie de la chute libre, dans l'hypothèse du mouvement uniformément accéléré. Restait à la vérifier par le contrôle de l'expérience.

4. **Vérification expérimentale par le plan incliné et par le mouvement pendulaire.**

En raison de la rapidité croissante de la vitesse il était malaisé de déterminer les grandeurs. Galilée a recours au mouvement de chute ralentie. Il vérifie la loi des espaces à l'aide du plan incliné en se fondant sur la théorie suivante. La pesanteur est une tendance des corps vers le centre de la terre. Dans des mouvements différents l'action de la pesanteur sera la même si elle rapproche également un corps du centre de la terre, quelles que soient les voies par lesquelles se produit ce rapprochement. En mesurant l'action d'une force par la vitesse qu'elle communique à un corps, on peut exprimer la considération précédente par cette proposition : deux corps qui tombent de hauteurs égales atteignent des vitesses égales, quel que soit le chemin parcouru. Cette proposition, appliquée au plan incliné, devient celle-ci : un corps atteint, dans la chute sur le plan incliné, la même vitesse que s'il tombe verticalement de la hauteur du plan incliné.

Galilée fonde cette proposition sur l'expérience suivante, réalisée sur le pendule, pris comme moyen auxiliaire. Accrochons un pendule en A et amenons-le jusqu'à la hauteur C D. Lorsqu'on lâche la boule, celle-ci monte du côté opposé jusqu'à la hauteur I E, qui est égale à C D. Si on fixe un clou en un point K de la verticale, de manière à amener le fil à contourner la fixation jusqu'à la hauteur G H égale à C D, on réduit la longueur du pendule et par là-même la longueur de l'arc de cercle parcouru jusqu'à la verticale A B. Or, après la chute au point G, la boule s'élève encore à la hauteur I E. Après le passage à la verticale A B, où l'obstacle de la fixation K est supprimé, elle a donc parcouru la même distance B I qu'auparavant. De façon générale, quel que soit l'arc de cercle, C B ou G B, parcouru dans la première partie

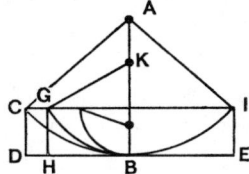

du mouvement, la boule effectue le second parcours avec la même vitesse si elle tombe de la même hauteur C D. Galilée étend ce résultat au plan incliné, en affirmant que les degrés de vitesse des corps qui descendent sur des plans différemment inclinés sont, à l'arrivée sur l'horizontale, toujours égaux, si les empêchements sont écartés. En mesurant la distance parcourue pendant la première seconde et en calculant le rapport entre la hauteur du plan incliné et sa longueur il peut passer à la loi de la chute libre.

D. — Les deux enseignements de cette procédure : l'unification d'une loi ; la méthode de la découverte

De cet exemple se dégagent deux enseignements, l'un sur l'unification d'une loi, l'autre sur la méthode de la découverte.

En premier lieu on voit comment des phénomènes, apparemment différents, trouvent leur explication dans une loi unique. D'après la loi de chute, les espaces parcourus sont proportionnels aux carrés des temps. Donc inversement les temps sont proportionnels aux racines carrées des espaces parcourus. Cette loi s'applique non seulement à la chute libre, mais tout aussi bien à la chute sur le plan incliné et à la chute selon un mouvement curviligne.

En second lieu, Galilée montre qu'un fait d'expérience requiert sa détermination mathématique et que celle-ci s'obtient par l'emploi d'une hypothèse. Par là, est indiquée aux physiciens la méthode appropriée à leur science dans le domaine de la découverte. En fait l'histoire de la mécanique et celle de la physique se résolvent en un passage de la méthode hypothético-déductive à la méthode déductive pure. Cette méthode, qui opère la synthèse de l'expérience et de la déduction mathématique, a reçu par Descartes sa formulation théorique. Pratiquée avant lui par Galilée et après lui par les Cartésiens, elle se retrouve dans la science moderne.

SECONDE PARTIE

L'ÉLABORATION DE L'EXPÉRIENCE DANS LA MÉCANIQUE : LA FORMATION DE L'OBJET

La mécanique occupe, dans l'ensemble des Sciences physiques, une place privilégiée. Tout d'abord c'est en mécanique qu'apparaît pour la première fois l'emploi de la méthode hypothético-déductive. Ensuite il n'existe aucune expérience nouvelle, aucune théorie physique qui ne retentisse sur la mécanique : ainsi s'explique la conception mécaniste de la nature qu'on rencontre déjà chez les cartésiens. C'est pourquoi la formation de la mécanique est, par excellence, le champ d'étude des rapports de l'expérience et de la déduction dans les sciences. Pour les mettre en évidence, esquissons à grands traits les étapes de l'élaboration de l'expérience dans la mécanique classique et dans les mécaniques modernes.

CHAPITRE PREMIER

L'EXPÉRIENCE DANS LA CONSTITUTION DE LA MÉCANIQUE CLASSIQUE

En consultant l'histoire on peut constater que la mécanique classique s'est constituée par le concours de l'expérience et de la déduction. Cette dualité de méthodes, où la priorité appartient à l'expérience, se reconnaît dans la formation des notions, dans l'établissement des lois et dans l'établissement des principes.

I. — Dans la formation des notions

— *Substitution de la notion de force à celle de cause ; de la notion de fonction, à la relation de causalité.*
— *Création de la notion de moment statique.*
— *Genèse de l'expression du concept de masse.*
— *Idéalisation des objets.*

Considérons les notions. Le concept, confus, de cause productrice des Phénomènes est désubjectivé et remplacé par celui de force. Longtemps connue comme pression, la force est élucidée par Galilée qui la rapporte à la notion de mouvement. Or, l'expérience seule apprend qu'une pression détermine un mouvement accéléré. Sous la forme de « circonstance déterminante d'accélération » la notion de force entre dans la science et se représente par un vecteur. Nous verrons plus loin la genèse de son expression. La notion d'action transitive, qu'exprime la causalité, est remplacée par celle de fonction qui met en relief l'interdépendance de deux phénomènes. — L'origine de la notion de *moment* apparaît d'abord dans la loi du levier, où l'équilibre dépend du poids et de la distance. On explique de même que l'effet d'une force P appliquée à une distance L d'un arc se mesure par le produit P × L. On peut mettre en relief la même mesure en considérant un treuil de rayons 1 et 2 dont les charges respectives sont 2 et 1. Les rayons normaux à la direction des forces

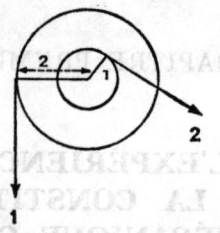

jouent le rôle des bras de levier d'Archimède. Les deux fils s'équilibrent. On voit immédiatement que les facteurs déterminants du mouvement sont les forces et des distances perpendiculaires à l'axe de leur ligne d'action. Ainsi s'explique le produit d'une force par la distance de sa ligne d'action à un axe.

Sur la genèse de l'expression du concept de masse nous sommes renseignés par Mach qui, s'attachant à établir la mutuelle dépendance des phénomènes et commentant Newton dans cet esprit, montre que l'expression classique procède de deux observations.

Première observation. Considérons un corps lourd, un volant par exemple. Ce corps oppose une résistance au mouvement s'il est immobile, une résistance à l'immobilisation s'il est en mouvement. Cette force d'inertie, ou masse, conduit à définir la « quantité de matière » en fonction du mouvement.

Seconde observation, relative au mouvement. Une même pression imprime à des corps de plus en plus lourds des vitesses de plus en plus faibles. Cette observation, conjuguée avec l'expérience de Wren sur le choc des corps, fonde le principe de l'égalité de l'action et de la réaction, qui régit le mouvement d'un corps agissant sur un autre. Par là Newton est conduit à mesurer la force par la quantité de mouvement, ainsi défini : le produit de la masse par la vitesse acquise en l'unité de temps.

De l'inertie on passe au principe de l'égalité de l'action et de la réaction qui conduit à l'expression de la masse par les considérations suivantes, empruntées à Mach[1]. « Considérons deux masses M et m reliées par un ressort. Supposons qu'une cause extérieure imprime à la masse m l'accélération φ. La liaison élas-

1. *La Mécanique*, trad. franç. Bertrand, 1904.

tique éprouve une déformation qui ralentit m et accélère M. Dès que les deux masses se meuvent avec la même accélération, la déformation du ressort cesse de s'accentuer. Appelons α l'accélération de M, β la diminution de l'accélération de m. On a α = φ — β. Du principe de l'égalité de l'action et de la réaction il résulte : αM = βm.

Donc $\alpha + \beta = \varphi = \alpha + \dfrac{\alpha M}{m}$. D'où $\alpha = \dfrac{m\varphi}{M+m}$ ... »

Newton appelle « force de mouvement » le produit d'une masse par son accélération. Désignons par F le produit m × φ, par m' la masse totale M + m et par γ l'expression de α. Nous retrouvons la formule classique $\gamma = \dfrac{F}{m'}$. L'expression $\alpha = \dfrac{m\varphi}{M+m}$ représente donc l'accélération γ d'une masse m' soumise à la force F. Il en résulte : $m' = \dfrac{F}{\gamma}$, expression du concept de masse, déduit des relations dynamiques des corps. Les objets de la mécanique sont d'abord pris dans notre univers matériel, avant de devenir des idéaux au même titre que les triangles de la géométrie. Car ils répondent, seuls, aux exigences qu'on leur impose. Le treuil physique ne satisfait à ces exigences qu'autant qu'il se rapproche du treuil idéal. Mais cette idéalisation qu'accentuent les notations mathématiques dissimule l'empirisme de leur origine.

II. — Dans l'établissement des lois

Quand, de la formation des notions on passe à l'établissement des lois, on retrouve nécessairement l'expérience.

A. — La découverte des lois

Son emploi apparaît d'abord dans les premières découvertes, ensuite dans la précision des formules et, à un stade plus avancé, dans la vérification des résultats déductifs.

Dans la statique des solides.

   a) *Fait d'expérience, démonstration consécutive. La loi du levier ; la loi de la composition des forces ; la loi des déplacements virtuels.*

b) *La déductivité par la recherche d'une liaison des lois entre elles.*

La découverte des premières lois est due aux procédés de la méthode expérimentale. On peut en relever des exemples dans la statique des solides.

Considérons le cas du levier. Il est impossible de savoir *a priori* que les poids et les distances sont les seules déterminations de l'équilibre ; et que celui-ci a pour conditions le rapport inverse des poids à leurs distances au point fixe. En fait, Archimède a déterminé ce résultat par une généralisation inductive fondée sur des cas numériques.

Le principe de l'explication qu'il en donne repose sur une raison de symétrie. Léonard de Vinci, le premier, fait appel à la notion de moment. Jordan de Nemore traduit par la formule $\frac{m}{m'} = \frac{l'}{l}$, l'équilibre de deux forces inégales, de masses m et m', placées aux extrémités d'un levier, aux distances respectives l' et l. Il démontre cette formule dans un théorème qui établit l'égalité entre le travail virtuel moteur et le travail virtuel résistant; et montre ainsi qu'on peut mesurer l'effet mécanique d'une force ou d'un ensemble de forces par l'expression de son travail virtuel, en associant à chaque action une réaction égale et directement opposée.

Le principe de la composition des forces prend naissance dans les recherches de Stévin sur l'équilibre de deux forces concourantes appliquées à un même point.

Varignon en dégage un théorème et une démonstration géométrique. En outre, il opère une vérification expérimentale sur un appareil composé d'un disque horizontal au bord duquel sont fixées des poulies : sur ces poulies passe un fil qui, fixé au centre, retient un poids. On réalise l'équilibre par un dispositif de trois forces égales équidistantes. — Une autre démonstration est due à Newton, qui fait appel à des considérations dynamiques, fondées sur sa seconde loi du mouvement. — Une démonstration analytique est fournie d'abord par Euler [2] ; puis par Poisson dans une équation fonctionnelle.

Le principe des déplacements virtuels est dû encore à Stévin qui constate que, dans un système de poulies en équilibre, les produits de chacun des poids par son déplacement sont égaux. — Galilée parvient au même résultat par ses recherches sur le plan incliné.

---

2. *Mechanica, sive motus scientia analytice exposita.*

Sur un plan incliné dont la longueur A B est égale au double de la hauteur B C repose un poids Q, maintenu en équilibre par un autre $P = \dfrac{Q}{2}$ agissant selon la hauteur BC. En mettant le système en mouvement, le poids $P = \dfrac{Q}{2}$ descend de la hauteur h. En même temps le poids Q parcourt la même longueur sur le plan; mais son ascension verticale est $\dfrac{h}{2}$. Le résultat peut s'exprimer par l'égalité $Q \times \dfrac{h}{2} = \dfrac{1}{2} Q \times h$.

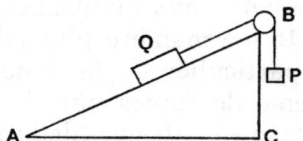

Galilée considère, comme facteurs du mouvement, les poids et les hauteurs de chute. Par là le principe des déplacements virtuels devient celui des travaux virtuels, par lequel Descartes unifie la statique des solides. Toricelli met en évidence le principe en utilisant la notion de « centre de gravité ». Une machine est en équilibre quand le centre de gravité de l'ensemble des poids qu'elle soutient ne peut descendre, quel que soit le déplacement. Dans le cas du plan incliné, le poids P, en descendant de la hauteur h, élève verticalement le poids Q de la hauteur h sin α. Le centre de gravité reste à la même hauteur si l'on a

$$\dfrac{P \times h - Q \times h \sin \alpha}{P + Q} = 0.$$
$$P \times h - Q \times h \sin \alpha = 0$$

d'où $P = Q \sin. \alpha = Q \dfrac{BC}{AB}$

Lagrange a voulu donner de ce principe une démonstration analytique. Gauss dénie à cette démarche toute valeur démonstrative, en affirmant que Lagrange s'est borné à donner au principe une forme mathématique par l'expression des équations d'équilibre. Même réduit à cette forme, le travail de Lagrange a déjà valeur de rationalisation. Ce point, seul, importe ici.

Dans les trois exemples précédents la découverte se présente comme la constatation d'un fait. Or, bien loin de rester sur leur intuition, tout de suite les chercheurs visent, d'une part à donner au résultat une expression mathématique où l'intervention de la quantité permet la déduction; d'autre part à fournir du fait une démonstration.

Cette première démarche intellectuelle s'accompagne d'une autre, la recherche des rapports entre les lois. A la démonstration isolée d'une loi succède la liaison des lois entre elles. La loi du levier et celle du plan incliné peuvent être exposées séparément. Or Galilée fait apparaître la théorie du plan incliné comme conséquence de celle du levier. Après les travaux de Galilée, Varignon rapporte la loi du levier au théorème du parallélogramme des forces ; et le principe de la composition des forces au principe de la composition des mouvements, en remarquant que les forces sont proportionnelles aux mouvements qu'elles produisent en des temps égaux. D'une manière plus générale il considère la statique comme cas particulier de la dynamique, en expliquant l'équilibre d'un système de forces par l'annulation de la résultante. Ses successeurs, au contraire, déduiront la dynamique de la statique.

Parmi d'autres tentatives d'unification étendues à toute la mécanique, celle de Boscovitch se distingue plus spécialement par sa rigueur. Dans son ouvrage principal [3] il analyse la structure de la Physique de Newton pour la rapporter à une loi unique.

Les premières lois de la statique des solides, que nous trouvons maintenant sous forme de théorèmes démontrés et hiérarchisés, ont pour origine des recherches physiques. Dans toutes les ramifications de la statique on rencontre des lois dont la découverte est due à l'expérience ou à des procédés physiques. Duhem montre que la plupart des vérités fondamentales de la statique, depuis Aristote jusqu'à Léonard de Vinci, reposent sur l'intuition, non sur la déduction [4].

Cette priorité de l'expérience dans la découverte des premières lois réapparaît dans d'autres branches.

Dans la dynamique des solides.

a) *Lois de Kepler.*

b) *Lois du choc des corps.*

Dans la dynamique des solides, rappelons l'exemple classique. Les lois de Kepler, qui formulent les observations de Tycho-Brahé sur la délimitation du mouvement des planètes, sont des lois physiques, dont les deux premières expriment que l'accélé-

---

3. *Theoria philosophiae naturalis redacta ad unam legem virium in Natura existentium*, 1758.
4. Cf. *Les origines de la statique*, t. I.

ration d'une planète est à chaque instant dirigée vers le Soleil et qu'elle est inversement proportionnelle au carré de la distance des deux astres. En s'appliquant à ces lois, Newton établit, entre le mouvement elliptique et son accélération, une relation mathématique qui, par généralisation, constituera la théorie des forces centrales.

La théorie des percussions, qui figure dans la dynamique des systèmes sous forme de théorèmes généraux et d'équations algébriques, procède des études expérimentales de Wallis, de Wren, de Mariotte et de Huygens sur le choc des corps et sur la réflexion des corps durs.

Dans la mécanique des fluides ; observations de Galilée, de Toricelli.

Dans la mécanique des fluides, Galilée, traitant du siphon, observe que la faible masse d'eau d'un vase étroit peut équilibrer la grande masse d'un vase large. — Toricelli étudie l'écoulement d'un liquide par un orifice étroit, placé à la partie inférieure d'un vase. Et, divisant en fractions égales la durée totale de l'écoulement, il constate que les quantités de liquide recueilli s'accroissent régulièrement selon la proportion des nombres impairs consécutifs. Par analogie avec la chute des corps il énonce inductivement cette loi : la vitesse d'écoulement est proportionnelle à la racine carrée de la hauteur du liquide, selon l'expression : $v = K \sqrt{h}$. Or, c'est en prenant ces premiers résultats pour matière de réflexion qu'Euler livre, sous forme de considération de géométrie et d'analyse, ses travaux sur l'équilibre et le mouvement des fluides. Et, devançant les techniques modernes, lui-même avait construit une turbine à réaction. — D'Alembert, bien connu pour son exclusivisme à l'endroit de la rationalité pure dans la mécanique, tempère la rigueur de son intransigeance en reconnaissant la nécessité du recours à l'expérience dans l'étude de la résistance et du mouvement des fluides, dont il fournit les équations générales.

En mécanique chimique.

En mécanique chimique, mentionnons en passant la question de l'équilibre d'un système. Traitée d'abord expérimentalement par J. W. Gibbs qui découvre la loi des phases [5], elle est reprise,

---

5. Trad. H. Le Chatelier, *Équilibre des Systèmes chimiques*.

dans une étude théorique, par van der Waals qui, des expériences, met au jour un théorème d'Algèbre [6].

Dans la période de formation de la science les propositions de mécanique apparaissent d'abord comme faits expérimentaux pour être ensuite validées logiquement par une démonstration et rationalisées dans une formule analytique.

B. — Rectification des résultats par détermination de nouveaux facteurs

Précision des formules.

— *Théorie de l'élasticité, juxtaposée à l'étude des solides indéformables.*
— *Théorie de la résistance des fluides, complément à l'étude des fluides parfaits.*
— *Précision des lois de Képler par calcul du coefficient de proportionnalité de l'accélération.*

L'expérience, source de la découverte des premières lois, démontrées et rationalisées dans une démarche ultérieure, intervient encore soit pour préciser les formules, soit pour rectifier les théories ou les principes. C'est à la suite de nouvelles expériences qu'on précise les formules par la détermination de nouveaux facteurs.

L'hypothèse des solides dont les « mouvements d'ensemble » n'affectent pas les distances mutuelles des diverses parties est parfois en défaut, par exemple quand les déformations d'un solide atteignent la limite qui produit la rupture. Pour tenir compte de cette situation on introduit la théorie de l'élasticité [7].

Dans la dynamique des fluides, les équations du mouvement concernent d'abord des fluides parfaits, dépourvus de toute cohésion, de toute tendance à garder une forme. Or l'hypothèse de la fluidité parfaite peut se révéler insuffisante, par exemple dans l'écoulement des tuyaux de conduite ou dans les cours d'eau. Un fleuve, dont la source se trouve à une altitude de 200 mètres arriverait dans la plaine avec une vitesse $\sqrt{2gh}$ ou $\sqrt{2 \times 9{,}8 \times 200}$ soit environ 200 mètres par seconde, force irrésistible à celle des matériaux. Les phénomènes ne s'accordant pas à la théorie du mouvement des fluides selon l'hypothèse fon-

---

6. Cf. DUHEM, *Thermodynamique et Chimie*, Paris, 1902.
7. LAMÉ, *leçons sur la théorie mathématique de l'Élasticité des corps solides*.

damentale, on introduit la théorie de la résistance des fluides pour tenir compte de la viscosité. En même temps, dans chaque cas, on idéalise les variables et les constantes pour établir les équations de l'équilibre et du mouvement.

Newton a précisé les lois de Kepler, en calculant l'accélération produite par le Soleil à l'unité de distance, coefficient qui, commun à toutes les planètes, permet la prévision du mouvement. En outre, en vérifiant l'identité de l'attraction astronomique et de la force de la pesanteur, il parvient à la découverte de la loi d'attraction réciproque, fondement du principe de l'égalité de l'action et de la réaction.

En mécanique chimique, les lois calorifiques des phénomènes électrolytiques ont été, pendant longtemps, exprimées dans une formule qui ne s'accordait pas avec les déterminations expérimentales. Gibbs et Helmoltz ont procédé aux rectifications.

Rectification des théories. La théorie cinétique des gaz : précision de Clausius.

L'expérience permet non seulement de préciser les formules, mais encore de rectifier les théories. Dans la théorie cinétique des gaz, Clausius corrige l'explication de Daniel Bernouilli sur les lois de compressibilité et de dilatation. Au lieu de supposer que les particules gazeuses, assimilables à des sphères élastiques, se meuvent toutes avec la même vitesse, il montre que chaque sphère, après un mouvement rectiligne uniforme jusqu'à sa rencontre avec la paroi ou avec une autre sphère, rebondit selon les lois du choc des corps élastiques. Or ces lois entraînent, pour les corps choqués, des variations de vitesse. A la vitesse égale du mouvement moléculaire il substitue la notion de force vive moyenne. Plus tard, Boltzmann, dans une mise au point, a montré que la théorie cinétique des gaz, présentait seulement un ensemble d'analogies mécaniques [8].

Une théorie mathématique, relative à un système mécanique exprime d'abord des données simplifiées. Cette représentation est ensuite retouchée ou complétée. Bref la théorie se construit par des améliorations ou par des apports successifs pour rejoindre la complexité du réel. Elle vise l'expression adéquate des faits.

Rectification d'une fausse interprétation de l'expérience.

A l'imprécision des formules ou à l'approximation des théories nous pouvons rattacher les faux principes dus à une fausse

---

8. *Vorlesungen über Gastheorie*, trad. Gallotti, Paris, 1902.

interprétation de l'expérience, qui égarent la recherche dans de fausses directions. Nous en trouvons un exemple topique dans la question de l'accélération de la chute des corps.

La chute accélérée d'un corps qui tombe était connue des Anciens, qui l'avaient constatée en plusieurs observations. Simplicius parle du filet d'eau qui, tombant d'une gouttière, est continue au voisinage de son origine, tandis que les gouttes, se séparant ensuite, tombent à terre isolées. Il mentionne encore la pierre qui, tombant d'un lieu élevé, frappe l'obstacle d'autant plus fortement qu'elle tombe de plus haut.

Mais de cette accélération on donnait une explication fausse, en supposant que si un corps se meut avec une certaine vitesse sous l'action d'une force, pour mouvoir le corps avec une vitesse double il faut une force double. On posait pour principe : la vitesse croissante d'un corps qui tombe correspond à une valeur croissante de la force.

Le problème de l'accélération de la chute des corps se posait alors en ces termes. A quoi tient l'accroissement continuel de la force qui meut le mobile ? A ce faux problème on donnait des réponses diverses. Certains physiciens supposaient que le corps augmente de poids en s'approchant du sol. C'est-à-dire qu'on attribuait l'accélération de la chute d'un corps pesant à une propriété de ce corps. Cette opinion est celle de Saint-Thomas. D'autres invoquaient l'action du milieu. Les couches aériennes, d'abord très épaisses, s'affaiblissent progressivement, si bien que le corps divise l'air plus aisément. — Léonard de Vinci, le premier, en affirmant que la vitesse du mouvement est proportionnelle à la durée de la chute, donne de la variation de vitesse d'un corps qui tombe la loi quantitative. Mais il ne peut en tirer la loi des espaces, faute de connaître le calcul mathématique approprié. C'est pourquoi, malgré sa découverte physique, il n'a pu rectifier le faux principe qui avait cours : une force constante produit un mouvement uniforme. Et sur l'explication de la loi il partage l'erreur de ses prédécesseurs. — J. C. Scaliger émet une nouvelle hypothèse : « bien qu'un seul moteur exerce son action, les mouvements qu'il imprime en cette succession continue sont multiples. Car la première impulsion est gardée par la seconde et la seconde par la troisième. » C'est dire qu'une force constante détermine, non pas une vitesse constante, mais une vitesse accélérée. Benedetti reprend cette vérité en montrant qu'un moteur constant engendre un mouvement accéléré. — Galilée ignore la découverte de Scaliger et de Benedetti. Il enseigne l'ancien principe de la proportionnalité entre la force et la vitesse. En découvrant l'accélération uniforme de la chute des corps, après ses expériences sur le plan incliné, il n'invoque jamais la gravité. Si, de la chute d'un corps sur le plan incliné il a pu tirer une conclusion exacte sur la chute libre, la justesse de son raisonnement s'explique par la comparaison des deux chutes. Entre l'accélération de la chute libre et l'accélération du plan incliné le rapport est celui du poids du corps à la composante de ce poids sur le plan incliné. Il admet ce principe : deux forces différentes, agissant sur un même mobile, lui impriment en des temps égaux des chemins qui sont entre eux comme les grandeurs de ces forces. Or ce principe est une proposition spéciale qui résulte, à titre de corollaire, de celui-ci : des forces différentes communiquent à un même mobile des accélérations différentes. La formulation exacte de la loi de la chute d'un corps sur le plan incliné est due à une heureuse coïncidence : une même proposition est commune à deux conceptions. La dynamique ancienne enseigne la proportionnalité entre la force et la vitesse ; la dynamique moderne, la proportionnalité de la force à l'accélération. — L'explication de Scaliger et de Benedetti, délaissée par Galilée, est reprise par Descartes et par Beckmann ; et complétée par la loi de l'inertie qui, mettant en évidence l'action de la continuité de la pesanteur dans la chute des corps[9], montre qu'une pesanteur constante détermine une chute uniformément accélérée. Cette découverte, reconnue valable dans le vide, est précisée par la loi de la résistance de l'air.

C. — Contrôle des découvertes déductives

— **Inconvénient de l'application prématurée de la méthode déductive.**
— **Vérification des résultats déductifs. Travaux de Borda sur la résistance des fluides. Travaux de Coulomb et de Carnot sur lois du frottement.**

L'expérience dirige la découverte et la précision des lois ; mais la détermination exacte de leur expression n'est parfois atteinte qu'après des errements et des détours. Le rôle de l'expérience n'est pas limité à la découverte, à la précision et à la rectification des premières lois et des principes. Lorsque, à un stade avancé de la science, l'expression mathématique des lois expérimentales permet, par déduction, de découvrir des lois nou-

---

9. *Œuvres complètes de Descartes*, Adam et Tannery, t. I, pp. 71 et 72.

velles, on fait appel à l'expérience pour vérifier ces conséquences. Deux raisons justifient ce recours.

D'abord l'application prématurée de la méthode déductive comporte des inconvénients. Duhem les signale dans son enquête sur les origines de la Statique. Certains auteurs du XVIe siècle, partisans de l'application immédiate de la méthode déductive, supportaient impatiemment les intuitions parfois confuses des mécaniciens du XIIIe siècle. Au lieu de discerner dans les erreurs la part de vérité ils ont rejeté en bloc les premières vérités qu'il a fallu redécouvrir. Guido Ubaldo et Benedetti encourent ce reproche.

En outre, les découvertes déductives sont parfois en désaccord avec l'expérience. Au début du XVIIIe siècle, Newton se fondant sur des données expérimentales réduites, conçoit une première théorie sur la structure interne des fluides et sur leur densité, pour l'appliquer à la résistance qu'oppose le fluide à la translation d'une sphère ou d'un cylindre. Cette théorie, restreinte à la résistance de l'air, est modifiée pour être étendue à l'eau, à l'huile et au mercure. Après la considération du choc oblique, Newton parvient à énoncer ce résultat : la résistance est proportionnelle au carré de la vitesse et au sinus carré de l'angle d'incidence. Or, entre cette loi et l'expérience, Daniel Bernouilli relève des écarts considérables, qui amènent un retour à la méthode expérimentale. De là procèdent les travaux de Borda sur la résistance des fluides; ceux de Coulomb et de Carnot sur les lois du frottement. L'information déductive, sujette à caution, ne peut être enregistrée qu'après contrôle. Au terme de la recherche comme au point de départ, on fait appel à l'expérience.

Les lois de la mécanique rationnelle, quel que soit leur mode d'acquisition, reposent sur l'expérience et sur l'observation.

III. — Dans l'établissement des principes

— **L'intuition géométrique, à la base du principe de l'Inertie.**
— **Expériences, fondement du principe de la conservation de l'énergie.**

Une loi mécanique n'est reconnue telle qu'après la sanction de l'expérience. Les principes sont surajoutés aux fondements pour systématiser les lois dont ils permettent la déduction par vois de conséquences. Superstructure ultérieure ils parachèvent l'édifice. Dès lors ils n'appellent pas, semble-t-il, aussi impérieusement que les autres pièces du système, telle une exigence indispensable, le contrôle direct et immédiat de l'expérience. Il devrait suffire qu'en raison de leur caractère logique ils remplissent le rôle qu'on leur assigne. En fait, même dans la position des principes, l'expérience intervient, non seulement dans la vérification des conséquences mais d'une manière directe par l'appel à l'intuition. La démarche expérimentale reste toujours pour le physicien une exigence.

Examinons le principe de l'inertie. Galilée considère un corps qui tombe sur le plan incliné A B et qui, par sa vitesse acquise, remonte un autre plan incliné B C. Sur tous les plans inclinés B C, B D, B E, B F... ce corps monte et s'élève jusqu'au plan horizontal passant par A. Mais comme il tombe le long de B D avec une accélération moindre que le long de B C, il monte le long de B D avec un ralentissement moindre que le long de B C. Dans le mouvement d'ascension, la vitesse diminue exactement de la même manière dont elle avait augmentée pendant la chute. A

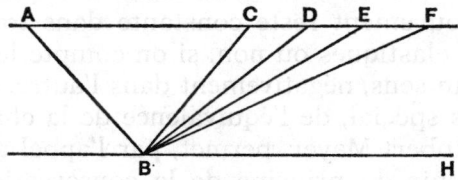

mesure que les plans B C, B D, B E, B F se rapprochent du plan horizontal, le ralentissement du corps devient de plus en plus petit. La distance parcourue et la durée du mouvement deviennent de plus en plus grandes. Par un passage à la limite, on peut présumer, en négligeant frottement et résistance de l'air, que sur le plan horizontal B H, le ralentissement disparaît tout à fait et que, par là, le corps se meut indéfiniment loin et indéfiniment longtemps avec une vitesse constante.

L'intuition géométrique tient lieu d'expérience. On retrouve la même intention dans la présentation du théorème des forces vives en fonction du principe de la conservation de l'énergie.

Huygens, dans ses recherches sur le mouvement oscillatoire, en éliminant le temps dans les deux formules de Galilée sur la chute des corps, introduit une troisième formule qui dégage la relation entre l'espace et la vitesse. Multipliée par la masse m, cette formule devient, $m \times ge = m \times \dfrac{v^2}{2}$. Par là il est amené à reconnaître le travail comme déterminante de la force vive. Son théorème porte que l'accroissement de force vive d'un système, dans le passage d'une position à une autre, est égal au travail effectué entre les positions initiale et finale, selon la formule :

$$\Sigma \tfrac{1}{2} m (v_1^2 - v_0^2) = (U_1 - U_0).$$

Helmoltz présente ce théorème sous une forme un peu différente, en considérant d'une part le travail virtuel d'un système, ou force de tension, d'autre part le travail effectif, qui résulte d'une diminution de la force de tension. Comme toute diminution de la force de tension s'accompagne d'une augmentation égale de la force vive, on peut écrire, en désignant par S le travail de la force de tension :

$$\Sigma S + \tfrac{1}{2} \Sigma m v^2 = \text{Cste}.$$

C'est dire que, dans un système, l'énergie mécanique reste constante. Nous avons là une intuition du principe de la conservation de l'énergie. Nous pourrions la retrouver sous une autre forme dans les expériences sur le choc des corps. Huygens énonce la conservation de la force vive en montrant que la somme des quantités de mouvement reste constante dans tous les cas, que les corps soient élastiques ou non, si on compte les vitesses positivement dans un sens, négativement dans l'autre. — Par ailleurs, le principe, plus spécial, de l'équivalence de la chaleur et du travail, posé par Robert Mayer, permet, par l'appel aux expériences de Joule, d'obtenir du principe de la conservation de l'énergie une intuition nouvelle.

Conclusion :
La mécanique classique est liée intrinsèquement aux phénomènes

La mécanique classique s'est formée par le concours de l'expérience et de la déduction. Galilée, qui passe pour l'initiateur de la dynamique, invoque l'expérience pour la connaissance intuitive de l'intérêt des machines ; et déclare que, pour la connaissance démonstrative, il faut nécessairement recourir au raisonnement. Il sait que les inductions ne fournissent pas toujours le résultat exact. Lui-même a rectifié l'introduction de Cardan à l'étude du plan incliné, en comparant la hauteur du plan à sa ligne de plus grande pente pour évaluer le rapport entre le poids et la force motrice. — Tel un échafaudage provisoire, l'expérience et l'observation ont disparu devant les résultats. De toute l'ampleur des recherches expérimentales il ne subsiste que des définitions et des théorèmes, traduits en formules mathématiques.

Apparue d'abord comme physique expérimentale, la mécanique classique est devenue, avec Euler et d'Alembert, une branche de physique mathématique, consacrée comme telle par les travaux de Lagrange. Des historiens contemporains ont précisé comment l'analyse mathématique pénètre la mécanique des fluides et envahit progressivement tous les domaines par l'établissement des équations de la dynamique des solides [10]. La mécanique analytique répond aux mêmes exigences que la géométrie analytique : par l'emploi du seul calcul, elle permet, apparemment, de dominer tous les problèmes. Cette mécanique subit une transformation avec la mécanique de Hertz. Après avoir démontré que les actions magnétiques et électriques à distance résultent de mouvements dans un milieu, Hertz étend ce résultat à toutes les forces. Et, pour ne retenir que les seules grandeurs directement observables, il écarte la notion de force pour lui substituer celle de liaison. Il ne reste ainsi que des masses libres, animées d'un mouvement rectiligne uniforme ; ou des masses liées entre elles, c'est-à-dire interdépendantes dans leurs mouvements. — Ces conceptions marquent un nouveau progrès dans la réalisation du rêve cartésien. Dans la construction idéale de Hertz, comme dans celle de Lagrange, les éléments physiques ne sont plus perceptibles. Mais l'expérience subsiste dans ses résultats essentiels. La description des faits, dans toute situation instantanée d'un système, prend la forme d'équations différentielles.

Modèle parfait de déduction mathématique, la mécanique classique reste liée intrinsèquement aux phénomènes. Reste à examiner la manière dont ces deux résultats persistent dans les mécaniques modernes.

LES MÉCANIQUES MODERNES

A la fin du XIXe siècle, pour certains physiciens, la mécanique classique était stéréotypée par des bases intangibles. Les théories, élaborées sur les phénomènes, embrassaient la totalité du monde matériel et suffisaient à toutes possibilités d'explication. La période des recherches expérimentales était close et la théorie définitive. La mécanique pouvait prétendre à l'éternel. Tel était l'état d'esprit des physiciens conservateurs quand des faits nouveaux, troublant leur dogmatisme, sont venus démentir la pérennité de leur doctrine.

Édifiées sur l'expérience, comme la mécanique classique, les mécaniques relativiste et quantique renchérissent, en donnant des phénomènes une expression plus exacte. Elles doivent leur existence à de nouvelles découvertes.

10. Cf. P. COSTABEL et R. DUGAS, *Naissance d'une science nouvelle : la mécanique*, pp. 242-276 ; *Organisation de la mécanique classique*, pp. 465-476 ; in *Histoire Générale des Sciences*, publiée par René Taton, tome II, *la Science moderne*.

CHAPITRE II

L'EXPÉRIENCE
DANS LA MÉCANIQUE RELATIVISTE

A. — La théorie spéciale de la Relativité

1. Le problème : opposition entre l'expérience de Michelson et le principe de relativité de la mécanique classique.

La mécanique relativiste doit son avènement à la théorie de la relativité dont le point de départ repose sur un fait d'expérience, inexplicable par la théorie classique : l'expérience d'optique de Michelson.

Cette expérience a pour objet la comparaison des vitesses des deux parties d'une onde lumineuse qui, se réfléchissant sur un miroir, parcourent un trajet aller-et-retour, l'une dans la direction du courant, l'autre dans la direction perpendiculaire. La vitesse relative de la lumière résultant de la différence de la vitesse de la lumière dans le vide et de la vitesse de la Terre, il existe une différence dans les temps de parcours des deux ondes, en raison de laquelle on s'attendrait à constater un écart des franges d'interférence. Or on ne constate aucune trace de déplacement. — Cette expérience, réalisée avec toute la précision compatible avec les mesures, établit le résultat suivant : La lumière dans un espace vide, se propage toujours avec la même vitesse dans toutes les directions. La vitesse de propagation est indépendante de la position de l'observateur et de l'état de mouvement de la source lumineuse. Elle prend toujours une valeur unique.

Le résultat de cette expérience, qui rejoint celui de plusieurs autres, réalisées dans différents domaines, établit l'impossibilité de déceler l'influence du mouvement de la Terre. C'est-à-dire que le mouvement d'ensemble d'un système ne peut être mis en évidence par des expériences intérieures à ce système. Un événement qui s'accomplit à l'intérieur d'un système de référence immobile n'est pas modifié par le mouvement uniforme de ce système. Un observateur en mouvement dans l'espace, en restant enfermé dans le même système de référence, ne peut, par aucune expérience, mettre en évidence sa propre translation. Pour lui il n'existe pas de différence entre le repos et le mouvement de translation uniforme. Kant avait déjà remarqué que le mouvement ne peut être l'objet d'une expérience que si les deux systèmes en corrélation sont objets d'expérience.

L'essai de Michelson sur le rapport entre la vitesse de la lumière dans un milieu en mouvement et la vitesse de la lumière dans un milieu en repos fournit donc un résultat négatif. C'est là un fait nouveau, apparemment en contradiction avec le principe de relativité de la mécanique classique, particularisé par l'essai de Fizeau. Cette expérience montre que la vitesse de la lumière dans un courant d'eau est plus grande que la vitesse de la lumière dans l'eau immobile. Cependant, au milieu immobile s'ajoute, non pas la vitesse entière du courant d'eau, mais une partie seulement de celle-ci à cause de l'indice de réfraction du milieu. Il s'avère donc distinctement que les phénomènes électro-magnétiques, les phénomènes optiques en particulier, suivent leur cours comme si une translation de la Terre dans l'éther n'existe pas. Lorentz interprète ce résultat en admettant un éther en repos, non entraîné par les corps en mouvement.

Telle est l'opposition entre la loi de propagation de la lumière, mise en évidence par l'expérience de Michelson d'une part et le principe de relativité de la mécanique classique d'autre part. Selon ce principe, qui considère un système de référence par rapport auquel un corps abandonné à lui-même persévère dans son état de repos ou de mouvement rectiligne uniforme, toutes les lois restent valables quand, par les formules de conversion de Galilée, on passe de ce système d'inertie K au système K' en mouvement de translation uniforme par rapport à K. Mais, contrairement aux équations du mouvement de Newton, les équations de l'électrodynamique, de Maxwell, changent de forme, quand on leur applique les formules de conversion de Galilée. Ces formules sont mises en échec par les phénomènes électromagnétiques.

Après l'expérience de Michelson, la pensée physique se trouvait en présence de ce dilemme : abandonner un principe qui, s'étant constamment vérifié dans toutes les interprétations des phénomènes du mouvement, soutenait l'édifice de la mécanique classique ; ou bien le retenir dans son domaine en déniant son application aux phénomènes électromagnétiques. Là prend naissance la théorie de la Relativité.

2. L'explication.

a) *Nouvelle analyse des concepts physiques de temps et d'espace. Conséquence sur la définition de la simultanéité.*

Einstein convertit le problème en postulat, en admettant à la fois la loi de la constance de la vitesse de la lumière et l'hypothèse du mouvement relatif, selon laquelle, dans tous les systèmes de coordonnées où les équations de la mécanique sont valables, les lois de l'optique et de l'électrodynamique sont aussi valables. Pour rendre compatibles la loi et l'hypothèse, il montre qu'il suffit d'ajouter aux trois coordonnées d'espace une coordonnée de temps et de préciser la première coordonnée de Galilée $x' = x - vt$ en lui substituant celle de Lorentz $x' = \dfrac{x - vt}{\sqrt{1 - \dfrac{v^2}{c^2}}}$, $\dfrac{v^2}{c^2}$ représentant le rapport de la vitesse d'un corps en mouvement à la vitesse de la lumière.

A cette modification est liée une conception nouvelle des mesures de temps et de longueur. La valeur de ces grandeurs ne peut être déterminée définitivement. Elle dépend de l'état de mouvement du système de référence.

La longueur d'un corps varie avec sa vitesse. Pour expliquer le résultat négatif de l'expérience de Michelson, Fitzgerald avait émis déjà l'hypothèse d'une contraction de la matière dans le sens du mouvement. Un corps en mouvement dans l'éther en repos subit dans sa dimension parallèle à la vitesse, un raccourcissement déterminé par la quantité $1 : \sqrt{1 - \dfrac{v^2}{c^2}}$ Les dimensions perpendiculaires au mouvement ne sont pas modifiées. Il en résulte que la forme d'un corps diffère avec le système de référence d'où on l'observe. Un corps qui, par exemple, est sphérique dans un système qui l'entraîne devient un ellipsoïde de révolution aplati dans les autres systèmes.

Le passage d'un système de référence à un autre, en mouvement par rapport au premier, influe non seulement sur la longueur d'un corps mais encore sur sa situation dans le temps. Ce passage conduit, corrélativement, à une conception de la simultanéité en relation avec la vitesse de la lumière. Des événements sont simultanés s'ils se produisent à la même indication des horloges placées aux lieux où s'écoulent ces événements. Si deux horloges sont situées à une distance 1 l'une de l'autre, le temps indiqué par la première au moment de l'émission d'un signal lumineux en ce point doit différer du temps indiqué par la seconde à l'arrivée du signal, de la quantité $\frac{1}{c}$. On synchronise les horloges en fonction de la durée de propagation de l'onde lumineuse. Les horloges doivent donc subir un retard proportionnel à leur distance de la source lumineuse. Si d'un point matériel en repos à l'origine des coordonnées part au temps $t = 0$ un signal lumineux dans toutes les directions, les points atteints par le signal au temps $t > 0$ sont situés sur une même sphère. Ils reçoivent le signal simultanément pour la même valeur de t. Chaque système possède son « temps propre » qui le distingue de tous les autres.

b) *Représentation d'un événement par un système de coordonnées à quatre dimensions.*

On synthétise l'espace et le temps relatifs en représentant un événement par un système de coordonnées à quatre dimensions, dont trois pour l'espace et une pour le temps. Dans un tel système, l'intervalle s entre deux événements voisins s'exprime par la formule $s^2 = x^2 + y^2 + z^2 - c^2 t^2$. Cet intervalle, qui correspond à la distance entre deux points en géométrie ordinaire, étant immuable, la formule qui l'exprime doit rester invariante dans tous les systèmes de référence. Les lois de la nature, étant assimilables à l'intervalle entre deux événements, réclament en tant que telles la même invariance. La théorie postule qu'elles sont indifférentes à tout changement de système de référence. Car, on ne voit pas à quelle réalité on pourrait ramener un comportement différent des corps en face de systèmes de référence différents. — Pour respecter cette exigence, Lorentz a établi ses formules de transformation en se fondant sur les relations linéaires entre les coordonnées x, y, z, t et les coordonnées x', y', z', t', d'un autre système, en mouvement par rapport au premier. Le lieu et le temps de l'apparition d'un phénomène ne pouvant être déterminés que par les lois de l'optique, la transformation a été obtenue dans le cas particulier des effets électromagnétiques. Mais elle s'étend à tous les phénomènes physiques.

3. **Conséquences sur la mécanique.**

   a) *Cinématique d'Einstein.*
   1. Correction de l'hypothèse de l'infinité de la vitesse de propagation de la lumière.

2. Abandon de l'hypothèse du système d'inertie en repos.

b) *Dynamique des électrons. La variation de la masse.*

Les modifications apportées par la théorie de la Relativité retentissent sur toute la mécanique. Bornons-nous à une indication sur la cinématique et sur la dynamique des électrons.

La transformation de Lorentz qui, par la quantité $1 : \sqrt{1 - \frac{v^2}{c^2}}$, introduit le rapport de la vitesse d'un mouvement à la vitesse de la lumière, corrige l'hypothèse de l'infinité de la vitesse de propagation de la lumière. Cette correction de temps, qui s'applique au passage d'un système de référence à un autre, en mouvement par rapport au premier, entraîne un retard des horloges mobiles proportionnellement à leur distance à une horloge en repos. — Galilée, dans ses expériences de mécanique, pouvait se contenter de l'hypothèse d'un système d'inertie en repos et de l'hypothèse de l'instantanéité de la lumière. Des expériences plus précises, postérieures à Galilée, ont montré l'insuffisance de ces deux hypothèses. Si l'on accepte de juger de l'utilité d'un système de référence sur son aptitude à vérifier le principe de l'inertie, on constate, d'après ce critère, que le système de référence de Galilée, met en défaut le principe de l'inertie, comme en témoignent en particulier la déviation de la verticale d'un corps qui tombe, la rotation du plan d'oscillation du pendule de Foucault, l'orientation du gyroscope vers le pôle. Par là la théorie de la Relativité justifie déjà sa nécessité.

La vitesse d'un mouvement n'affecte pas seulement la mesure du temps. Elle provoque une contraction longitudinale des corps entraînés et par là-même une variation de leur masse. La règle dont la longueur est réduite de moitié par suite de la vitesse devient deux fois plus lourde. La réduction de volume, conjuguée avec l'accroissement de la masse, se reporte sur la densité. Ce résultat théorique se trouve confirmé expérimentalement sur l'électron. L'électron mobile dans un champ électrique ou dans un champ magnétique subit des actions qui se traduisent par une variation de masse. L'étude de Sommerfeld sur les rayons de Roentgen montre, pour les électrons entourant le noyau de l'atome, une relation de la masse à la vitesse conforme à la théorie de la Relativité.

4. Conclusion.

— *La variation de la valeur de la masse en fonction du mouvement du système de référence.*

— *Exclusion de l'unicité de valeur des grandeurs temps, espace, masse.*

— *Le principe de relativité de l'électrodynamique précise la mécanique classique et conserve à la mécanique son unité.*

La mécanique relativiste se sépare de la mécanique classique par l'abandon de l'hypothèse du système d'inertie en repos et des corps de référence indéformables. Elle reconnaît que les méthodes physiques de mesure, déterminées à l'intérieur d'un système, en application d'horloges et de bâtons fixes, ne fournissent pas de la valeur de la masse une grandeur fixe, seule valable ; mais que cette valeur dépend de l'état de mouvement du système et doit nécessairement varier avec lui. Elle rejette l'unicité de valeur des grandeurs temps, espace, masse. — Par le principe de relativité de l'électro-dynamique elle précise la mécanique classique. C'est à ces innovations que la mécanique doit le maintien de son unité.

B. — La théorie générale de la Relativité

La mécanique relativiste s'aligne sur la théorie de la Relativité. La théorie spéciale part d'un fait nouveau de l'expérience de Michelson [1]. De même, pour tenir compte de certains phénomènes, on a étendu la théorie spéciale à la théorie générale de la Relativité. Celle-ci, qui constitue une approximation plus grande dans la marche vers l'« investissement » des phénomènes, prend sa source dans certains faits empiriques et dans des considérations théoriques.

Les fondements :

— *Les nouveaux faits.*

La mise en évidence des faits empiriques prend naissance dans une objection de Mach à l'existence d'un système de référence vérifiant le principe de l'inertie et dans les travaux consécutifs d'Einstein sur les phénomènes de gravitation.

Le principe d'inertie implique l'existence de points matériels libres dont le mouvement s'effectue selon une trajectoire recti-

---

[1] Un physicien théoricien, rivé à la pensée anglo-saxonne, s'est déclaré « choqué » par cette affirmation, en se réclamant de l'ouvrage de G. HOLTON, *Thematic origin of Scientific Thought: Kepler to Einstein*, Harvard Univ. Press, 1974.

ligne à une vitesse constante. Or, existe-t-il de tels points dans un univers où tous les corps exercent des actions les uns sur les autres ? Existe-t-il un système de référence dans lequel les trajectoires soient rectilignes ? Bref, le principe d'inertie, tel qu'il est conçu, répond-il à une représentation objective des phénomènes ? L'expérience seule peut répondre. Or, l'expérience paraissant irréalisable, la question n'offrit qu'un intérêt spéculatif jusqu'au moment où, en 1907, elle a pris consistance dans les travaux d'Einstein sur la gravitation.

Ces travaux portent en particulier sur deux phénomènes :

1. La déviation de la lumière de la ligne droite dans un champ de gravitation et plus spécialement le déplacement vers le rouge des raies spectrales émises par le Soleil ;

2. Le déplacement du mouvement du périhélie de Mercure. D'après la théorie du mouvement des planètes, la ligne reliant le Soleil au point le plus proche de la trajectoire est invariable en direction. Or, des observations plus précises s'inscrivent en faux contre cette affirmation. Les planètes, par suite de leurs perturbations mutuelles, ne se meuvent pas sur des trajectoires fixes. On constate une variation du mouvement du périhélie. On la calcule selon la théorie des perturbations en liaison avec la loi d'attraction de Newton. Mais, pour Mercure, un écart entre la théorie et l'observation restait inexpliqué. La théorie d'Einstein parvient à le réduire. Dès lors, la prise en considération du champ de gravitation devient un point essentiel à la mécanique.

Tels sont les faits qui se trouvent au point de départ du passage de la théorie spéciale à la théorie générale de la Relativité.

— *Les considérations théoriques.*

A la partie empirique s'ajoutent des considérations théoriques.

La théorie spéciale repose sur deux assomptions. Dans la formulation des lois naturelles elle affirme l'équivalence de tous les systèmes de référence K' qui se meuvent d'un mouvement rectiligne uniforme par rapport à un système déterminé K. Elle considère les systèmes de référence en translation uniforme les uns par rapport aux autres. — En second lieu, elle affirme la constance de la vitesse de propagation de la lumière dans le vide.

De ces deux assomptions, l'une, qui porte sur un objet de la nature, indique une constante interne, résultant d'une constatation empirique en optique et en électrodynamique. L'autre représente une limitation formelle imposée à la loi naturelle.

La théorie générale modifie ces deux assomptions.

Tout d'abord elle élargit la proposition formelle. Tandis que la théorie spéciale de la Relativité, tout autant que la mécanique classique, distingue, parmi les systèmes de référence, ceux dans lesquels les lois de la nature sont valables et ceux dans lesquels elles ne le sont pas, la théorie générale abolit cette distinction. Elle pose en principe que, dans la description physique des processus naturels, aucun système de référence particulier ne doit être distingué des autres. Les lois naturelles doivent demeurer invariantes dans tous les systèmes. L'objectivité d'une loi naturelle réside précisément dans des rapports dont le contenu intrinsèque est indépendant de la particularité de mesure, indépendant du choix spécial des quatre variables qui expriment le paramètre d'espace et de temps. S'il n'en était pas ainsi, si, par exemple, deux forces qui apparaissent dans un certain rapport quand elles sont mesurées par une action déterminée ne conservaient pas ce rapport quand on utilise pour leur mesure une autre action, la nature serait privée de lois. La dynamique s'effondrerait. Bref, il n'existe pas de système de référence privilégié. S'il est bien clair que les lois naturelles ne sont exprimables que dans un système de référence déterminé, il ne l'est pas moins que leur sens et leur valeur sont indépendants de l'individualité de ce système.

Tout en élargissant la proposition formelle de la théorie spéciale, la théorie générale modifie la proposition matérielle. Dans la théorie spéciale, la loi de la constance de la propagation de la vitesse de la lumière est limitée aux phénomènes dans un potentiel de gravitation constant. Dans la théorie générale, la vitesse de propagation de la lumière dépend du potentiel de gravitation et doit varier avec lui. C'est-à-dire qu'elle doit dépendre des coordonnées.

C. — L'enseignement sur la théorie de la connaissance de l'objet

— *La conception de l'objectivité en physique.*
— *Le concept d'objet physique.*
— *L'influence de la déduction sur la formation du concept d'objet.*

La théorie de la relativité apporte à la théorie de la connaissance physique deux indications, l'une sur la conception de l'objectivité et sur la nature du concept d'objet, l'autre sur l'influence de la déduction dans la formation du concept d'objet physique.

Elle enseigne d'abord que, pour parvenir à une expression univoque des lois naturelles, nous ne pouvons plus, à l'exemple de la mécanique classique, considérer comme seules valables les valeurs d'espace et de temps obtenues par la mesure dans un système de référence déterminé ; mais que nous devons tenir compte, dans l'évaluation de ces grandeurs, de l'état de mouvement du système d'où résulte la mesure. C'est par cette correction que nous pouvons comparer les mesures qui résultent de systèmes différents. Les mesures d'espace et de temps, obtenues séparément dans chaque système de référence, restent relatives, en ce sens qu'elles varient avec chaque système ; mais toutes ces mesures se correspondent réciproquement; elles sont coordonnées l'une à l'autre d'après des règles déterminées : les équations de la transformation de Lorentz et les formules de substitution de la théorie générale. C'est-à-dire que l'invariance du contenu des lois n'est pas liée à l'individualité du système de référence qu'elles doivent emprunter pour être exprimables. C'est en ce sens qu'il faut entendre l'indépendance du point de vue de l'observateur.

Il en résulte que l'objectivité de l'objet ne réside pas dans le concept de la « chose » donnée particulière, prise individuellement, puisque celle-ci est variable. La détermination de l'objet empirique ne peut se concevoir que par l'univocité de la détermination de mesure. C'est-à-dire qu'une constante de la nature doit s'exprimer par une constante de mesure. Elle doit donc se trouver dans un invariant. Or l'invariance est renvoyée de la « chose » à des rapports constants de dépendances fonctionnelles, fixés en équations déterminées. La mécanique relativiste désagrège le concept d'objet empirique pour le résoudre en simples rapports. Notre connaissance de la matière se réduit en rapports constants et indépendants.

Le concept d'objet physique, se trouve précisé non pas seulement dans sa nature mais aussi dans sa formation.

L'opposition entre la loi de propagation de la lumière et le principe de relativité de la mécanique classique, en partageant l'unité d'explication, brisait l'enchaînement déductif.

Par souci de cohérence, la mécanique relativiste est amenée à reconsidérer le fondement du concept d'objet. Le concept d'objet géometrico-mécanique de la théorie classique repose sur l'identité de valeur de l'espace et du temps dans des systèmes différents. Or cette identité entraîne une dualité de principe entre l'explication des phénomènes électromagnétiques et celle des autres phénomènes. — La mécanique relativiste procède alors à une nouvelle analyse des concepts d'espace et de temps. Elle montre que les grandeurs espace et temps sont évaluées différemment selon le choix du système de référence où s'effectue la mesure. Et découvrant le rôle de la vitesse de la lumière dans l'intervalle entre deux événements, elle montre la relativité de la simultanéité.

En apportant à la pensée physique une forme plus exacte, acquise par une rectification de la mesure empirique de l'espace et du temps dans l'expression des lois naturelles, la mécanique relativiste met en relief le but de la science : déterminer et fixer en pure objectivité l'objet de la nature. Cette orientation se retrouve dans la mécanique quantique qui, par sa théorie, apporte une détermination nouvelle au concept d'objet physique.

CHAPITRE III

L'EXPÉRIENCE
DANS LA MÉCANIQUE QUANTIQUE

A. — Principaux fondements expérimentaux

La théorie quantique de la mécanique prend naissance dans la loi des échanges d'énergie entre matière et radiation. Elle se fonde sur plusieurs expériences. Voici les plus connues, en dehors de tous les résultats expérimentaux des spectroscopistes du XIXe siècle.

1. **Loi de variation de l'énergie lumineuse dans le spectre du corps noir.**

En premier lieu vient l'étude de Planck sur la répartition de l'énergie rayonnante dans le spectre du corps noir. Elle conduit à admettre que la lumière est constituée d'éléments, les photons, dont l'énergie w est proportionnelle à la fréquence n de la radiation, selon la formule w = h n. C'est-à-dire que l'énergie lumineuse agit par quantités finies, par « quantum d'énergie » égal à h n. La constante de proportionnalité h, découverte par Planck, représente un « quantum d'action » qui a pour valeur 6,55.10^{-27} ergs/seconde. Cette première étude de l'action des radiations sur la matière permet d'affirmer la constitution corpusculaire des radiations.

2. **Effet photo-électrique des rayons X.**

Ce résultat est confirmé par des expériences sur les phénomènes qui accompagnent la décharge électrique dans les gaz raréfiés. Celle d'Einstein sur l'effet photo-électrique des rayons X fait apparaître une discontinuité dans la charge électrique et dans le débit d'électricité. Lorsqu'un gaz est soumis au rayonnement électromagnétique, les atomes de ce gaz absorbent l'énergie rayonnant par quantités finies égales à h × n, selon la loi de Planck, et la renvoient par émission d'électrons. En même temps on observe une série d'impulsions de courant, séparés par des intervalles, malgré la permanence du rayonnement. Les éléments d'énergie absorbés, ou photons, ont pour valeur le produit de la fréquence de la radiation par la constante de Planck. L'impulsion, ou quantité de mouvement de l'électron, a pour valeur $m = \dfrac{h \times n}{v}$, v étant la vitesse de la lumière et n la fréquence des ondes.

Cette discontinuité de la radiation est attestée en particulier par deux autres expériences, les Photographies de Wilson et l'expérience de Compton-Simon.

3. Photographies de Wilson.

Voici la première. Quand des rayons α, émis par des éléments radioactifs, traversent une enceinte contenant de la vapeur d'eau sursaturée, ils produisent, avec une énergie suffisante, un sillage rectiligne de vapeur d'eau condensée. Chaque ligne de gouttelettes d'eau montre la trajectoire d'une particule individuelle. On explique ainsi la formation du sillage. Chaque particule, sur son passage, heurte et ionise les atomes de gaz. Et les ions provoquent la condensation de la vapeur d'eau avoisinante. Ainsi apparaissent les gouttelettes d'eau dont le sillage correspond à la trajectoire de la particule. On admet que des radiations, telles que les rayons α, sont composées de particules, dont la mesure de la masse et de la vitesse est déterminée par leur déviation au moyen des champs électrique et magnétique.

4. Expérience de Compton-Simon.

Sur la nature corpusculaire du rayonnement voici enfin l'expérience de Compton-Simon. Quand un faisceau de rayon X traverse une enceinte de Wilson, on observe une diffusion due aux molécules du gaz, tandis que chaque molécule libère un électron, dit électron de recul. On explique cette libération d'électrons par le choc entre les molécules de gaz et les corpuscules du rayonnement électromagnétique, en l'occurrence les photons des rayons X. — On détermine la direction de l'électron de recul par le sillage de brouillard qu'il laisse derrière lui. En outre, on peut, dans certains cas, observer la direction du photon correspondant, par exemple lorsque ce photon libère sur son trajet un nouvel électron, visible par la condensation de la vapeur d'eau.

Ces expériences, par leur convergence, permettent d'affirmer la structure discontinue de la lumière. Ce caractère de la lumière confirme, en la précisant, la théorie corpusculaire, qu'on écarta en invoquant les expériences, prétendues cruciales de Fresnel sur les interférences et de Grimaldi sur la diffraction. La discontinuité des radiations est un fait, parallèlement aux interférences et à la diffraction, qui conduit à considérer ondes et corpuscules comme aspects complémentaires d'une même réalité. Cette exigence montre, en outre, que le problème de la nature de la lumière ne pouvait pas se poser sous forme d'alternative.

Cet apport aux théories de la lumière n'est pas le seul résultat des expériences quantiques. Celles-ci ont donné lieu à une nouvelle construction théorique, qui modifie la physique classique sur plusieurs points.

B. — La construction théorique.
Ses incidences sur la mécanique classique

1. **Précision, par la constante de Planck, des deux principes de la thermodynamique.**

Tout d'abord les deux principes de la thermodynamique classique ne déterminent l'énergie ou l'entropie qu'à une constante près. Cette constante est fixée par la loi de Planck.

2. **L'existence des photons et la théorie atomique.**

En second lieu l'analyse des réactions entre matière et rayonnement apporte une précision à la théorie atomique. La physique classique ne connaissait que les corpuscules matériels, qu'on distinguait entre unités discrètes complexes : molécules et atomes, et en unités simples : électrons et protons. La physique quantique, par sa théorie du rayonnement, conduit à considérer, en outre, des corpuscules de lumière ou photons. L'existence des photons établit l'hypothèse de la structure corpusculaire des radiations, selon la loi de Planck. Cette loi s'étend à tous les mouvements corpusculaires périodiques, réalisés dans la nature, dont l'action mécanique est évaluée sur une période entière. Matière et lumière sont donc justiciables de la même loi expérimentale. Les échanges d'énergie se produisent apparemment par l'intervention de corpuscules élémentaires : électrons et protons pour la matière, photons pour la lumière.

3. **Limitation de la connaissance physique, par les relations d'indétermination.**

   a) *L'influence du matériel d'expérience sur l'objet d'étude.*
   b) *Exemples sur les électrons libres pour déterminer la position ; pour mesurer la vitesse.*
   c) *Limite de précision de la connaissance simultanée de deux variables : les « relations d'indétermination » d'Heisenberg. Leur signification. Limite de la prévision : lois statistiques. Explication. Limite d'application de l'analyse mathématique, due à la discontinuité des phénomènes.*

Enfin, en établissant la loi des échanges d'énergie, la théorie quantique apporte d'autre part une limitation à la connaissance physique possible.

La mécanique classique implique la possibilité de délimiter nettement l'objet d'étude en considérant l'interaction de l'objet et de l'observation comme négligeable ou éliminable des calculs par des moyens de contrôle. En mécanique quantique, les phénomènes sont, dans certains cas, réfractaires à cette délimitation, en ce sens qu'on ne peut dissiper la confusion partielle de l'objet d'étude avec l'influence du matériel d'expérience.

Cette impossibilité de séparer de l'opération de mesure la description des phénomènes apparaît dans les expériences sur les électrons libres, pour déterminer la position ou pour mesurer la vitesse. On ne peut, par exemple, déterminer la position d'un électron sans perturber son impulsion. Pour observer un électron au microscope il faut qu'on moins un photon arrive à l'œil de l'observateur, c'est-à-dire qu'il soit diffracté par l'électron. Par là-même le photon, en vertu de l'expérience de Compton, provoque, lors du choc, un déplacement de l'électron. Or, on ne peut connaître exactement ce déplacement à cause de l'incompatibilité de la position et de la vitesse de l'électron dans le faisceau des rayons diffractés qui entrent dans l'objectif.

La même difficulté se rencontre dans la mesure de la vitesse. On mesure une vitesse en déterminant la position du mobile à deux instants différents. Or de ces deux déterminations de position la dernière ne peut être obtenue avec précision, à cause de la variation d'impulsion produite par l'observation antérieure. Or c'est précisément la dernière mesure de la vitesse qui présente un intérêt.

Ainsi toute mesure opérée sur une grandeur perturbe l'autre. Cette impossibilité d'isoler une grandeur se rencontre aussi dans les photographies de Wilson, où on ne peut décider qu'arbitrairement la question de savoir si la molécule d'eau qui sera ionisée fait partie du système de la particule α ou bien du moyen d'observation.

La connaissance simultanée de deux variables ne peut s'obtenir qu'avec une précision limitée. Cette limite s'exprime par les inégalités, mises en lumière par Heisenberg.

Cette limitation de la connaissance physique, résultant de la perturbation produite par les instruments de mesure, concerne, non pas le passé mais le comportement futur des phénomènes. Les inégalités d'Heisenberg expriment la limite de la prévision des phénomènes à l'échelle atomique. Dans la mécanique classique, une connaissance suffisante de l'état initial d'un système permet, par l'analyse mathématique, de prévoir l'évolution de ce système. En mécanique quantique, les phénomènes atomiques ne sont prévisibles que dans le cadre des inégalités d'Heisenberg et donnent lieu à des lois probabilistes.

Cette situation est liée à l'expression mathématique des phénomènes. L'application totale de l'analyse infinitésimale repose sur le concept de la continuité des phénomènes. Or la quantification de l'atome par l'introduction d'un quantum d'action conduit à admettre que le système atomique ne peut prendre qu'un certain nombre d'états stationnaires, auxquels correspond une série de valeurs discrètes de l'énergie. Cette discontinuité, limitant l'application de l'analyse infinitésimale, explique la nécessité de ne pouvoir dégager que des lois probabilistes. Et le calcul porte sur la probabilité d'un état ultérieur à partir d'un état initial.

Conclusion. Le degré d'objectivité de la connaissance des phénomènes atomiques

Ces apports de la mécanique quantique relèvent d'une préoccupation à l'endroit de l'objectivité. Pour préciser la part de non mesurable, qu'entraîne toute observation des phénomènes atomiques, en affectant d'une perturbation finie et incontrôlable l'objet d'étude, Heisenberg a été conduit à ses « inégalités ». Celles-ci expriment la mesure dans laquelle se trouve affectée par les appareils d'expérience l'intégrité d'un objet. A l'objet pur, mais stylisé, du monde macroscopique de la mécanique classique se trouve substitué l'objet adultéré, mais plus vrai, du monde microscopique de la mécanique quantique. L'extension du champ de l'expérience, dû au progrès de l'art expérimental, apporte une nouvelle modification au concept d' « objet physique ».

Ce résultat montre que les objets de la physique ne sont pas quelque chose de tout fait, qu'il n'y a qu'à recopier. Depuis Kant, et même depuis Malebranche et Berkeley, nous savons qu'ils dépendent de la nature et de l'activité de l'esprit. Pour qu'un tableau soit un tableau et non pas un amas de taches de couleur sans lien intérieur entre elles, il faut un œil qui le regarde et un esprit qui fasse la synthèse des impressions affectant la rétine. Il en est de même pour un fait déterminé, quel qu'il soit. Un fait ne peut pas se connaître lui-même. Il s'exprime par des jugements et des raisonnements, qui constituent ensemble l'expérience.

Heisenberg a matérialisé cette vue, dans le domaine de la physique, par la mise en compte du sujet dans l'expression de l'objet. Par là il appelle l'attention sur la distinction entre l'ordre de la connaissance et l'ordre de la réalité. L'extension de la connaissance, par le progrès de l'art expérimental, apporte une nouvelle modification au concept d' « objet physique ».

CONCLUSIONS DE LA SECTION III

LA PRIMAUTÉ DE L'EXPÉRIENCE DANS LA FORMATION DU CONCEPT D'OBJET PHYSIQUE. L'EXPÉRIENCE FONDEMENT DES MÉCANIQUES MODERNES

Des indications précédentes sur l'élaboration de l'expérience dans les mécaniques dégageons le résultat suivant. Les mécaniques se sont constituées par un processus qui comprend trois étapes : l'intégration de l'expérience dans le concept d'objet, l'expression de l'objet dans une formule et l'insertion de celle-ci dans une déduction mathématique. Les deux premières phases de cette procédure sont fondamentales, comme en témoigne la formation des mécaniques modernes.

C'est au nom d'une expérience quantifiée, plus précise, qu'intervient la critique, pour dénoncer l'insuffisance de la théorie classique dans sa représentation des phénomènes, en montrant que cette théorie n'est valable qu'autant que la vitesse de la lumière peut être tenue pour infinie et la constante de Planck pour négligeable. Les mécaniques relativiste et quantique doivent leur avènement à l'apparition de faits d'expérience, ignorés par la théorie classique : la constance de la vitesse de la lumière dans tous les systèmes et la loi du rayonnement de Planck. Les théories de ces mécaniques sont élaborées pour tenir compte des faits « nouveaux ». Or, dans ce domaine, la caractéristique de la « nouveauté » tient à l'extériorité du fait par rapport à la théorie régnante : le fait nouveau fait apparaître une impossibilité d'expliquer. Cette anomalie se révèle dans la déduction. La connaissance de sa cause ou de sa raison conduit, par souci de cohérence, à modifier la conception ancienne de l'objet pour intégrer l'objet nouveau dans une théorie nouvelle. Les conceptions modernes de la mécanique visent à réadapter la forme mathématique à un contenu expérimental plus complet.

Cette situation met en relief la primauté de l'expérience dans la constitution de la mécanique. Fondement de toute construction théorique, l'expérience, dissoute dans la déduction mathématique, reparaît, après les calculs, pour contrôler les conséquences lointaines de la théorie et, le cas échéant, pour modifier la théorie.

C'est pourquoi, malgré le symbolisme exclusif des formules mathématiques et l'ordre logique des enchaînements déductifs, la mécanique rationnelle, sous toutes ses formes, reste une traduction de la réalité dans le domaine du mouvement et du repos. Résultat d'une conversion des découvertes expérimentales en déduction mathématique, cette construction consacre la valeur de la physique déductive. L'idéal qu'elle représente explique la portée de son influence sur toutes les sciences. Par l'unité de sa méthode, commune aux trois mécaniques, elle a donné lieu à un mouvement scientifique où l'on discerne, dans la conception de la science, deux courants convergents, la physique mathématique et la physique mécaniste.

INFLUENCE DE LA MÉCANIQUE RATIONNELLE SUR LE SENS DU PROGRÈS SCIENTIFIQUE

I. — Le développement de la physique mathématique

1. Son principe : le chiffrage des qualités.

Le principe de la physique mathématique a été mis en lumière par Duhem qui, dans une étude sur l'éclairement [1], montre comment le chiffrage des qualités est, pour la physique, sa condition d'existence. Toute propriété des corps s'exprime par une grandeur ; toute loi, par une formule ; toute théorie, par un enchaînement de théorèmes. La physique qui, par ses origines, est une science expérimentale et qui, dans la découverte et dans la vérification, conserve cette marque, tend en même temps à se résoudre en calculs algébriques et en analyse mathématique.

2. Ses sources : Newton et Huygens.

Le sens de cette procédure est accentué par Newton et par Huygens qui, en lançant la physique mathématique, l'ont influencée différemment.

1. Annales de la Société scientifique de Bruxelles, t. XVIII, XIX, XX, 1894-1896.

NEWTON

Newton emploie concurremment, selon l'orthodoxie cartésienne la plus stricte, l'expérience et la déduction.

A. — L'expérience chez Newton

Considérons l'emploi de l'expérience. Newton l'a-t-il négligée ? Certains historiens ont prétendu qu'il s'est attaché aux relations mathématiques des phénomènes au détriment de l'expérience. Est-ce exact ? Il convient, pour répondre, de distinguer chez Newton l'influence et les résultats.

1. Son influence contestée.

Le calcul des fluxions aurait porté préjudice aux recherches expérimentales. Effectivement il provoqua, à son apparition, un effacement de l'expérience, en accaparant l'attention des chercheurs par sa facilité d'application à tous les problèmes. Newton, lui-même, parut, par son attitude, confirmer la primauté du calcul. Ses travaux, au jugement de Rosenberger, sont dominés par l'intérêt mathématique, autant dans la conception abstraite des problèmes que dans la méthode synthétique de résolution. — Cependant, si Newton accentua toujours son point de vue de mathématicien, il affirma en même temps l'incontestabilité des résultats mathématiques et leur accord avec les théories physiques. Peut-être, en certains domaines, a-t-il majoré ses prétentions, en particulier dans ses premiers travaux sur la résistance des fluides. En hydrodynamique les écarts qu'on relève entre la prévision des calculs et les résultats effectifs de l'expérience conduisent Daniel Bernoulli à corriger les formules. Peut-on parler de négligence à l'endroit de l'expérience ? L'insuffisance des fondements expérimentaux n'est-elle pas imputable aux difficultés, inhérentes à la nature intrinsèque des phénomènes étudiés, qui explique les approximations successives de la recherche ? Quoi qu'il en soit, le calcul des fluxions, en mettant en évidence les valeurs limites des rapports géométriques, devait apporter une nouvelle détermination à l'objet physique et, par là, servir puissamment le progrès de la physique. On ne peut donc, dans les insuffisances expérimentales, incriminer unilatéralement le calcul des fluxions.

2. **La positivité des résultats.**

a) *En optique* : La théorie de la lumière et des couleurs. Application à la théorie de l'arc-en-ciel.

b) *En astronomie* : La théorie des forces centrales : il établit une relation mathématique entre le mouvement elliptique et son accélération. Par le calcul de l'accélération produite par le soleil sur une planète à l'unité de distance, il fixe le coefficient de proportionalité.

Laissons de côté l'influence de Newton sur la recherche expérimentale pour considérer l'apport des résultats en physique. Newton enrichit la physique par ses découvertes, en particulier en optique et en astronomie. A l'optique il annexe un nouveau domaine par la *Théorie de la lumière et des couleurs* (1672). Il constate que la dispersion des couleurs est liée à la réfraction de la lumière blanche : dans un même milieu, les diverses couleurs correspondent à des différences de réfraction. Après la constatation des faits il fournit la mesure des rapports de grandeurs. Divisant le spectre en sept couleurs principales il délimite l'extension de chacune d'elles ; et, après avoir remarqué que, selon leur position dans le spectre, la déviation du rouge est minima et celle du violet maxima, il mesure, à partir des couleurs extrêmes, l'indice de réfraction des couleurs intermédiaires dans le passage du verre dans l'air. — Puis il applique sa découverte à la théorie de l'arc-en-ciel. Après avoir expliqué l'introduction des couleurs et l'ordre renversé dans lequel elles apparaissent dans les deux arcs, il détermine séparément avec la plus grande exactitude, par sa mesure des indices de réfraction des différentes couleurs, les rayons des arcs et leurs largeurs respectives. Par là s'achevait la théorie partielle donnée par Descartes.

En Astronomie « il saisit mathématiquement les corps célestes » en s'appuyant sur les lois de Kepler. Il établit une relation entre le mouvement elliptique et son accélération en déterminant la trajectoire quand la force centrale est donnée ; et inversement en déterminant la force centrale quand la trajectoire est donnée. En outre, en utilisant le théorème de Huygens sur la force centrifuge dans les courbes quelconques, il calcule la valeur de l'accélération produite par le soleil à l'unité de distance. Par la mise en lumière du coefficient de proportionnalité, qui est le même pour toutes les planètes, il constituait par voie de généralisation, la théorie des forces centrales. Enfin, en vérifiant l'identité de l'attraction astronomique et de la force de la pesanteur, il parvient à la découverte de la loi d'attraction réciproque fondement du principe de l'égalité de l'action et de la réaction. Tels sont, parmi les plus marquants, les résultats positifs de l'œuvre de Newton.

B. — La déduction

L'attitude à l'égard de l'hypothèse et l'usage de l'hypothèse.
Remarquable par sa matérialité expérimentale, cette œuvre l'est-elle autant dans sa forme déductive ? La question revient à examiner l'intégration des résultats dans la déduction, c'est-à-dire, en l'occurrence, l'attitude de Newton en face de l'hypothèse.

1. **La vue qu'on lui attribue ; ses conséquences :**
   — *Impossibilité de la déduction.*
   — *Réduction de la physique à un empirisme mathématique.*

Newton a-t-il condamné indistinctement toutes les hypothèses ? Cette opinion, accréditée par l'Index des trois éditions successives des *Principiae* (1687, 1713, 1726), repose sur ce texte du *Scholium Generale* : « Jusqu'ici je n'ai pas été capable de parvenir à déduire des phénomènes la raison de la propriété de la gravité et je n'imagine point d'hypothèses ; car tout ce qui ne se déduit point des phénomènes est une hypothèse; et les hypothèses, soit métaphysiques, soit physiques, soit mécaniques, soit celles des qualités occultes, n'ont pas de place dans la philosophie expérimentale. » Cette déclaration, résumée dans l'expression : *Hypotheses non fingo*, est généralement interprétée comme une proscription générale de toute hypothèse. Et, l'interprétation, largement répandue[2], se trouve notamment dans plusieurs manuels de logique. — Une telle vue entraîne immédiatement ces conséquences : impossibilité de la déduction, réduction de la théorie à la constatation inductive des faits et à leur formulation mathématique. Dans ces conditions, la science resterait confinée dans un « empirisme mathématique », reproche qu'on a effectivement adressé à la méthode de Newton comme en témoigne ce jugement formulé dans une Histoire des Sciences : « Newton, par son exclusion de l'hypothèse, avait de nouveau marqué à la physique le chemin de l'induction pure. »

---

2. Werner Heisenberg enregistre l'opinion attribuée par Cotes à Newton. Cf. *La nature dans la physique contemporaine*, trad. A. E. Leroy, Gallimard, 1962, p. 128.

2. Son attitude réelle.

Rejet de l'explication fictive. — Raison. Exemple : l'hypothèse des tourbillons. Nécessité de l'hypothèse pour l'explication. — Condition d'admission de l'hypothèse. — Les emplois effectifs de l'hypothèse. — L'œuvre de Newton et l'orientation du mouvement scientifique.

Toute autre est l'attitude réelle de Newton. L'aphorisme invoqué vise simplement l'explication fictive, telle que Descartes la formule dans ses Principes de la Philosophie : « Je désire que ce que j'écris soit seulement pris pour une hypothèse, laquelle est peut-être fort éloignée de la vérité ; mais, encore que cela fût, je croirais avoir beaucoup fait si toutes les choses qui en sont déduites sont entièrement conformes aux expériences. — Que même j'en supposerai ici quelques-unes que je crois fausses. — Que leur fausseté n'empêche point que ce qui en sera déduit ne soit vrai. » (III, 44, 45 et 47). Tel est le type d'hypothèse rejeté par Newton. M. A. Koyré, qui a établi ce point par des arguments décisifs, ajoute qu'une telle épistémologie, en conduisant la science à poser le faux pour en déduire le vrai, créerait un divorce entre la science et la réalité [3]. Aussi bien est-ce au nom de cette conséquence que Newton condamne l'hypothèse cartésienne des Tourbillons. — L'hypothèse-fiction étant écartée, Newton admet les types d'hypothèses habituels : la conjecture du physicien, conçue comme position provisoire, soumise à la vérification ; la proposition catégorique du géomètre; et, par une extension de sens, l'axiomatique des modernes et l'assomption destinée à servir de fondement à une théorie. Dans tous les cas, pour être reçue, même jusqu'à plus ample informé, l'hypothèse doit remplir une condition préalable : être lestée d'un fond solide d'expérience, c'est-à-dire prendre appui dans les données expérimentales.

Newton reconnaît, en dehors de la fiction, la nécessité de l'hypothèse en tous les sens du terme, comme l'atteste cette déclaration de son *Optique* : « Ceux qui ne peuvent accepter de nouvelles découvertes sans être capables de les expliquer par des hypothèses peuvent supposer que, — de même que les pierres qui tombent dans l'eau produisent un mouvement ondulatoire et que tous les corps percutés excitent les vibrations dans l'air — de même les rayons de lumière excitent des vibrations dans le milieu, ou la substance qui les réfracte ou les réfléchit, à peu près

---

3. A. Koyré, *L'Hypothèse et l'expérience chez Newton*, Bulletin de la Société française de Philosophie, séance du 28 avril 1956.

de la même manière que les vibrations sont propagées dans l'air pour produire le son... »

En fait Newton a multiplié l'emploi de l'hypothèse sous ses formes les plus diverses. Le troisième livre des *Principes*, intitulé : *le Système du Monde*, est introduit par deux hypothèses : 1. l'immobilité du centre du système du Monde; 2. l'identité des mouvements d'une enveloppe sphérique, rigide ou liquide, et d'une sphère pleine. Dans la seconde édition, le livre III des *Principes*, sous la rubrique *Hypothèses*, contient neuf propositions. Par ailleurs les lois du mouvement et celles de la gravitation universelle sont présentées comme des hypothèses ; de même que la structure corpusculaire de la lumière, suggérée par des données expérimentales.

L'œuvre de Newton, bien loin de ralentir le mouvement déductiviste, l'accélère en s'insérant authentiquement dans la tradition cartésienne. L'attitude de Newton à l'égard de Descartes et ses dissidences verbales sont une chose; le sens de l'œuvre en est une autre.

Les *Principes mathématiques de la Philosophie naturelle* donnent en quelque sorte une existence officielle à la physique mathématique. En frayant la voie ouverte par Galilée et par Descartes, ils accusent nettement l'orientation de la science.

HUYGENS

Avec Huygens cette orientation se précise par la rationalisation et par l'unification des lois.

Sa contribution à la constitution de la physique mathématique au moyen de :

1. **La rationalisation des lois par la démonstration des propositions :**

— *les lois du pendule cycloïdal ;*
— *la théorie des moments d'inertie.*

Huygens pousse la rationalisation de la physique en démontrant logiquement ses propositions après la découverte expérimentale. Tel est le caractère de ses études sur le pendule circulaire et sur le pendule cycloïdal, qui reposent sur la coordination de l'expérience et de la déduction. Il avait *réalisé matériellement* un pendule cycloïdal pour établir l'équation du mouvement et la durée de l'oscillation. Remarquant que le mouvement du pendule est identique au mouvement d'un corps lourd qui, par sa gravité, roule sur une trajectoire circulaire, il se pose la question : sur quelle trajectoire doit tomber un point matériel lourd pour que le temps de chute d'un point quelconque de la trajectoire jusqu'au point le plus bas prenne toujours la même valeur ? Il découvre qu'une seule courbe possède cette propriété, la cycloïde au sommet tourné vers le bas. — Ensuite il démontre que le rapport de la durée d'une oscillation simple à la durée de la chute libre selon l'axe de la cycloïde est égal au rapport de la circonférence à son diamètre. Par là, tout en déterminant par une ligne l'amplitude correspondant à l'isochronisme, il trouvait le moyen de calculer en fonction de la longueur la période du pendule cycloïdal comme celle du pendule circulaire.

La théorie des moments d'inertie relève, comme les lois du pendule cycloïdal, de la même méthode. Huygens *réalise expérimentalement* la mesure d'un moment d'inertie au moyen d'une étude du pendule composé. Reprenant les recherches théoriques de Descartes et de Roberval sur le centre d'oscillation du pendule, il part d'une observation sur l'élévation du centre de gravité pour montrer que la longueur du pendule simple qui a même durée d'oscillation qu'un pendule composé est égale au quotient du moment d'inertie par le moment statique du corps oscillant. Par là, les oscillations de tous les corps sont ramenées à celles du pendule simple; et la distance entre le centre d'oscillation et l'axe de rotation relève des mathématiques pures. En outre, il démontrait géométriquement qu'on peut, sans changer la durée d'oscillation, intervertir le point de suspension et le point d'oscillation.

2. **La systématisation des lois par une théorie déductive.**

— *sa théorie de la lumière, fondement de l'optique physique ;*
— *les lois du choc des corps élastiques.*
L'impulsion reçue par la physique.

En rationalisant la physique par des considérations de géométrie et de calcul infinitésimal, Huygens l'acheminait vers la systématisation par l'unification des lois. Dans sa *Théorie de la Lumière* (1690), il déduit mathématiquement les lois expérimentales de l'hypothèse du mouvement ondulatoire de la lumière ; et, par l'expérience, il vérifie diversement les résultats. Il contribue ainsi à constituer méthodiquement les fondements de l'optique physique, par lesquels cette branche est devenue l'une des disciplines les plus solides. De même son mémoire sur le choc des corps élastiques, envoyé à la Société Royale de Londres en 1669, se distingue par la mise en évidence de la déduction de toutes les lois d'une seule proposition expérimentale : deux corps élastiques égaux, qui se heurtent avec des vitesses égales et opposées, rebondissent avec la même vitesse. On en déduit, par exemple, qu'un corps élastique qui heurte un corps égal au repos s'immobilise pendant que l'autre se déplace avec la vitesse du premier. Huygens ajouta plus tard deux propositions générales. 1. La quantité de mouvement n'est constante que si on prend la somme algébrique des mouvements. — 2. Dans le choc des corps élastiques la somme du produit des masses et du carré des vitesses propres reste la même avant et après le choc.

Ces lois furent présentées comme une découverte par voie de pure déduction mathématique. Mariotte confirma expérimentalement chaque déduction particulière, dans tous les types de cas possibles, dans son *Traité de la percussion* (1677).

L'œuvre de Huygens vise à systématiser le donné physique, en le rattachant à un principe qui permettra de le déduire. Par ce trait distinctif elle s'insère, comme celle de Newton, dans un plan d'application rigoureuse à la physique de la méthode mathématique. Elle donne à la physique une impulsion puissante, particulièrement sensible chez Bouguer et chez Lambert qui, par l'emploi de la même méthode, fondent un nouveau département de l'Optique, la photométrie.

Bouguer, appliquant le calcul à la mesure de l'intensité lumineuse, évalue l'absorption de la lumière dans la réflexion et dans la réfraction, dans des milieux différents. Il montre, dans le premier cas, entre autres circonstances, l'influence du corps réfléchissant et de l'angle de réflexion; dans le second cas, l'influence de la profondeur des couches traversées et de l'inclinaison. Son nom reste attaché à la loi des variations de l'intensité lumineuse d'un faisceau monochromatique en fonction de l'épaisseur de la lame traversée : fonction exponentielle décroissante, elle est devenue classique. — Il détermine les diverses clartés du ciel selon les différents éloignements du Soleil et parvient à comparer la lumière de la Lune à celle du Soleil. Son *Traité sur la gradation de la Lumière*, paru en 1760, contient les principaux traits de sa photométrie et enrichit l'optique mathématique d'une discipline nouvelle.

Lambert reprend les mêmes recherches en poussant l'analyse en profondeur. Il distingue la clarté de la source lumineuse, l'éclairement de l'objet et la clarté reçue par l'œil. — Après un certain nombre de constatations et après avoir comparé les résultats prévus aux résultats observés il pose ces principes sur lesquels repose la mesure totale de la lumière. — 1. On obtient l'éclairement d'un objet c'est-à-dire la clarté reçue par l'œil en divisant la quantité de lumière par la grandeur de l'image sur la rétine. — 2. Toutes circonstances égales d'ailleurs, l'éclairement que reçoit un petit objet d'un point lumineux est inversement proportionnel au carré de son éloignement de ce point. — 3. Si la surface éclairée s'oppose obliquement au corps lumineux, la force de l'éclairement oblique est proportionnelle au produit de la normale au sinus de l'angle d'inclinaison des rayons par la surface éclairée. — 4. Si λ est l'angle d'incidence pour un élément de surface éclairante F, et J son éclat, la quantité de lumière émise par celui-ci est proportionnelle à l'expression $F - J \cdot \sin \lambda$. — De ces propositions Lambert déduit plusieurs autres sur la proportion des éclairements des corps dans des positions différentes. C'est ainsi qu'il calcule exactement la proportion de la clarté de la Lune dans ses diverses phases. — Les écarts de chiffres qu'on relève sur la même question, entre les résultats de Lambert et ceux de Bouguer, tiennent à ce que, dans la mesure des intensités de lumière, l'œil est fortement affecté par des conditions subjectives.

Il reste que Bouguer et Lambert ont le mérite, le premier, de traiter d'abord par l'expérience scientifique la mesure de la lumière; le second, de donner de cette mesure la théorie des fondements scientifiques.

Amorcée dans les travaux mécaniques de Galilée, ébauchée dans la Dioptrique de Descartes et dans l'œuvre des physiciens cartésiens, la physique mathématique a pris son essor dans les travaux de Newton et de Huygens. Le mouvement, qui s'est généralisé dans le monde savant, a été suivi en particulier par Helmoltz, par Hertz et par Boltzmann, dont l'œuvre procède d'une confiance sans réserve dans la construction de la physique en forme d'analyse déductive. Nous allons voir qu'il a reçu une nouvelle impulsion de la conception mécaniste de la science.

II. — LA CONCEPTION MÉCANISTE DE LA SCIENCE

1. Sa nature.

Pendant qu'à la suite de Newton et de Huygens les physiciens s'attachent à la déduction mathématique des phénomènes on discerne simultanément, au sein même de cette déduction, une orientation bien définie. Le mouvement qui porte la physique expérimentale vers la physique mathématique se trouve renforcé par la conception mécaniste de la science. — Selon cette conception toutes les branches de la physique sont des dépendances de la mécanique. Comme il existe une liaison entre les phénomènes mécaniques et les autres phénomènes physiques on a cherché, par comparaison, la correspondance entre les uns et les autres.

2. **Sa force.**

Dès le XVIIe siècle cette idée, empruntée à l'Antiquité, s'est imposée avec force. Elle est admise par Fr. Bacon qui la considère comme la clef de l'interprétation de la nature, « clavis interpretationis naturae ». Elle est reprise par Descartes, qui affirme qu'il existe une explication mécanique de tous les phénomènes physiques et qui, en même temps, vise à fonder la physique entière sur la mécanique, conçue comme une « géométrie du mouvement ». Selon la même vue, Huygens écrit que la « vraie philosophie » est celle « dans laquelle on conçoit la cause de tous les effets naturels par des raisons de mécanique ».

3. **Son développement chez les Cartésiens ; chez Newton ; dans la science moderne : la théorie cinétique des gaz, la théorie mécanique de la chaleur, la théorie de la lumière, l'électromagnétisme et l'électrodynamique.**

Telles sont les déclarations de principe. En fait la conception s'est réalisée de plusieurs côtés. Les cartésiens l'ont largement exploitée en l'étendant à la biologie. C'est à Port-Royal qu'ont été pratiquées les premières vivisections sous l'influence de la théorie des bêtes-machines. Et Borelli s'est appliqué à réaliser une mécanisation totale de la physiologie. Chez les physiciens anti-cartésiens la situation sur ce point n'est pas différente. L'œuvre de Newton représente, dans la mécanisation de la physique, une tentative aussi marquée et beaucoup plus vaste. Dans les *Philosophiae naturalis principia mathematicae* on peut constater le dessein de rattacher à la mécanique toutes les questions physiques de l'époque. L'ouvrage s'ouvre par la formulation des lois fondamentales du mouvement.

1. Tout corps persévère dans son état de repos ou de mouvement rectiligne uniforme, si aucune force n'intervient pour modifier son état.

2. Le changement de mouvement est proportionnel à la force motrice et se produit selon la direction de celle-ci.

3. L'action est égale à la réaction.

Suit, en appendice, la loi du parallélogramme des forces : un corps décrit sous l'action conjuguée de deux forces la diagonale d'un parallélogramme dans le même temps où il aurait décrit les côtés sous l'action séparée de chaque force.

Cet exposé, suivi de la théorie des fluxions, a valeur d'introduction. Parmi les questions traitées nous relevons notamment :

A) *Dans le livre I :*

— la théorie des forces centrales ;
— la construction mathématique des sections coniques ;
— l'élévation rectiligne et la chute des corps, dans plusieurs cas de force d'attraction ;
— la détermination, en fonction du temps, de la position des corps sur leur trajectoire ;
— la comparaison des mouvements verticaux et des mouvements curvilignes, dus à une force centrale quelconque ;
— le mouvement pendulaire ;
— les mouvements des corps sur une trajectoire elle-même en mouvement ;
— les mouvements des corps sphériques qui s'attirent mutuellement ;
— la réfraction de la lumière.

B) *Dans le livre II :*

— le mouvement des corps dans les milieux résistants ;
— des recherches sur l'hydrostatique et sur la résistance qu'éprouvent des corps, tels que la sphère, le cône et le cylindre, en mouvement dans un fluide ;
— les fondements mathématiques de l'acoustique ;
— des recherches sur la vitesse de propagation des ondes dans un milieu élastique.

Le livre III porte sur les applications des théories mécaniques au système du monde.

L'œuvre de Newton vise à unifier la physique en fonction de la mécanique. La science moderne s'est engagée dans la même voie, comme en témoignent, par le sens de leur formation, les théories les plus connues.

La théorie cinétique des gaz, qui s'est développée, notamment après certains travaux sur l'élasticité des fluides et sur les chaleurs latentes des vapeurs sous diverses pressions, a montré des résultats si remarquables par le calcul de la vitesse et de la grandeur des molécules d'une part, par les hypothèses sur le frottement intérieur et sur le pouvoir conducteur des gaz d'autre part, qu'on a été conduit à étendre aux corps liquides et partiellement aux corps solides le traitement mécanique des gaz. En même temps on a cherché à transférer l'emploi du principe cinétique d'explication à toutes les théories de la physique.

La théorie mécanique de la chaleur a connu un succès qui ne s'est pas démenti. Elle apparaît avec Fourier qui, rejetant les spéculations sur la matière impondérable, inaccessible aux mathématiques, donne les lois de la communication de la chaleur. Ses théories, qui font connaître les intégrales des équations différentielles par le mouvement de la chaleur, sont surtout remarquables par le développement des fonctions en séries périodiques. Sa *Théorie analytique de la chaleur* fut suivie de nouvelles recherches sur le principe mécanique de la conservation de l'énergie. Ce principe est élaboré par le concours des trois facteurs méthodologiques qui interviennent dans la formation des sciences. Sur le plan philosophique Robert Mayer établit que toutes les forces peuvent se transformer l'une en l'autre selon un rapport déterminé ; et présente une illustration de la constance du rapport de transformation par l'exemple de la chaleur et du travail mécanique. Sur le plan empirique Joule fonde la détermination quantitative du rapport de transformation sur diverses expériences dont l'une, l'équivalent mécanique de la calorie, est restée classique. Enfin Helmoltz constitue la théorie en déduction mathématique, tout en montrant que la somme de l'énergie potentielle et de l'énergie cinétique reste constante. — Le principe de la conservation de l'énergie fut complété par le principe de la dégradation de l'énergie, à la suite des travaux de Carnot et de Clausius pour établir une relation entre le rendement des machines et les températures. Le principe de la thermodynamique exprime un rapport entre données thermiques et données mécaniques. La théorie mécanique de la chaleur a produit encore ce résultat. On a été amené à considérer tous les corps pondérables comme un système de molécules en mouvement et, sous l'influence de cette vue, à réunir la théorie des forces moléculaires à la théorie de la chaleur pour former une mécanique moléculaire.

L'esprit mécaniste qui caractérise la théorie de la chaleur se retrouve dans la théorie de la lumière. Fresnel, s'appuyant sur le principe de Huygens, selon lequel chaque point de l'ouverture d'un écran par lequel passe la lumière est le centre de nouvelles ondes lumineuses, montre que les phénomènes d'interférences sont dus à la combinaison des ondes élémentaires qui, partant de tous les points d'une surface lumineuse, se rencontrent au point considéré. — Il donne dans une formule l'état de mouvement de chaque partie vibratoire de l'onde, en montrant comment cet état de mouvement varie avec l'éloignement du centre de l'onde. Puis il détermine les mouvements qui, de tous les points de la surface lumineuse, apparaissent sur un point précis de l'écran. Dès lors, par une formule d'intégration il pouvait, en toute rigueur, calculer mathématiquement la force de la lumière de l'éclairement d'un écran et déduire cette force de l'hypothèse fondamentale des interférences d'un nombre infini d'ondes élémentaires. En associant le principe des ondes élémentaires avec le principe des interférences il élucidait l'apparente contradiction entre la propagation rectiligne de la lumière et la diffraction de cette lumière. — Son *mémoire sur la diffraction de la lumière*, paru en 1818, marque une date dans la mécanisation de l'optique. Et son ouvrage : *Considérations mécaniques sur la polarisation de la lumière*, révèle déjà par son titre les préoccupations mécanistes qui l'inspirent.

La théorie des ondulations s'est prolongée dans deux directions principales. Du côté de l'optique physiologique elle a suscité, parmi les travaux les plus saillants, ceux de Helmoltz qui ramène la diversité de timbres et de sonorité vocales, ainsi que tout le fondement de l'Harmonique, à des particularités de mouvements vibratoires. Du côté de l'Analyse spectrale, la théorie ondulatoire de la lumière, en associant ses hypothèses à celle de la théorie mécanique de la chaleur, a permis d'établir une liaison entre les vibrations de l'éther et les vibrations moléculaires des corps. Cette nouvelle représentation apporta un éclaircissement sur la constitution matérielle des corps cosmiques et suggéra de nouvelles hypothèses sur la constitution moléculaire des corps en général.

Enfin la physique mécaniste a reçu, dans le domaine de l'électromagnétisme, une impulsion puissante par l'ampleur de son développement et par la profondeur de ses vues. Après la découverte d'Oersted et la théorie d'Ampère, les recherches quantitatives sur la transformation des forces ont conduit à divers résultats où figurent, parmi les plus éclatants, l'emploi de l'électricité comme source de force mécanique et la considération des ondes électriques comme mécanique du mouvement de l'éther. Ces travaux, à la suite de la construction des systèmes de mesures par Gauss et des vues nouvelles apportées par Faraday et par Maxwell, ont abouti à la fondation de l'électrodynamique.

La convergence des travaux vers l'unité d'une seule science.

De ces indications on peut tirer le résultat suivant. Toutes les disciplines physiques tendent à se transformer en théories mécaniques. On cherche à déduire toute énergie du mouvement et à donner à tous les phénomènes physiques un fondement purement cinétique. Une des marques les plus saillantes de ce mouvement se manifeste dans la constitution des systèmes de mesures mécaniques dans l'ensemble de la physique. Celle-ci apparaît ainsi comme une mécanique de la matière et plus spécialement comme la cinématique de tous les mouvements matériels.

En devenant une physique cinétique, la physique mathématique a gagné du terrain. Toutes les disciplines physiques tendent à se mécaniser dans la déduction mathématique, si bien que le but du développement de la physique se révèle dans l'unité d'une seule science. Et, en se fondant sur les résultats, on peut affirmer que la pensée scientifique atteint par cette direction sa vraie valeur. Cette conclusion peut s'appuyer d'une part sur une constatation d'ordre pratique, d'autre part sur une tentative théorique. Sur le premier point on peut alléguer les exemples de Newton et de Fresnel. On a dit que Newton, par l'hypothèse d'une gravitation générale, pouvait calculer tous les mouvements des corps célestes avec la plus grande exactitude et statuer sur l'avenir aussi bien que sur le passé et que sur le présent ; et que le même avantage réussit à Fresnel qui, de la seule hypothèse des vibrations transversales de l'éther, pouvait déduire les phénomènes optiques les plus complexes, tels que la double réfraction et la polarisation, et même prédire de nouvelles découvertes. — Enfin la conception mathématique et mécaniste de la nature a été soutenue et développée par Hertz qui, dans sa *Mécanique,* vise à la description de tous les phénomènes par de simples équations différentielles [4]. On sait qu'il proscrit de la mécanique la notion de force pour sa ressemblance aux qualités occultes de l'ancienne physique ; et qu'il n'admet que l'expression de l'interdépendance des masses. Il a réfuté les objections de ses adversaires en montrant que ceux-ci confondaient la déficience des exposés individuels avec la valeur des principes dont l'intégrité ne peut être atteinte par des réalisations imparfaites.

Nous enregistrons le triomphe des thèses cartésiennes sur la physique mécaniste et sur la méthode de déduction universelle.

---

4. Cf. *Untersuchung über die Ausbreitung der electrichen Kraft,* 1892.

CONCLUSIONS GÉNÉRALES

I. — Influence de Descartes
sur le développement des sciences

Depuis l'abandon de la dialectique médiévale, la formation des sciences, par les grands traits qui jalonnent son histoire, révèle le sens de son orientation : la fusion de l'expérience dans la déduction mathématique. Ce courant de pensée procède directement de l'œuvre de Descartes.

A. — Influence directe : par la doctrine de la déduction

L'impulsion vient d'abord de l'œuvre scientifique : des expériences malgré leur imprécision ; de l'esquisse de physique théorique ébauchée dans la Dioptrique ; et de la Géométrie analytique, qui a donné l'idée de substituer à la considération particulière des figures la mesure des distances. L'impulsion de l'œuvre est soutenue et fortifiée par la doctrine théorique dont l'action est prépondérante. C'est surtout par elle que s'est exercée l'influence de Descartes sur le mouvement scientifique. Mach, avec toute la netteté désirable, signale ce point en ces termes : « Bien que Descartes ait résolu des problèmes particuliers considérables, par exemple dans ses études sur l'arc-en-ciel et sur la loi de la réfraction, la signification véritable de son œuvre doit être cherchée dans ses grandes idées générales révolutionnaires sur les mathématiques et les sciences de la nature... » Ce jugement s'accorde pleinement avec l'histoire des sciences. L'influence de Descartes s'est exercée non seulement en physique, mais même en physiologie par la théorie de la vision, et par la théorie des bêtes-machines que Borelli a poussée jusqu'à ses dernières conséquences. Ces théories se sont prolongées par des applications mathématiques diverses : les méthodes de la résistance des matériaux, à l'étude des formes des os et des articulations ; les principes de l'Hydraulique, à la détermination de la forme des vaisseaux sanguins. Ces applications ont été indiquées par Fick; et plusieurs exemples sont fournis par l'école de la mécanique du développement des organismes : par Cope et les néolamarkiens. Les applications des mathématiques à la biologie se rencontrent encore dans l'emploi des méthodes statistiques, qui interviennent par la variation et la corrélation des caractères, par l'action du milieu et par l'hérédité [1].

La doctrine de la déduction universelle conjecture le sens du mouvement scientifique et le règne des mathématiques dans le monde matériel.

Réfutation de l'épistémologie non cartésienne de Bachelard.

Sous l'expression d' « épistémologie non cartésienne » Bachelard a dirigé plusieurs critiques contre la méthode de Descartes et contre la doctrine des « natures simples ». Examinons ces critiques.

Bachelard reproche à la méthode cartésienne de n'être pas généralisante. Elle porterait obstacle à l'extension de la pensée objective. Elle serait « réductive », non « inductive » [2].

Remarquons, sur le plan théorique, que « réduction » et « induction » ne sont pas des démarches qui s'excluent. Le travail scientifique se caractérise par la réduction du composé au simple. Dans les lois de la chute des corps, par exemple, l'analyse permet de découvrir l'élément simple qui rend compte des faits observés. L'explication scientifique met en évidence les causes permettant le passage des faits à la loi. Cette démarche est bien une réduction du composé au simple. En même temps, nous atteignons la généralisation, puisque nous découvrons ce qu'il y a de commun à tous les phénomènes de même ordre : nous passons du particulier à l'universel dans les propositions, du spécial au général dans les concepts.

Cette procédure est celle de Descartes savant, comme l'a établi Gaston Milhaud. La méthode cartésienne est « réductive » en ce sens qu'elle épure le donné pour le réduire à ses déterminations essentielles. Elle ne l'est pas au sens où elle ralentirait l'extension de la pensée objective. Celle-ci progresse tant par l'emploi de la méthode inductive dans la recherche que par le recours à la déduction dans l'explication. La synthèse consécutive à l'analyse se développe par la méthode mathématique, essen-

---

1. Parmi les articles biostatistiques les plus marquants on compte ceux de Duncker, de Ludwig en Allemagne ; de Davenport, de Pearson aux U.S.A.
2. *Le nouvel esprit scientifique*, Paris, P.U.F., 12ᵉ édition, 1973, p. 142.

tiellement constructive. *Les Principes de la Philosophie* fournissent une application de cette procédure. Les *REGULAE* en donnent la formule dans une déclaration, selon laquelle on peut, en observant certaines règles, parvenir « par un accroissement graduel et continu de science, à la véritable connaissance de tout ce qu'on peut connaître »[3]. Peut-on être plus affirmatif dans la prise de conscience de la synthèse progressive ?

Ajoutons que Descartes reproche précisément à Galilée le « réductionnisme » par lequel il resterait confiné dans le particulier. Il a donc aperçu les inconvénients de la pensée particulière. Et il semble les avoir évités quand on lit cet hommage de Mach : « On ne peut contester à Descartes le mérite d'avoir le premier, recherché en mécanique un point de vue plus général et plus fécond. C'est sur ce point que consiste le travail spécial des philosophes ; et c'est là qu'il faut rechercher la raison de leur influence scientifique fécondante et stimulante »[4].

A la critique « réductionniste » adressée à la méthode, s'ajoute le grief « séparatiste », imputé à la doctrine des « natures simples et absolues ». Cette doctrine est attaquée en particulier dans l'exemple suivant : « la séparation de la figure et du mouvement est objectivement abusive dans le règne de la microphysique »[5]. Vient, à l'appui, cette citation de Louis de Broglie : « Descartes disait qu'on devait s'efforcer d'expliquer les phénomènes naturels par figures et par mouvements. Les relations d'incertitude expriment précisément qu'une telle description en toute rigueur est impossible puisqu'on ne peut jamais connaître à la fois la figure et le mouvement[6]. On ne voit pas bien comment cette citation peut corroborer l'affirmation précédente puisqu'elle condamne le « séparatisme » en montrant l'impossibilité de la connaissance simultanée de deux variables. Bachelard poursuit sa condamnation du « séparatisme » en affirmant l'existence, à la base de la physique, d'une synthèse *a priori*, c'est-à-dire d'une complexité fondamentale. Et il dénie à la construction cartésienne, unissant les éléments, une forme réellement synthétique, en lui opposant la science contemporaine qui « se fonde sur une synthèse première » par exemple dans la réalisation du « complexe géométrie-mécanique-électricité »[7].

---

3. *Règles pour la Direction de l'esprit*, trad. SIRVEN, Paris, VRIN, 1966, p. 19.
4. *La Mécanique*, trad. BERTRAND, Paris, 1904, p. 272.
5. *Le nouvel esprit scientifique*, P.U.F., 12ᵉ éd., 1973, p. 142.
6. *Ibid.*, p. 142.
7. *Ibid.*, p. 147.

Cette critique nous semble arbitraire. On peut constater, à la lecture attentive des *REGULAE*, que Descartes appelle expressément l'attention sur la conjonction des éléments au début ou au cours de la recherche.

La définition des natures simples est précédée d'une distinction : « on doit considérer différemment chaque chose en particulier selon qu'on la rapporte à notre connaissance ou à l'existence réelle »[8]. Vient la définition : « ne traitant ici des choses qu'autant qu'elles sont perçues par l'entendement, nous appelons simples celles-là seulement dont la connaissance est si nette et si distincte que l'intelligence ne peut les diviser en plusieurs autres connues plus distinctement. Il faut entendre par là les catégories telles que figures, étendue, mouvement, même les catégories les plus générales que nous tirons par abstraction des choses simples elles-mêmes »[9]. Voici la règle d'application : « Il est souvent plus facile d'en considérer en même temps plusieurs jointes ensemble que d'en séparer une seule des autres »[10]. Cette règle s'éclaire par cette remarque : « nous ne pouvons jamais rien comprendre en dehors de ces natures simples et de l'espèce de mélange ou composition qui existent entre elles »[11]. A la règle d'application s'ajoute une constatation de procédure : « Toute la science humaine consiste uniquement à voir de manière distincte comment ces natures simples concourent ensemble à la composition des autres choses »[12]. La nécessité de la synthèse est fort bien aperçue et clairement signalée, comme l'atteste au surplus le passage de la Règle VI où il est question des choses « où nous ne considérons pas leur nature isolée, mais où nous les comparons entre elles afin de les connaître les unes par les autres. De ce point de vue elles peuvent être dites ou absolues ou relatives »[13]. Et la notion de relatif est ainsi définie : « c'est ce qui a la même nature ou du moins un de ses éléments en participation, en vertu de quoi on peut le rattacher à l'absolu... mais il renferme en outre dans son concept d'autres choses que j'appelle des rapports »[14]. Ici encore la définition est suivie de la règle : « Il faut distinguer tous ces rapports et prendre garde à leur connexion mutuelle et à leur ordre naturel »[15].

---

8. *Règles pour la direction de l'esprit*, trad. SIRVEN, Paris, VRIN, 1966, p. 80.
9. *Ibid.*, p. 81.
10. *Ibid.*, p. 86.
11. *Ibid.*, p. 86.
12. *Ibid.*, p. 92.
13. *Ibid.*, p. 32.
14. *Ibid.*, p. 32.
15. *Ibid.*, p. 33.

Descartes a donc bien vu que la séparation des objets de pensée est préjudiciable à la connaissance objective, comme le confirme le passage suivant : « La connaissance des diverses sciences, prises dans leur ensemble, nous permet de mieux saisir l'objet de chacune d'elles, pris séparément. Les sciences dépendent les unes des autres, si bien qu'on ne peut connaître à fond l'une d'elles sans avoir égard à toutes les autres »[16]. Dans la pratique effective on se souvient qu'il observe que toute sa physique n'est que mécanique et géométrie, ce que Fontenelle a confirmé dans une remarque déjà citée. A cet égard, il a poussé sa pensée à l'extrême limite dans la Règle I des *REGULAE*, où il condamne le séparatisme des notions et celui des sciences. Parlant des hommes qui « ont pour habitude, dans tous les cas où ils reconnaissent quelque ressemblance entre deux choses, de juger des deux à la fois, même sur le point où elles diffèrent, en leur appliquant ce qu'ils ont reconnu pour vrai de l'une d'elles », il ajoute quelques lignes plus loin : « ils ont cru qu'il en était encore de même des sciences et ils ont pensé qu'en les distinguant les unes des autres selon la différence de leurs objets, il fallait chercher à acquérir séparément chacune en particulier et laisser de côté toutes les autres. En cela ils se sont trompés ». Cette vue des ensembles se complète par l'aphorisme bien connu : « Toutes les sciences ne sont rien d'autre que la sagesse humaine, qui reste toujours une et identique, quelle que soit la diversité des objets auxquels elle s'applique »[17].

Telle a été précisément l'orientation des sciences. Leur développement vers l'unification a été mis en lumière par Max Planck, qui montre qu'il n'existe pas de démarcation entre les différents domaines de la physique : la physique moderne est un ensemble unifié qui s'est substitué à une physique cloisonnée et compartimentée[18]. On ne peut donc incriminer chez Descartes le manque d'esprit de synthèse ni accuser son épistémologie de ralentir le progrès scientifique.

*
**

Toute la procédure expérimentale repose sur la connexion de la seconde et de la troisième règle : processus complémentaires de l'analyse et de la synthèse. La pensée part des données

---
16. *Ibid.*, p. 2.
17. *Ibid.*, p. 2.
18. *Initiations à la Physique*, trad. du Plessis de Grenedan, Paris, 1941, pp. 9, 10 et 11.

complexes du problème pour aboutir à l'objet synthétiquement reconstitué. Comme nous l'avons vu dans les REGULAE, la nécessité de la synthèse est clairement aperçue.

En second lieu il faut distinguer la règle et la raison de la règle. La règle n'est qu'un moyen pour parvenir à l'exploration de la nature. C'est pourquoi chez les savants contemporains, comme chez Descartes, l'inspiration heuristique est la même. On ne peut donc pas parler de « nouvel esprit scientifique ». Les mécaniques nouvelles et les théories nouvelles de la physique sortent de l'esprit cartésien par voie de différenciations successives, comme l'ont déclaré les auteurs de découvertes nouvelles : Helmholtz, Hertz, Planck. Les innovations de la physique moderne, procédant de l'application des règles de la Méthode, ne sauraient invalider ces règles. Aux objections de Bachelard Herz a répondu par avance par une distinction entre la déficence des exposés individuels et la valeur des principes, entre la conception et ses réalisations imparfaites. Les exemples invoqués par Bachelard ne prouvent donc rien contre la méthode cartésienne.

Ce qu'il faut reconnaître, c'est que les règles de la méthode sont des principes généraux qui, en raison de leur généralité, ne suffisent pas à la résolution des problèmes. Ils doivent être complétés par des règles particulières dont Descartes connaît l'emploi dans les applications, mais qu'il n'a pas fait connaître, comme l'atteste la lettre à Huygens du 25 février 1637, où on relève ce trait : « Je n'ai pas eu dessein d'expliquer toute la méthode ». Ce cas est fréquent chez les inventeurs. On a souvent remarqué leur aversion pour l'explicitation des moyens par lesquels ils ont été conduits à leurs découvertes ou à leurs hypothèses.

Les règles de la méthode cartésienne doivent donc être complétées et précisées. Bachelard en convient dans cette affirmation : « Le non cartésianisme est du cartésianisme complété »[19]. Dès lors, cette controverse repose en fin de compte sur une définition décisoire et, comme telle, apparaît verbale.

On ne peut pas voir dans la science contemporaine une preuve d' « épistémologie non cartésienne » ou de « nouvel esprit scientifique ». C'est avec les œuvres de Galilée et celles de Descartes qu'apparaît un « nouvel esprit scientifique » par la pratique de l'observation vérifiée qui, remplaçant le mysticisme de la physique, crée par là une rupture avec la tradition médiévale. Mais entre la science cartésienne et la science moderne existe-t-il une telle hétérogénéité ? Entre l'une et l'autre on reconnaît

---

19. *Le nouvel esprit scientifique*, p. 169.

une parenté de caractère, qui s'affirme dans la manière de penser et dans les résultats.

Le caractère de la science cartésienne s'est répandu même dans les milieux littéraires. Paul Valéry le signale par cette remarque : « le caractère éminent de cette modification de la vie, qui consiste à l'organiser selon le nombre et la grandeur, est l'objectivité, l'impersonnalité aussi pure que possible... »[20] Or, n'est-ce pas du même souci d'objectivité que s'inspirent les physiciens modernes quand ils s'attachent à ne négliger aucune circonstance de fait ?

A cette objectivité est liée la manière de penser cartésienne par observations et déductions, qui est un trait essentiel de la physique moderne. L'introduction de nouveaux concepts et la découverte de nouvelles lois atteste la valeur de la méthode et du raisonnement. Les savants modernes se réclament de l'expérience et du calcul, non d'une méthode nouvelle ou d'un esprit nouveau. Aussi bien, le génie mathématique de Descartes et son aptitude à la synthèse dans l'enchaînement des phénomènes ne pouvaient suppléer à l'expérience. En fait, tous les exemples qu'invoque Bachelard rejoignent le courant cartésien, qui draine la physique vers une base expérimentale plus solide et vers l'unification par les mathématiques, comme le signale Max Planck dans ses *Initiations à la Physique*.

Enfin, sur les résultats nous pouvons mentionner les analyses de Léon Brunschvicg qui, dans l'*Orientation actuelle des Sciences*, constate que c'est en entrant dans la voie que Descartes avait ouverte que les physiciens modernes ont pu ruiner le dogmatisme accrédité par le langage vulgaire.

Les critiques de Bachelard à l'adresse de Descartes, malgré l'abondance des détails et des exemples, restent extérieures à leur objet et ne peuvent établir de discontinuité entre physique cartésienne et physique moderne.

En nous fondant sur l'histoire des sciences, nous pouvons donc maintenir cette affirmation : la doctrine de la déduction universelle conjecture le sens du mouvement scientifique et le règne des mathématiques dans le monde matériel. La mécanique analytique et la physique mathématique se sont développées dans l'esprit de cette doctrine.

---

20. *Variétés V*, Paris, Gallimard, 1944.

B. — Influence indirecte :
par la méthode réflexive des Méditations

La doctrine de Husserl : 1. Son but. — 2. Sa méthode. — 3. Incidences sur la science. — 4. Extension d'influence à toutes les disciplines. — 5. Parenté de la phénoménologie et du cartésianisme.

A la pratique codifiée du précurseur s'ajoute, par l'entremise de la phénoménologie, une autre influence sur la Science moderne, influence qui porte précisément sur la manière de penser. La discipline créée par Husserl est sortie de la théorie cartésienne de la Science, précisée par la méthode réflexive des *Méditations*.

Selon Descartes, la Science doit prendre pour fondement une vérité catégorique. Celle-ci, condition de tout travail intellectuel, réside dans le sujet pur. Husserl s'inspire de cette conception dans son but et dans sa méthode.

Il fixe pour but de la recherche, au point de départ, la connaissance du sujet pur, envisagé sous forme d'intention, au sens scolastique du terme : direction de la conscience vers un contenu. L'intention, considérée dans ses applications, en psychologie par exemple, peut être la mise en lumière du rôle d'un concept; l'élucidation d'un objet de pensée, de sa délimitation ou de l'explication de son contenu. Dans tous les cas il s'agit d'éclairer la « matière » en dégageant sa signification. Celle-ci, comme l'établissent les *Recherches logiques*, réside dans le sujet, qui s'affirme *a priori* dans des déterminations indépendantes des faits empiriques. Telles sont, en psychologie, la conscience percevante en dehors de toute perception particulière, la conscience imageante en dehors de toute image particulière, la conscience conceptualisante en dehors de tout concept actuel ou formel, consciences qui ne peuvent se réaliser qu'en se conformant à l'essence de la fonction dont elles sont solidaires, par participation à sa qualité [21].

On atteint l'intention par la méthode réflexive qui, par la mise en suspens des événements du monde et de la science, épure les consciences de fait des accidents, ou des singularités de leur existence réelle pour remonter aux « structures éidétiques », essences irréductibles, appréhendées dans une intuition pure. La suspension réductive, qui s'apparente au doute cartésien, et qui rappelle un énoncé considéré dans son contenu en dehors de

---

21. HUSSERL, *Méditations cartésiennes*, Paris, Vrin, 1966, § 34.

toute affirmation ou négation, à l'exemple de la proposition lexis qui réserve la modalité jusqu'à plus ample informé, conduit à un nouveau type d'expérience, à une expérience à la seconde puissance, qui éclaire d'un aspect nouveau les réalités concrètes. Qu'on soit acteur dans l'élaboration de la science ou spectateur pour en saisir le sens, le retour aux sources de l'intuition pour y puiser les « évidences essentielles » est condition d'intelligibilité : l'essence de la conscience est un faisceau de rayons lumineux qui se projettent sur des contenus.

Ce « subjectivisme transcendantal » retentit sur la science, en particulier dans la critique de l'expérience. En effet, tout « objet physique » étant une création par un sujet, sa réalisation effective ne s'éclaire que par « l'intention » qui l'anime, en particulier par la mise en compte du facteur humain dans la relation entre les fonctions intellectuelles de l'homme et la réaction de la nature. C'est pourquoi la phénoménologie vise à recenser et à mettre en relief « toutes les possibilités régionales d'existence, selon toutes les corrélations qu'elles impliquent »[22]. Par là elle apparaît comme une découverte des conditions *a priori* des possibilités de la science. Toutes les sciences dérivent donc d'une philosophie, conçue comme science universelle des essences qui, par leurs lois, prédéterminent les réalisations empiriques. Selon une vue de Husserl, la phénoménologie se propose la tâche « de donner à la science une force nouvelle et supérieure »[23]. En fait on parle parfois d'épistémologie phénoménologique.

De cette doctrine, qui appelle expressément l'attention sur le sujet pur, par réflexion sur les phénomènes, est sorti un courant de pensée qui a pénétré toutes les branches du savoir, et qui, par la méthode s'est développé dans les directions les plus diverses. La méthode de Husserl a été appliquée en particulier en littérature par Franz Werfel, dans ses romans ; en psychologie, par M. Sartre et par Merleau-Ponty. Elle a orienté la recherche mathématique vers les principes de la déduction pour consolider l'axiomatique. Elle a inspiré, en physique, les travaux d'Hermann Weyl, en particulier dans l'élucidation du sens originel des concepts de Temps, d'Espace, de Matière ; ainsi que les travaux d'Heisenberg, en particulier dans la mise en lumière du rapport entre l'attitude de l'homme devant la nature et la construction physique. Elle a donné lieu, en physique mathématique, à une étude de Mlle Bachelard pour faire apparaître le sens et la portée de l'application des mathématiques aux phénomènes physiques. En

22. *Ibid.*, p. 132.
23. *Ibid.*, p. 129.

philosophie, Martin Heidegger et Max Scheler, parmi d'autres, ont contribué à la diffusion de la méthode phénoménologique, qui a servi d'instrument à plusieurs chercheurs pour éclairer des problèmes de morale et de métaphysique.

A l'origine du courant qui a fécondé ces recherches, Husserl, dans son introduction aux *Méditations cartésiennes*, place la doctrine cartésienne de la science.

Après avoir affirmé que « Descartes inaugure un type nouveau de philosophie » en substituant à l'objectivisme naïf un « subjectivisme transcendantal qui, en dépit d'essais sans cesse renouvelés, toujours insuffisants, paraît tendre pourtant à une forme définitive » [24]. Il reconnaît l'ascendance cartésienne de la phénoménologie. Parlant des renaissances qui résultent de « la nostalgie d'une philosophie vivante », il livre sa pensée en ces termes : « la seule renaissance vraiment féconde ne consisterait-elle pas à ressusciter les *Méditations cartésiennes*, non certes pour les adopter de toutes pièces, mais pour dévoiler tout d'abord la signification profonde d'un retour radical à l'*ego cogito* pur, et faire revivre ensuite les valeurs éternelles qui en jaillissent ? C'est du moins le chemin qui a conduit à la phénoménologie transcendantale. » [25].

L'intérêt d'une doctrine de la science tient à ce qu'elle implique que les données naturelles des sciences positives, malgré les éléments de prévision de leurs schèmes opératoires, ne répondent pas, à elles seules, à toutes les exigences de l'esprit. Sans doute ne peut-on pas défendre la prétention d'une « Naturphilosophie » à livrer la réalité profonde par une construction dialectique de concepts. Mais, de son côté, le physicisme a renoncé à son autonomie pour demander aux mathématiques un concours, poussé, avec Einstein, jusqu'à la géométrisation intégrale du monde physique. — La phénoménologie, à son tour, se propose de fournir à la physique mathématique une vue plus nette de son objet en rapportant un contenu de pensée à l'intention du penseur. Cette discipline est, selon Husserl, une extension interne de la science, qu'elle complète en reliant les abstractions de l'objectivité physique aux significations idéales du sujet connaissant. Par là, sans sortir de l'attitude scientifique, elle éclaire les buts de la science. L'étude spécialisée de Mlle Bachelard confirme ce résultat avec toutes les précisions désirables [26].

---

24. *Ibid.*, p. 3, *ad finem* et 4.
25. *Ibid.*, p. 5.
26. *La conscience de rationalité*, P.U.F., Paris, 1958.

II. — Justification logique d'une donnée historique

Rapports de la méthode expérimentale et de la méthode déductive

Revenons au prolongement direct de la théorie de la déduction sur le mouvement scientifique. Nous avons relevé que la mécanique et la physique ont accentué leur orientation dans le sens de la déduction mathématique. Cette situation historique trouve son explication dans la justification logique des rapports de la méthode expérimentale et de la méthode déductive.

A. — Leurs rôles respectifs

1. La méthode expérimentale :

a) *Procédé de découverte et de contrôle.*

Avant de caractériser ces deux procédures, considérons leurs rôles respectifs.

L'expérience fournit les intuitions initiales. La mécanique analytique par exemple, comme on l'a signalé bien souvent, n'éclaire en rien la nature des phénomènes. Si l'on veut des éclaircissements, il faut les chercher dans les données de fait : dans des expériences de mécanique. — En outre, l'expérience oriente le raisonnement. Comme nous l'avons constaté chez Descartes, elle permet de reconnaître, parmi toutes les déductions possibles, celle qui répond à la réalité. Au terme d'un raisonnement on fait appel à l'expérience pour vérifier le résultat. L'expérience est un procédé de découverte et de contrôle. Son objet, qui fonde la science de la nature, est la source de la vérité physique. Le succès de la science moderne est dû précisément à ce que l'expérience remplace la spéculation de l'ancienne physique, spéculation qui reste, dans d'étroites limites, confinée dans le domaine des hypothèses.

b) *Ses insuffisances.*

— limitation des observations ;
— approximation et juxtaposition des résultats ;
— probabilité des inductions.

Nécessaire à la connaissance, l'expérience n'est pas suffisante. Les insuffisances concernent l'étendue des observations, la précision et les caractères des résultats.

Les observations possibles sont limitées. Dans le domaine

de la mécanique céleste par exemple, l'observation directe ne porte jamais sur les forces de gravitation. Elle atteint seulement les positions des astres. — En outre, les expériences ne sont jamais parfaitement précises : elles livrent des résultats approximatifs. Dans la découverte d'une loi, les premières formules sont parfois si grossièrement inexactes qu'on peut se demander si l'on se trouve en face d'une approximation ou d'une erreur. On répète les expériences pour s'assurer de l'existence effective de la loi. — Ensuite l'expérience ne donne que des résultats juxtaposés, qui s'accumulent sans ordre et parfois en surnombre. Enfin, tout résultat établi par induction n'est que probable : il reste affecté du doute avant qu'intervienne la démonstration qui assure sa validité.

Si bien conduite que soit une expérience, elle ne peut, par elle seule, atteindre la vérité totale. On peut constater, par le cours de l'histoire, que la physique a surtout progressé quand les expérimentateurs ou les observateurs, abdiquant l'autonomie de leur position particulière, sortirent de leur isolement pour appliquer à leurs découvertes le calcul infinitésimal.

2. La méthode déductive:

a) *Son intérêt :*
— dans les formules ;
— dans le calcul ;
— dans la systématisation.

L'expérience, réduite à ses seules ressources, est insuffisante. Ses insuffisances justifient l'intervention des théories déductives. L'intérêt de la déduction réside dans les formules, dans le calcul et dans la systématisation.

Les formules fixent le résultat des expériences par la détermination quantitative des phénomènes et par la traduction, en langage rationnel, des lois de la nature. Par leur contenu intellectuel elles sont les substituts de la réalité. Elles sont si indispensables que tout ce qui, en physique, n'est pas mathématiquement saisissable, n'a pas d'existence scientifique. La destinée de la théorie des tourbillons pourrait le rappeler. En fait, l'expérimentateur, conscient de l'insuffisance de la simple description des phénomènes naturels, a toujours considéré l'indication des rapports quantitatifs comme sa tâche la plus importante. De plus, les formules, par la démonstration, donnent une expression exacte au résultat approximatif de l'expérience. Enfin elles permettent de poser correctement les problèmes, d'exclure les solutions impossibles et de reconnaître les indéterminations.

L'intérêt des formules se manifeste plus spécialement dans les calculs. Ceux-ci permettent d'atteindre des résultats nouveaux. C'est en composant un mouvement horizontal uniforme avec un mouvement vertical uniformément accéléré que Galilée a découvert la trajectoire parabolique des projectiles. — Les calculs permettent encore, en raison de l'interdépendance de certains phénomènes, de suppléer à l'impossibilité de certaines observations. En déduisant des lois de la mécanique les lois du pendule simple, on peut dégager, entre la période et l'accélération de la pesanteur, une relation que l'expérience ne peut nous donner. La prévision est le fruit de ces avantages.

L'intérêt des calculs et des formules se complète par la systématisation. Celle-ci, par l'ordre qu'elle impose, met en valeur les lois en les reliant selon leurs relations de dépendance : par là-même elle assigne à chacune d'elles sa place dans l'ensemble. — Par l'enchaînement, qui coordonne les résultats juxtaposés de l'expérience, elle fait apparaître les liaisons nécessaires, qui donnent l'explication d'une situation de fait par le rattachement de tous les phénomènes aux axiomes et aux définitions. Tandis que les lois inductives fournissent la constance d'une relation dans des constatations expérimentales, sans que nous sachions pourquoi les choses sont ainsi, la déduction, par l'intuition rationnelle qu'elle apporte dans la démonstration, force l'assentiment. La systématisation est une exigence de l'esprit, qui cherche à tirer les phénomènes d'hypothèses fondamentales simples. Heisenberg signale cette exigence dans l'introduction à son ouvrage sur la théorie des quanta. Après avoir remarqué que le physicien ne peut se contenter des résultats d'expérience, il ajoute : « nous classons les faits ; nous établissons entre eux des relations ... et nous construisons des théories plus ou moins complexes selon le degré de systématisation. Ce processus de synthèse, que nous appliquons en physique, l'a été déjà pour les expériences les plus primitives de la vie journalière et est à la base de la formation de toute notion. » La systématisation est si essentielle à la constitution de la science qu'une expérience « en l'air » ne retient jamais l'attention des physiciens. On sait que la découverte des radiations de Frauenhofer dans le spectre solaire, pour n'avoir pu être rattachée aux phénomènes voisins, fut délaissée en son temps. Cette attitude tient à ce que, dans un domaine inexploré, les résultats de l'observation, dépourvus d'idée directrice, restent stériles. C'est pourquoi, inversement, certaines découvertes ne peuvent être incorporées à l'idée directrice d'un système que par l'élargissement de la généralisation déductive. Ainsi s'explique, concurremment avec l'expérience et avec la déduction, l'introduction d'un nouveau facteur méthodique : la philosophie de la nature, qui perfectionne la déduction en y adjoignant une conception du monde. — Enfin sur le plan de l'intérêt pratique une théorie déductive, en intégrant par ses formules la totalité des résultats d'expérience, rend inutile, pour autant que les expériences ont été suffisantes et suffisamment précises, toute expérience nouvelle : on s'abstient de réaliser une expérience quand un résultat est accessible *a priori*. Tel est l'intérêt de la physique mathématique, que Mlle Bachelard relève en ces termes : « La physique mathématique arrive à donner un statut d'évidence démonstrative à des faits révélés par l'expérience. Elle est une réinformation d'un savoir expérimental... Elle réalise une conversion de l'*a posteriori* à l'*a priori*. »[27]

b) *Son impuissance à reconnaître le caractère définitif de l'objet traité.*

L'intérêt de la déduction s'arrête ici. Un système déductif ne peut rien révéler d'une insuffisance de son objet. La synthèse déductive s'opérant à tous les niveaux de l'expérience, nous ne pourrions déceler *a priori* une lacune qu'en lui assignant un fondement logique. Aussi bien n'est-ce pas la cohérence dans l'enchaînement des propositions qui distingue les mécaniques modernes de la mécanique classique ; c'est l'apparition de faits nouveaux résultant d'expériences plus complètes ou plus précises. L'exposition systématique d'une science n'est donc pas un critère d'exhaustivité. Le progrès d'une science positive est lié au progrès de l'expérience. S'il est bien vrai qu'une discipline n'est constituée en science que par la déduction mathématique, il ne l'est pas moins qu'elle n'y parvient valablement que sur un fond suffisant d'expérience. Et, comme le domaine de l'expérience reste toujours ouvert, quel savant peut se flatter de détenir définitivement la vérité ?

3. Nécessité d'associer les deux méthodes dans la formation des sciences.

L'expérience et la déduction sont deux facteurs également essentiels à la constitution de la science. Le courant de l'histoire montre comme une anomalie toute rupture d'équilibre entre les deux procédures et comme une entreprise illusoire la constitution unilatérale de la physique par l'expérience seule ou par la déduction seule. Par les points de vue exclusifs de l'expérimentateur ou de l'observateur d'une part, et du mathématicien d'au-

---

27. *Ibid.*, p. 12.

tre part, on ne peut atteindre avec exactitude les lois des phénomènes. Observateurs et expérimentateur qui, pour faire prévaloir la physique expérimentale, restent confinés dans leur domaine particulier, ne peuvent construire une physique. Tel est le cas de Mersenne qui, enfermé dans l'expérience et dans l'expérimentation, ne sait pas s'affranchir des faits pour accéder aux principes directeurs. Son empirisme s'oppose à la déduction mathématique des lois à partir de principes ou d'hypothèses. C'est par cette dissidence essentielle qu'il s'éloigne de Descartes. Inversement la prépondérance des mathématiques avec Newton, de 1680 à 1747, ralentit, par la conception abstraite des problèmes, l'expansion de la physique, qui ne reprit son essor que par les découvertes en Électricité. C'est pourquoi la physique mathématique, qui coordonne judicieusement les deux procédures, est apparue comme la vraie discipline.

B. — Leur caractère

1. **La méthode expérimentale : échafaudage provisoire.**
2. **La méthode déductive : procédure définitive.**

Les rôles respectifs de l'expérience et de la déduction laissent apercevoir leur caractère. L'expérience, en tant que procédure, relève de la méthode de recherche. En tant que matière, elle assure, par ses résultats, la solidité de toute construction. Mais les procédés empiriques de découverte ne figurent pas dans la science constituée. La méthode expérimentale a valeur d'échafaudage provisoire. La méthode déductive seule est la forme définitive de la science, parce qu'elle seule réalise l'unité. Si toutes les sciences physiques tendent à s'absorber dans la mécanique, cette situation tient à ce que la mécanique est une parfaite réalisation de l'unité. Mais c'est l'unité qui est le but de la science, non la mécanique. Car l'unité est, pour la science, le critère le plus solide de la vérité. Les sciences inductives ne sauraient donc s'achever qu'en devenant déductives.

C. — Conséquence épistémologique
Unicité de méthode dans les sciences constituées

Les rapports de l'expérience et de la déduction mettent en lumière l'unité et l'unicité de la méthode scientifique. Il n'existe, pour toutes les sciences, qu'une seule méthode. — La méthode expérimentale n'est pas la rançon exclusive des sciences physicochimiques. Toutes les disciplines qui se constituent en sciences sont astreintes à ses exigences. Les mathématiques n'en sont pas exceptées. Nous avons vu qu'avant de planer dans le monde des possibles, elles prennent leur envol dans le réel. Mais la méthode expérimentale a pour destination sa dissolution dans la méthode déductive, parce que celle-ci, par la cohérence interne de sa structure, relève d'une pensée logique. Aussi bien, la méthode déductive n'est pas un monopole des mathématiques : elle appartient à toutes les sciences constituées. Nous la trouvons à tous les niveaux d'expérience. Aussi rigoureuse dans la mécanique rationnelle classique que dans les mécaniques modernes, elle fait figure d'invariant dans l'évolution de la science. Les théories, en intégrant des faits nouveaux ou en éliminant les notions incompatibles, ne changent pas de nature. Elles se réorganisent en système déductif de type mathématique, seule synthèse cohérente qui permette à la fois l'explication et la prévision. Ce n'est donc pas par la méthode qu'on peut différencier les sciences. Nous retrouvons ici la procédure générale que Goblot désigne par l'expression : « Loi commune du développement de toutes les sciences » dans son analyse des rapports de la méthode déductive et de la méthode expérimentale [28]. Il montre que les sciences de la nature se dégagent progressivement de l'expérience pour devenir rationnelles ; que cette transformation est une idéalition par passage de la constatation à la démonstration ; et que l'agent de cette transformation est le raisonnement déductif, qui fait apparaître la nécessité des relations et l'enchaînement des propositions. Les rapports de la méthode expérimentale et de la méthode déductive justifient rationnellement une donnée historique. Ils révèlent en même temps, par une réflexion à l'étage supérieur, l'orientation de la pensée scientifique.

III. — CONCLUSION PHILOSOPHIQUE :
NATURE DE L'ORIENTATION DE LA PENSÉE

L'expérience et l'observation, qui sont à l'origine de la constitution des mathématiques comme de la formation de la physique, disparaissent dans le système de la science constituée. La dissolution qui porte la mécanique expérimentale vers la mécanique analytique se retrouve identiquement dans le mouvement qui transforme la physique expérimentale en physique mathématique. Les deux courants, issus de données différentes, se rejoignent au confluent de l'Analyse, où se dissolvent les particularités individuelles. A mesure que les découvertes se sont mul-

---

28. *Essai sur la classification des Sciences*, Paris, Alcan, 1898, pp. 13 à 70.

tipliées, la méthode a passé du type hypothético-déductif de la méthode expérimentale au type déductif-catégorique des mathématiques. La marche involutive, comme André Lalande l'a exposée avec force, caractérise la formation des sciences. L'histoire du cartésianisme, qui se prolonge dans la science ultérieure, explique l'unité et l'unicité de la méthode scientifique dont la méthode hypothético-déductive et la méthode déductive sont des moments, des étapes différentes appartenant à un même mouvement d'ensemble qui part de la diversité comme donnée pour tendre à l'homogénéité comme idéal.

BIBLIOGRAPHIE

Nous envisageons sur le plan de l'histoire un problème de méthode, les rapports de l'expérience et de la déduction chez Descartes, chez les Cartésiens et dans la science moderne. Notre bibliographie se limite donc aux ouvrages qui, soit directement, soit par analyse, autorisent, en accusant le sens d'une orientation, une conclusion épistémologique.

Les indications ci-après suivent l'ordre de nos chapitres, groupés en trois sections. Dans la première et dans la seconde section, avant l'exploration des textes, nous avons été guidés par BORDAS-DEMOULIN, *le Cartésianisme ou la véritable rénovation des sciences*, 1843. — BOUILLER (Francisque), *Histoire de la philosophie cartésienne*, troisième édition, 1858.

I. — Notre première section renvoie au texte des

ŒUVRES DE DESCARTES, publiées par Charles Adam et par Paul Tannery, Paris, Léopold Cerf, 1897-1909, 12 vol. Réimpression Vrin.

Les textes les plus importants sont présentés, sous une forme plus aisément accessible, par André BRIDOUX, dans la collection « La Pléiade » sous le titre *Descartes, Œuvres et Lettres*, Gallimard, 1952 (2ᵉ édit.).

Parmi les études portant sur l'œuvre scientifique de Descartes, mentionnons, dans l'ordre alphabétique :

ALQUIÉ F., *Descartes, L'Homme et l'œuvre*, Hatier-Boivin, 1936, chap. II et IV.

D'ALEMBERT exprime son jugement sur la physique de Descartes dans l'*Encyclopédie*, Paris, 1751, t. I, Discours préliminaire des éditeurs.

CANGUILHEM (G.), *La formation du concept de réflexe aux XVIIᵉ et XVIII siècles*, 1955, Paris, P.U.F. Réimpression Vrin.

EBERHARDT, P. F., *Die kosmogonie des Descartes in Zusammenhang der Geschichte der Philosophie*, Berlin, Trenkel, 1909.

GUEROULT (M.), *Descartes selon l'ordre des raisons*, Paris, Aubier, 1953.
LENOBLE, *Mersenne et la naissance du mécanisme*, Paris, Vrin, 1943.
MILHAUD (Gaston), *Descartes savant*, 1921.
MOUY P., *Le développement de la physique cartésienne*, Paris, Vrin, 1934.
TANNERY (Paul), *Descartes physicien*, Revue de Métaphysique et de Morale, 1896.

Notre première section se termine par une esquisse de l'emploi de la méthode expérimentale dans la formation et dans le développement des Mathématiques.

Cette ébauche éclaire la thèse de l'extension de la méthode déductive à la physique. Pour l'établir nous avons consulté :

D'ALEMBERT, *Mémoire sur le calcul intégral*, opuscules mathématiques, t. VI, édition de 1778.
BJERKNES, *Abel, sa vie et son action scientifique*.
BOBYNIN, *Méthode expérimentale dans la science des nombres*, in L'Enseignement mathématique, 15 mai 1906.
BOULIGAND G., *Les aspects intuitifs de la Mathématique*, Gallimard, 1944.
BOUTROUX (Pierre), *L'objectivité intrinsèque des mathématiques*, Revue de Métaphysique et de Morale, 1903.
BRUNSCHVICG, *Les étapes de la philosophie mathématique*, 1930.
CANTOR (Georg), *Fondements d'une théorie générale des ensembles*, 1883, Acta mathematica, t. II. — *Sur les fondements de la théorie des ensembles transfinis*, trad. Marotte, 1899.
CANTOR (Moritz), *Cours sur l'histoire des Mathématiques*, en trois volumes, 3e éd., 1907. — *Les origines du Calcul infinitésimal*, Congrès International de Philosophie de 1900. Bibliothèque du Congrès, tome III ; et Revue de Métaphysique et de Morale, Septembre 1900.
CARNOT (Lazare), *Réflexions sur la métaphysique du Calcul infinitésimal*, 1797.
CAVALIERI, *Méthode des Indivisibles*, 1635.
CHASLES, *Aperçu historique sur l'origine et le développement des méthodes en géométrie*, Bruxelles, 1837.
COUTURAT, *La logique mathématique* de M. Peano, Revue de métaphysique et de Morale, 1899.
DAUGE, *Méthodologie des Mathématiques*, in-4°, Gand, 1883.
EULER, deux ouvrages d'Analyse restés classiques : *Introduction à l'Analyse des Infinis*, 1748. Et, *Institutions du calcul différentiel*, 1755.

Parmi les recherches physiques ayant ouvert aux mathématiques un nouveau champ d'action, on cite :

FOURIER, *Théorie analytique de la chaleur*, Paris, 1822.
GULDIN, *Centrobarytica*, Vienne, 1642.
  On y trouve, établie inductivement, la relation qui existe entre le centre de gravité d'une figure et la surface ou le volume qu'elle engendre en tournant autour d'un axe. Mais Guldin n'a pu donner en toute rigueur la démonstration de ce résultat.
HERMITTE, Note insérée dans un Mémoire de Chevreul, *Mémoires de l'Académie des Sciences*, 1866, 2ᵉ série, t. XXXV, p. 528.
HILBERT, *Les principes fondamentaux de la géométrie*, trad. Laugel, 1900.
L'HÔPITAL, *Analyse des infiniments petits*, in-4°, 1696 et 1725.
MARIE (Maximilien), *Histoire des sciences mathématiques*, 1884.
MILHAUD (Gaston), *Les philosophes géomètres de la Grèce*, 1900.
  — *Études sur la pensée scientifique*, 1906. — *Descartes et la géométrie analytique*, Revue générale des Sciences, 1906, t. I, p. 73.
MONTUCLA, *Histoire des Mathématiques*, 1758.
POIRIER (René), *Le nombre*, 1938.
REYNEAU R. P., *Analyse démontrée*.
RUSSELL, *L'importance philosophique de la logistique*, Revue de Métaphysique et de Morale, 1911. — *Les paradoxes de la logique*, Revue de Métaphysique et de Morale, 1906.
ZEUTHEN, *Histoire des mathématiques dans l'antiquité et le moyen âge*, trad. Mascart, 1902.

II. — Notre seconde section examine le problème en question chez les savants cartésiens pour lesquels il se pose. Du point de vue des rapports de l'expérience et de la déduction nous étudions ROHAULT, RÉGIS, MALEBRANCHE et FONTENELLE. SPINOZA ne figure pas dans cette étude, bien qu'il soit cartésien par la méthode. Partisan de la pure méthode déductive en philosophie, il ne parle de l'expérience, dans ses Lettres, que par accident.

ROHAULT (Jacques), *Traité de Physique*, Savreux, 1671. — *Entretiens sur la Philosophie*, in-12, 1671. — *Œuvres posthumes*, 1 volume in-4°, Paris, 1682.
RÉGIS (Sylvain), *Cours entier de philosophie ou système général selon les principes de Descartes*, 1690.
MALEBRANCHE, *Recherche de la vérité*, 4ᵉ édition, 1678. — *Traité de la communication des mouvements*, 1692. *1700-1712*.
Parmi les œuvres critiques, signalons :

Costabel P., édition critique des « Lois de la communication des mouvements », de Malebranche, tome XVII des œuvres complètes, Paris, Vrin, 1960.
Fontenelle, *Œuvres*, édition de 1671 en 11 volumes in-12. — *Histoire des oracles*, 1687. — *Entretiens sur la pluralité des mondes*, 1686, 4ᵉ édition, 1698. — *Histoire de l'Académie royale des Sciences*, 1666-1699, Paris, 1733, in-4°, t. I. — *Préface de l'Analyse des infiniment petits, du Marquis de l'Hôpital*, 1696. — *Géométrie de l'infini*, 1727.
Sur Fontenelle, Carré, *La philosophie de Fontenelle*, Alcan, 1932.
Maigron, *Fontenelle, l'homme, l'œuvre, l'influence*, Plon, 1906.

III. — Dans la troisième section nous examinons la construction de la physique mathématique. Les ouvrages pris pour champ d'étude montrent que la physique expérimentale, en devenant déductive, se transforme en physique cinétique. Ce double mouvement, qui révèle distinctement, dans l'orientation de la physique, l'unité d'une seule science consacre la réalisation du rêve cartésien : la réduction de l'idéal scientifique à la mécanique rationnelle. — Nous suivons le progrès de l'expérience dans la mécanique classique et dans les mécaniques modernes.

Voici, parmi les plus importantes, dans l'ordre alphabétique, les œuvres originales, les œuvres de critique et les œuvres d'histoire.

A. — Mécanique classique

Ampère, *Mémoire sur la théorie mathématique des phénomènes électro-dynamiques, uniquement déduite de l'expérience*, 1827.
D'Alembert, *Essai d'une nouvelle théorie de la résistance des fluides*, 1742. — *Traité de Dynamique*, 1743.
Bernoulli (Daniel), *Hydrodynamique*, 1738.
Dans cet ouvrage est exposée la théorie cinétique des gaz.
Boltzmann L., *Leçons sur la théorie des gaz*, traduction Gallotti, Paris, 1902.
Boscovitch, a unifié la physique de Newton dans l'ouvrage : *Theoria philosophiae naturalis redacta ad unam legem virium in Natura existentium*, 1758.
Bouguer, *Essai d'optique sur la gradation de la lumière*, 1729. — *Traité d'optique sur la gradation de la lumière*, publié par Lacaille en 1760.
Classen, *Les principes de la mécanique chez Hertz et chez Boltzmann*, 1898.
Costabel P. et Dugas R., *Naissance d'une science nouvelle : la*

mécanique ; organisation de la mécanique classique, in *Histoire Générale des Sciences*, publiée sous la direction de René Taton ; tome II, *la science moderne*.

EULER, *Mechanica, sive motus scientia analytice exposita*, 1726.

HERTZ, après MACH, dirige contre la mécanique classique une critique pressante dans *Les Principes de la mécanique présentés dans un nouvel enchaînement*, 1894. On a dit de cet ouvrage qu'il réalise l'idéal cartésien.

HUYGENS, *Traité de la lumière*, suivi du *Discours sur la cause de la pesanteur*, Leyde, 1690.

KIRCHHOFF, *Leçons sur la physique mathématique*, Introduction, 1875.

LAMÉ, *Leçons sur la théorie mathématique de l'élasticité des corps solides*, 1852.

MACH, *La mécanique présentée dans son développement historique et critique*, 1883. — *Leitfaden der Physik*, 1891.

MAXWELL (Clerk), *Traité d'Électricité et de Magnétisme*, trad. franç. SELIGMAN-LUI, 1873.

NEWTON, dans ses *Principia mathematica philosophiae naturalis*, 1687, présente une première exposition systématique de mécanique rationnelle.

OSTWALD, *L'Énergie*, trad. franç. Filippi, Alcan, 1910.

STREINTZ, *Die physikalische Grundlagen der Mechanik*, Leipzig, 1883.

VARIGNON, essaie d'unifier la mécanique dans deux ouvrages : *Projet d'une nouvelle mécanique*, 1687, in-4°. Et, *Nouvelle mécanique ou statique*, 1725, 2 volumes in-4°.

VASCHY, *Traité d'Électricité et de Magnétisme*, t. I, 1890.

Voici quelques ouvrages mettant plus particulièrement en relief la construction de la physique mathématique.

DUHEM, *De l'accélération produite par une force constante*, Congrès International de Philosophie, seconde section, Genève, 1905, p. 859.

— *Quelques réflexions sur la physique expérimentale*, Revue des questions scientifiques, 2ᵉ série, t. III, 1894.

— *L'évolution de la mécanique*, 1903.

— *Les origines de la statique*, 1905.

MARIOTTE, *De la percussion ou du choc des corps*, 1666. Mémoires de l'Académie royale des Sciences, année 1706.

Voici enfin deux ouvrages de premier ordre pour juger de l'orientation de la physique.

GERLAND et TRAUMULLER, *Die Geschichte der physikalischen Experimentirkunst*, Leipzig, 1899.
ROSENBERGER, *Die Geschichte der Physik*.

B. — Mécanique relativiste

A la suite de l'expérience d'interférences de Michelson, en optique, on a été conduit à préciser le principe de relativité de la mécanique classique, de manière à ce qu'il puisse s'appliquer aux phénomènes électromagnétiques. Le principe de relativité de l'électrodynamique, en faisant intervenir la vitesse de la lumière, réalise un progrès de l'expérience. Parmi les études sur la question, mentionnons :

CASSIRER E., *Sur la théorie de la Relativité d'Einstein*, Berlin, 1921.
EINSTEIN, *De l'électrodynamique des corps en mouvement*, article paru dans le 17e volume des Annales de Physique, 1905.
KIRCHENBERGER P., *Ce que l'on peut comprendre de la théorie de la Relativité sans mathématiques*, Karlsruhe, 1921.
LANGEVIN, communication sur « *Le temps, l'espace et la causalité dans la physique moderne* », Bulletin de la Société française de Philosophie, janvier 1912.

C. — Mécanique Quantique

La loi de Planck, selon laquelle l'émission du rayonnement, la propagation de la lumière et plus généralement de l'énergie se produisent par quantités discontinues, par quanta, apporte une nouvelle précision à la détermination de l'objet physique. La mécanique quantique marque une extension du champ de l'expérience. — Parmi les ouvrages essentiels sur la matière, citons :

Les bases expérimentales immédiates de la théorie des quanta, AUGER (P.), BAUER (E.), BROGLIE (L. de) et COURTINES (M.), Paris, Hermann, 1933.
BOHR (Niels) a montré le rapport entre sa Dynamique et la théorie classique de l'électromagnétisme dans l'ouvrage : *Uber die Anwendung der Quantentheorie auf dem Atombau*, 1923.
— *La théorie atomique et la description des phénomènes*, Gauthier-Villars, Paris, 1932.
BROGLIE (L. de), *La physique nouvelle et les quanta*, 1936. — *Voies anciennes et perspectives nouvelles en théorie de la lumière*, Revue de Métaphysique et de Morale, t. XLI, 1934, p. 448.
DIRAC, *Principles of Quantum Mechanics*, 1929. Traduction fran-

çaise de Proca et Ullmo, Presses Universitaires de France, 1931. L'Enseignement Mathématique, 1933, *Les idées nouvelles introduites par la mécanique quantique,* article de L. de Broglie.

FRANCK et JORDAN, *Anregung von Quantumsprüngen durch Stösse,* 1926.

HEISENBERG, *Les principes physiques de la théorie des quanta,* trad. franç., Gautier-Villars, 1932.

MÜLLER (F. A.), *Das Problem der Continuität in der Mathematik und Mechanik,* Marburg, 1886.

PLANCK (M.), *Das Prinzip der Erhaltung der Energie,* Leipzig, 1887. — Journal de Physique, 5ᵉ série, I, 345. — I. *Énergie et température.* — II. *Nouvelles théories dynamiques,* t. XIII, pp. 165-175.

POINCARÉ met en évidence les incidences de la loi de Planck sur la dynamique classique dans un article du Journal de Physique, t. II, janvier 1912.

SOMMERFELD (D.), *Atombau und Specktralinien,* trad. franç., 2 vol., Blanchard, 1923, ouvrage le plus connu sur la Dynamique des quanta, de Bohr.

D. — SUR LES TROIS MÉCANIQUES, SIGNALONS :

BLOCH, *La mécanique de Newton et la mécanique moderne,* Revue Scientifique, N° 23, 6 juin 1908.

DUGAS, *Histoire de la Mécanique.*

MANVILLE C., *Les découvertes modernes en Physique. Leur théorie et leur rôle dans l'hypothèse de la constitution électrique de la matière,* Paris, Hermann, 1908.

POIRIER (René), *Essai sur quelques caractères des notions d'espace et de temps,* Vrin, 1931. Dans cette étude sont indiqués les traits distinctifs des mécaniques modernes et la manière dont les théories nouvelles prolongent la mécanique classique.

IV. — Comme études, prises d'une manière intemporelle, sur les rapports de la méthode déductive et de la méthode expérimentale, signalons :

DUHAMEL, *Des méthodes dans les sciences de raisonnement.*

GOBLOT, *Essai sur la classification des sciences,* première partie, 1898.

LALANDE (André), *Lectures sur la philosophie des sciences,* chapitre IV. — *Les théories de l'induction et de l'expérimen-*

tation, 1929, Chapitre III, ch. V, p. 86 et suivantes ; ch. XI, p. 234. — *Les illusions évolutionnistes.*
ROUSTAN, *Déduction et induction*, Revue de Métaphysique et de Morale, 1911, XIX, 591.

V. — Enfin sur l'épistémologie et l'orientation actuelle des sciences, nous avons consulté :

BACHELARD (G.), 1. *Le nouvel esprit scientifique*, Paris, P.U.F., 1934.
2. *Le rationalisme appliqué*, Paris, P.U.F., 1949.
3. *L'activité rationaliste de la physique contemporaine*, Paris, P.U.F., 1951.
BACHELARD (S.), *La conscience de rationalité*, étude phénoménologique sur la physique mathématique, Paris, P.U.F., 1958.
BRUNSCHVICG (L.), *L'orientation actuelle des sciences*, Paris, P.U.F.
CANGUILHEM (G.), *La connaissance de la vie*, Paris, Hachette, 1952. Réimpression Vrin, 1965.
DAUJAT (Jean), *L'intelligibilité de la théorie physique et ses concepts*, Paris, P.U.F., 1946.
DAUMAS (M.), *Histoire de la science*, Paris, Gallimard, 1963.
PIAGET (Jean), *Logique et connaissance scientifique*, Paris, Gallimard, 1967.
JEANS, *Les nouvelles bases philosophiques de la science*, 1935.
TATON René, *Histoire Générale des sciences*, Paris, P.U.F., 1957-1964.

TABLE DES MATIÈRES

Préface 7

PREMIÈRE SECTION : **L'EXPÉRIENCE ET L'EXPÉRIMENTATION CHEZ DESCARTES** 9

Chapitre premier. — La méthode de déduction universelle 11

Chapitre II. — L'expérience 47

Chapitre III. — Expérience et déduction 93

SECONDE SECTION : **L'EXPÉRIENCE ET L'EXPÉRIMENTATION CHEZ LES CARTÉSIENS** 127

Chapitre premier. — Les rôles respectifs de l'expérience et de la déduction dans la physique de Rohault 127

Chapitre II. — La part respective de la déduction et de l'expérience dans la physique de Régis 159

Chapitre III. — Les rapports de la méthode déductive et de la méthode expérimentale chez Malebranche 181

Chapitre IV. — Les vues de Fontenelle sur la méthode dans les sciences 211

Annexe : — Borelli : la mécanisation totale de la science .. 231

TROISIÈME SECTION : **L'EXPÉRIENCE DANS LA SCIENCE MODERNE** 235

Première partie : la méthode hypothético-déductive 237

Seconde partie : l'élaboration de l'expérience dans la Mécanique 243

Chapitre premier. — La formation de la Mécanique classique 245

Chapitre II. — L'expérience dans la Mécanique Relativiste. 261

Chapitre III. — L'expérience dans la Mécanique quantique. 271

Conclusion de la troisième section 277
    1. La formation du concept d'objet physique 277
    2. Conséquences sur le sens du progrès scientifique.
       a) le développement de la physique mathématique. 278
       b) la conception mécaniste de la science 286

Conclusions générales 293

1. — Portée de l'influence cartésienne sur le mouvement scientifique 293
2. — Rapports de l'expérience et de la déduction dans les sciences 303
3. — Nature de l'orientation de la pensée 308

Bibliographie 311

Table des matières 319

Imprimerie A. Bontemps, Limoges (France) — Dépôt légal : Octobre 1982 — N° Imp. : 12544/1982